工程量清单计价实务教程系列

工程量清单计价实务教程
——装饰装修工程

马永伟　殷大雷　主　编
陈　霞　高　阳　副主编

中国建材工业出版社

图书在版编目(CIP)数据

装饰装修工程/马永伟,殷大雷主编.—北京:
中国建材工业出版社,2014.3
工程量清单计价实务教程系列
ISBN 978-7-5160-0741-9

Ⅰ.①装… Ⅱ.①马… ②殷… Ⅲ.①建筑装饰—工
程造价—教材 Ⅳ.①TU723.3

中国版本图书馆 CIP 数据核字(2014)第 016696 号

工程量清单计价实务教程——装饰装修工程

马永伟 殷大雷 主编

出版发行:中国建材工业出版社
地   址:北京市西城区车公庄大街 6 号
邮   编:100044
经   销:全国各地新华书店
印   刷:北京紫瑞利印刷有限公司
开   本:710mm×1000mm 1/16
印   张:17
字   数:362 千字
版   次:2014 年 3 月第 1 版
印   次:2014 年 3 月第 1 次
定   价:46.00 元

本社网址:www.jccbs.com.cn 微信公众号:zgjcgycbs
本书如出现印装质量问题,由我社营销部负责调换。电话:(010)88386906
对本书内容有任何疑问及建议,请与本书责编联系。邮箱:dayi51@sina.com

内 容 提 要

本书根据《建设工程工程量清单计价规范》（GB 50500—2013）和《房屋建筑与装饰工程工程量计算规范》（GB 50854—2013）进行编写，详细阐述了装饰装修工程工程量清单及其计价编制方法。本书主要内容包括概述、工程量清单、建筑面积计算、装饰工程工程量清单编制、工程量清单计价、合同价款管理及支付、工程造价鉴定等。

本书内容翔实、结构清晰、编撰体例新颖，可供装饰装修工程设计、施工、建设、造价咨询、造价审计、造价管理等专业人员使用，也可供高等院校相关专业师生学习时参考。

前　言

2012 年 12 月 25 日，住房和城乡建设部发布了《建设工程工程量清单计价规范》（GB 50500—2013），及《房屋建筑与装饰工程工程量计算规范》（GB 50854—2013）等 9 本工程量计算规范。这 10 本规范是在《建设工程工程量清单计价规范》（GB 50500—2008）的基础上，以原建设部发布的工程基础定额、消耗量定额、预算定额以及各省、自治区、直辖市或行业建设主管部门发布的工程计价定额为参考，以工程计价相关的国家或行业的技术标准、规范、规程为依据，收集近年来新的施工技术、工艺和新材料的项目资料，经过整理，在全国广泛征求意见后编制而成的，于 2013 年 7 月 1 日起正式实施。

2013 版清单计价规范进一步确立了工程计价标准体系的形成，为下一步工程计价标准的制订打下了坚实的基础。较之以前的版本，2013 版清单计价规范扩大了计价计量规范的适用范围，深化了工程造价运行机制的改革，强化了工程计价计量的强制性规定，注重了与施工合同的衔接，明确了工程计价风险分担的范围，完善了招标控制价制度，规范了不同合同形式的计量与价款支付，统一了合同价款调整的分类内容，确立了施工全过程计价控制与工程结算的原则，提供了合同价款争议解决的方法，增加了工程造价鉴定的专门规定，细化了措施项目计价的规定，增强了规范的可操作性和保持了规范的先进性。

为使广大建设工程造价工作者能更好地理解 2013 版清单计价规范和相关专业工程国家计量规范的内容，更好地掌握建标［2013］44 号文件的精神，我们组织工程造价领域有着丰富工作经验的专家学者，编写这套《工程量清单计价实务教程系列》丛书。本套丛书共包括下列分册：

1. 工程量清单计价实务教程——房屋建筑工程
2. 工程量清单计价实务教程——建筑安装工程
3. 工程量清单计价实务教程——装饰装修工程
4. 工程量清单计价实务教程——园林绿化工程
5. 工程量清单计价实务教程——仿古建筑工程
6. 工程量清单计价实务教程——市政工程

本系列丛书以《建设工程工程量清单计价规范》（GB 50500—2013）为基础，配合各专业工程量计算规范进行编写，具有很强的实用价值，对帮助广大建设工程造价人员更好地履行职责，以适应市场经济条件下工程造价工作的需要，更好地理解工程量清单计价与定额计价的内容与区别提供了力所能及的帮助。丛书编写时以实用性为主，突出了清单计价实务的主题，对工程量清单计价的相关理论知识只进行了简单介绍，而是直接以各专业工程清单计价具体应用为主题，详细阐述了各专业工程清单项目设置、项目特征描述要求、工程量计算规则等工程量清单计价的实用知识，具有较强的实用价值，方便广大读者在工作中随时查阅学习。

丛书内容翔实、结构清晰、编撰体例新颖，在理论与实例相结合的基础上，注重应用理解，以更大限度地满足造价工作者实际工作的需要，增加了图书的适用性和使用范围，提高了使用效果。丛书在编写过程中，参考或引用了有关部门、单位和个人的资料，参阅了国内同行多部著作，得到了相关部门及工程咨询单位的大力支持与帮助，在此一并表示衷心感谢。丛书在编写过程中，虽经推敲核证，但限于编者的专业水平和实践经验，仍难免有疏漏或不妥之处，恳请广大读者指正。

编　者

目　　录

第一章 概 述

第一节 建筑工程造价费用构成

工程造价是工程项目按照确定的建设内容、建设规模、建设标准、功能要求和使用要求等全部建成并验收合格交付使用所需的全部费用。

工程造价的构成按工程项目建设过程中各类费用支出或花费的性质、途径等来确定,是通过费用划分和汇集所形成的工程造价的费用分解结构。工程造价基本构成中,包括用于购买工程项目所含各种设备的费用,用于建筑施工和安装施工所需支出的费用,用于委托工程勘察设计应支付的费用,用于购置土地所需的费用,也包括用于建设单位自身进行项目筹建和项目管理所花费的费用等。

一、固定资产投资方向调节税

为了贯彻国家产业政策,控制投资规模,引导投资方向,调整投资结构,加强重点建设,促进国民经济持续稳定协调发展,国家将根据国民经济的运行趋势和全社会固定资产投资的状况,对进行固定资产投资的单位和个人开征或暂缓征收固定资产投资方向调节税(该税征收对象不含中外合资经营企业、中外合作经营企业和外资企业)。

投资方向调节税根据国家产业政策和项目经济规模实行差别税率,税率分为0%、5%、10%、15%、30%五个档次,各固定资产投资项目按其单位工程分别确定适用的税率。计税依据为固定资产投资项目实际完成的投资额,其中更新改造项目为建筑工程实际完成的投资额。投资方向调节税按固定资产投资项目的单位工程年度计划投资额预缴。年度终了后,按年度实际投资结算,多退少补。项目竣工后按全部实际投资进行清算,多退少补。

1. 基本建设项目投资适用的税率

(1)国家急需发展的项目投资,如农业、林业、水利、能源、交通、通信、原材料、科教、地质、勘探、矿山开采等基础产业和薄弱环节的部门项目投资,适用零税率。

(2)对国家鼓励发展但受能源、交通等制约的项目投资,如钢铁、化工、石油、水泥等部分重要原材料项目,以及一些重要机械、电子、轻工工业和新型建材的项目,实行5%的税率。

(3)为配合住房制度改革,对城乡个人修建、购买住宅的投资实行零税率;对单位修建、购买一般性住宅投资,实行5%的低税率;对单位用公款修建、购买高标准独门独院、别墅式住宅投资,实行30%的高税率。

（4）对楼堂馆所以及国家严格限制发展的项目投资，课以重税，税率为 30%。

（5）对不属于上述四类的其他项目投资，实行中等税负政策，税率为 15%。

2. 更新改造项目投资适用的税率

（1）为了鼓励企事业单位进行设备更新和技术改造，促进技术进步，对国家急需发展的项目投资，予以扶持，适用零税率；对单纯工艺改造和设备更新的项目投资，适用零税率。

（2）对不属于上述提到的其他更新改造项目投资，一律适用 10% 的税率。

二、建设期贷款利息

为了筹措建设项目资金所发生的各项费用，包括工程建设期间投资贷款利息、企业债券发行费、国外借款手续费和承诺费、汇兑净损失及调整外汇手续费、金融机构手续费以及为筹措建设资金发生的其他财务费用等，统称财务费。其中，最主要的是在工程项目建设期投资贷款而产生的利息。

建设期投资贷款利息是指建设项目使用银行或其他金融机构的贷款，在建设期应归还的借款的利息。建设项目筹建期间借款的利息，按规定可以计入购建资产的价值或开办费。贷款机构在贷出款项时，一般都是按复利考虑的。作为投资者来说，在项目建设期间，投资项目一般没有还本付息的资金来源，即使按要求还款，其资金也可能是通过再申请借款来支付。当项目建设期长于一年时，为简化计算，可假定借款发生当年均在年中支用，按半年计息，年初欠款按全年计息，这样，建设期投资贷款的利息可按下式计算：

$$q_j = \left(P_{j-1} + \frac{1}{2} A_j \right) \cdot i \tag{1-1}$$

式中　　q_j——建设期第 j 年应计利息；

　　　　P_{j-1}——建设期第 $(j-1)$ 年末贷款累计金额与利息累计金额之和；

　　　　A_j——建设期第 j 年贷款金额；

　　　　i——年利率。

三、铺底流动资金

流动资金是指生产经营性项目投产后，为进行正常生产运营，用于购买原材料、燃料，支付工资及其他经营费用等所需的周转资金。流动资金估算一般是参照现有同类企业的状况采用分项详细估算法，个别情况或者小型项目可采用扩大指标法。

1. 分项详细估算法

对计算流动资金需要掌握的流动资产和流动负债这两类因素应分别进行估算。在可行性研究中，为简化计算，仅对存货、现金、应收账款这三项流动资产和应付账款这项流动负债进行估算。

2. 扩大指标估算法

(1)按建设投资的一定比例估算。例如，国外化工企业的流动资金，一般是按建设投资的 15%~20%计算。

(2)按经营成本的一定比例估算。

(3)按年销售收入的一定比例估算。

(4)按单位产量占用流动资金的比例估算。

流动资金一般在投产前开始筹措。在投产第一年开始按生产负荷进行安排，其借款部分按全年计算利息。流动资金利息应计入财务费用。项目计算期末回收全部流动资金。

四、建筑安装工程费用

(一)按费用构成要素划分的费用构成

建筑安装工程费按照费用构成要素划分，由人工费、材料费、施工机具使用费、企业管理费、利润、规费和税金组成。其中人工费、材料费、施工机具使用费、企业管理费和利润包含在分部分项工程费、措施项目费、其他项目费中。

1. 人工费

人工费是指按工资总额构成规定，支付给从事建筑安装工程施工的生产工人和附属生产单位工人的各项费用。

人工费的组成内容包括：

(1)计时工资或计件工资：是指按计时工资标准和工作时间或对已做工作按计件单价支付给个人的劳动报酬。

(2)奖金：是指对超额劳动和增收节支支付给个人的劳动报酬。如节约奖、劳动竞赛奖等。

(3)津贴补贴：是指为了补偿职工特殊或额外的劳动消耗和因其他特殊原因支付给个人的津贴，以及为了保证职工工资水平不受物价影响支付给个人的物价补贴。如流动施工津贴、特殊地区施工津贴、高温(寒)作业临时津贴、高空津贴等。

(4)加班加点工资：是指按规定支付的在法定节假日工作的加班工资和在法定日工作时间外延时工作的加点工资。

(5)特殊情况下支付的工资：是指根据国家法律、法规和政策规定，因病、工伤、产假、计划生育假、婚丧假、事假、探亲假、定期休假、停工学习、执行国家或社会义务等原因按计时工资标准或计时工资标准的一定比例支付的工资。

2. 材料费

材料费是指施工过程中耗费的原材料、辅助材料、构配件、零件、半成品或成品、工程设备的费用。

材料费的组成内容包括：

(1)材料原价：是指材料、工程设备的出厂价格或商家供应价格。

(2)运杂费:是指材料、工程设备自来源地运至工地仓库或指定堆放地点所发生的全部费用。

(3)运输损耗费:是指材料在运输装卸过程中不可避免的损耗。

(4)采购及保管费:是指为组织采购、供应和保管材料、工程设备的过程中所需要的各项费用。包括采购费、仓储费、工地保管费、仓储损耗。

(5)工程设备是指构成或计划构成永久工程一部分的机电设备、金属结构设备、仪器装置及其他类似的设备和装置。

3. 施工机具使用费

施工机具使用费是指施工作业所发生的施工机械、仪器仪表使用费或其租赁费。

施工机具使用费的组成内容包括施工机械使用费和仪器仪表使用费两个方面。

(1)施工机械使用费:以施工机械台班耗用量乘以施工机械台班单价表示,施工机械台班单价应由下列七项费用组成:

1)折旧费:指施工机械在规定的使用年限内,陆续收回其原值的费用。

2)大修理费:指施工机械按规定的大修理间隔台班进行必要的大修理,以恢复其正常功能所需的费用。

3)经常修理费:指施工机械除大修理以外的各级保养和临时故障排除所需的费用。包括为保障机械正常运转所需替换设备与随机配备工具附具的摊销和维护费用,机械运转中日常保养所需润滑与擦拭的材料费用及机械停滞期间的维护和保养费用等。

4)安拆费及场外运费:安拆费指施工机械(大型机械除外)在现场进行安装与拆卸所需的人工、材料、机械和试运转费用以及机械辅助设施的折旧、搭设、拆除等费用;场外运费指施工机械整体或分体自停放地点运至施工现场或由一施工地点运至另一施工地点的运输、装卸、辅助材料及架线等费用。

5)人工费:指机上司机(司炉)和其他操作人员的人工费。

6)燃料动力费:指施工机械在运转作业中所消耗的各种燃料及水、电等。

7)税费:指施工机械按照国家规定应缴纳的车船使用税、保险费及年检费等。

(2)仪器仪表使用费:是指工程施工所需使用的仪器仪表的摊销及维修费用。

4. 企业管理费

企业管理费是指建筑安装企业组织施工生产和经营管理所需的费用。

企业管理费的组成内容包括:

(1)管理人员工资:是指按规定支付给管理人员的计时工资、奖金、津贴补贴、加班加点工资及特殊情况下支付的工资等。

(2)办公费:是指企业管理办公用的文具、纸张、账表、印刷、邮电、书报、办公软件、现场监控、会议、水电、烧水和集体取暖降温(包括现场临时宿舍取暖降温)等费用。

(3)差旅交通费:是指职工因公出差、调动工作的差旅费、住勤补助费,市内交通费和误餐补助费,职工探亲路费,劳动力招募费,职工退休、退职一次性路费,工伤人员就医路费,工地转移费以及管理部门使用的交通工具的油料、燃料等费用。

(4)固定资产使用费:是指管理和试验部门及附属生产单位使用的属于固定资产的房屋、设备、仪器等的折旧、大修、维修或租赁费。

(5)工具用具使用费:是指企业施工生产和管理使用的不属于固定资产的工具、器具、家具、交通工具和检验、试验、测绘、消防用具等的购置、维修和摊销费。

(6)劳动保险和职工福利费:是指由企业支付的职工退职金、按规定支付给离休干部的经费、集体福利费、夏季防暑降温、冬季取暖补贴、上下班交通补贴等。

(7)劳动保护费:是企业按规定发放的劳动保护用品的支出。如工作服、手套、防暑降温饮料以及在有碍身体健康的环境中施工的保健费用等。

(8)检验试验费:是指施工企业按照有关标准规定,对建筑以及材料、构件和建筑安装物进行一般鉴定、检查所发生的费用,包括自设试验室进行试验所耗用的材料等费用。不包括新结构、新材料的试验费,对构件做破坏性试验及其他特殊要求检验试验的费用和建设单位委托检测机构进行检测的费用,对此类检测发生的费用,由建设单位在工程建设其他费用中列支。但对施工企业提供的具有合格证明的材料进行检测不合格的,该检测费用由施工企业支付。

(9)工会经费:是指企业按《工会法》规定的全部职工工资总额比例计提的工会经费。

(10)职工教育经费:是指按职工工资总额的规定比例计提,企业为职工进行专业技术和职业技能培训,专业技术人员继续教育、职工职业技能鉴定、职业资格认定以及根据需要对职工进行各类文化教育所发生的费用。

(11)财产保险费:是指施工管理用财产、车辆等的保险费用。

(12)财务费:是指企业为施工生产筹集资金或提供预付款担保、履约担保、职工工资支付担保等所发生的各种费用。

(13)税金:是指企业按规定缴纳的房产税、车船使用税、土地使用税、印花税等。

(14)其他:包括技术转让费、技术开发费、投标费、业务招待费、绿化费、广告费、公证费、法律顾问费、审计费、咨询费、保险费等。

5. 利润

利润是指施工企业完成所承包工程获得的盈利。

(1)施工企业根据企业自身需求并结合建筑市场实际自主确定,列入报价中。

(2)工程造价管理机构在确定计价定额中利润时,应以定额人工费或(定额人工费+定额机械费)作为计算基数,其费率根据历年工程造价积累的资料,并结合建筑市场实际确定,以单位(单项)工程测算,利润在税前建筑安装工程费的比重可按不低于5%且不高于7%的费率计算。利润应列入分部分项工程和措施项目中。

6. 规费

规费是指按国家法律、法规规定,由省级政府和省级有关权力部门规定必须缴纳或计取的费用。包括社会保险费、住房公积金及工程排污费。

（1）社会保险费。社会保险费的构成如下：

1）养老保险费。指企业按照规定标准为职工缴纳的基本养老保险费。

2）失业保险费。指企业按照规定标准为职工缴纳的失业保险费。

3）医疗保险费。指企业按照规定标准为职工缴纳的基本医疗保险费。

4）生育保险费。指企业按照规定标准为职工缴纳的生育保险费。

5）工伤保险费。指企业按照规定标准为职工缴纳的工伤保险费。

（2）住房公积金。是指企业按规定标准为职工缴纳的住房公积金。

（3）工程排污费。是指按规定缴纳的施工现场工程排污费。

7. 税金

税金是指国家税法规定的应计入建筑安装工程造价内的营业税、城市维护建设税、教育费附加以及地方教育附加。

（二）按造价形成划分的费用构成

建筑安装工程费按照工程造价形成由分部分项工程费、措施项目费、其他项目费、规费、税金组成，分部分项工程费、措施项目费、其他项目费包含人工费、材料费、施工机具使用费、企业管理费和利润。

1. 分部分项工程费

分部分项工程费是指各专业工程的分部分项工程应予列支的各项费用。其中：

（1）专业工程：是指按现行国家计量规范划分的房屋建筑与装饰工程、仿古建筑工程、通用安装工程、市政工程、园林绿化工程、矿山工程、构筑物工程、城市轨道交通工程、爆破工程等各类工程。

（2）分部分项工程：是指按现行国家计量规范对各专业工程划分的项目。如房屋建筑与装饰工程划分的土石方工程、地基处理与桩基工程、砌筑工程、钢筋及钢筋混凝土工程等。

2. 措施项目费

措施项目费是指为完成建设工程施工，发生于该工程施工前和施工过程中的技术、生活、安全、环境保护等方面的费用。

措施项目费的组成内容包括：

（1）安全文明施工费。

1）环境保护费：是指施工现场为达到环保部门要求所需要的各项费用。

2）文明施工费：是指施工现场文明施工所需要的各项费用。

3）安全施工费：是指施工现场安全施工所需要的各项费用。

4）临时设施费：是指施工企业为进行建设工程施工所必须搭设的生活和生产用的临时建筑物、构筑物和其他临时设施费用。包括临时设施的搭设、维修、拆除、清理费或摊销费等。

（2）夜间施工增加费：是指因夜间施工所发生的夜班补助费、夜间施工降效、夜间施工照明设备摊销及照明用电等费用。

(3)二次搬运费：是指因施工场地条件限制而发生的材料、构配件、半成品等一次运输不能到达堆放地点，必须进行二次或多次搬运所发生的费用。

(4)冬雨季施工增加费：是指在冬季或雨季施工需增加的临时设施、防滑、排除雨雪，人工及施工机械效率降低等费用。

(5)已完工程及设备保护费：是指竣工验收前，对已完工程及设备采取的必要的保护措施所发生的费用。

(6)工程定位复测费：是指工程施工过程中进行全部施工测量放线和复测工作的费用。

(7)特殊地区施工增加费：是指工程在沙漠或其边缘地区、高海拔、高寒、原始森林等特殊地区施工增加的费用。

(8)大型机械设备进出场及安拆费：是指机械整体或分体自停放场地运至施工现场或由一个施工地点运至另一个施工地点，所发生的机械进出场运输及转移费用及机械在施工现场进行安装、拆卸所需的人工费、材料费、机械费、试运转费和安装所需的辅助设施的费用。

(9)脚手架工程费：是指施工需要的各种脚手架搭、拆、运输费用以及脚手架购置费的摊销（或租赁）费用。

3. 其他项目费

其他项目费包括暂列金额、计日工及总承包服务费。

(1)暂列金额。暂列金额是指建设单位在工程量清单中暂定并包括在工程合同价款中的一笔款项。用于施工合同签订时尚未确定或者不可预见的所需材料、工程设备、服务的采购，施工中可能发生的工程变更、合同约定调整因素出现时的工程价款调整以及发生的索赔、现场签证确认等的费用。

(2)计日工。计日工是指在施工过程中，施工企业完成建设单位提出的施工图纸以外的零星项目或工作所需的费用。

(3)总承包服务费。总承包服务费是指总承包人为配合、协调建设单位进行的专业工程发包，对建设单位自行采购的材料、工程设备等进行保管以及施工现场管理、竣工资料汇总整理等服务所需的费用。

4. 规费和税金

建设单位和施工企业均应按照省、自治区、直辖市或行业建设主管部门发布标准计算规费和税金，不得作为竞争性费用。

五、设备及工、器具购置费

1. 设备购置费

设备购置费是指达到固定资产标准，为建设工程项目购置或自制的各种国产或进口设备及工器具的费用。它由设备原价和设备运杂费构成。

$$设备购置费 = 设备原价 + 设备运杂费 \qquad (1-2)$$

上式中,设备原价指国产设备或进口设备的原价;设备运杂费指除设备原价之外的关于设备采购、运输、途中包装及仓库保管等方向支出费用的总和。

2. 工、器具及生产家具购置费

工、器具及生产家具购置费,是指新建或扩建项目初步设计规定的,保证初期正常生产必须购置的没有达到固定资产标准的设备、仪器、工卡模具、器具、生产家具和备品备件等的购置费用。一般以设备购置费为计算基数,按照部门或行业规定的工具、器具及生产家具费率计算。其计算公式为:

$$工、器具及生产家具购置费=设备购置费×定额费率 \qquad (1-3)$$

六、工程建设其他费用

工程建设其他费用是指从工程筹建到工程竣工验收交付使用止的整个建设期间,除建筑安装工程费用和设备、工器具购置费以外的,为保证工程建设顺利完成和交付使用后能够正常发挥效用而发生的一些费用。

工程建设其他费用,按其内容大体可分为三类。第一类为土地使用费,由于工程项目固定于一定地点与地面相连接,必须占用一定量的土地,也就必然要发生为获得建设用地而支付的费用;第二类是与项目建设有关的费用;第三类是与未来企业生产和经营活动有关的费用。

(一)土地使用费

任何一个建设项目都固定于一定地点与地面相连接,必须占用一定量的土地,也就必然要发生为获得建设用地而支付的费用,这就是土地使用费。它是指通过划拨方式取得土地使用权而支付的土地征用及迁移补偿费,或者通过土地使用权出让方式取得土地使用权而支付的土地使用权出让金。

1. 土地征用及迁移补偿费

土地征用及迁移补偿费,是指建设项目通过划拨方式取得无限期的土地使用权,依照《中华人民共和国土地管理法》等规定所支付的费用。其总和一般不得超过被征土地年产值的 20 倍,土地年产值则按该地被征用前 3 年的平均产量和国家规定的价格计算。其内容见表 1-1。

表 1-1　　　　　　　　　　　　　　**土地征用及迁移补偿费**

序号	项　目	内　容
1	土地补偿费	按政府规定,征用耕地(包括菜地)的补偿标准为该耕地年产值的若干倍;征用园地、鱼塘、藕塘、苇塘、宅基地、林地、牧场、草原等的补偿标准,均由省、自治区、直辖市人民政府在此范围内制定。征收无收益的土地,不予补偿
2	青苗补偿费和被征用土地上的房屋、水井、树木等附着物补偿费	这些补偿费的标准由省、自治区、直辖市人民政府制定。征用城市郊区的菜地时,还应按照有关规定向国家缴纳新菜地开发建设基金

续表

序号	项 目	内 容
3	安置补助费	征用耕地、菜地的,每个农业人口的安置补助费为该地每亩年产值的2~3倍,每亩耕地的安置补助费最高不得超过其年产值的10倍
4	缴纳的耕地占用税或城镇土地使用税、土地登记费及征地管理费等	县市土地管理机关从征地费中提取土地管理费的比率,要按征地工作量大小,视不同情况,在1%~4%幅度内提取
5	征地动迁费	包括征用土地上的房屋及附属构筑物、城市公共设施等拆除、迁建补偿费、搬迁运输费,企业单位因搬迁造成的减产、停工损失补贴费,拆迁管理费等
6	水利水电工程水库淹没处理补偿费	包括农村移民安置迁建费,城市迁建补偿费,库区工矿企业、交通、电力、通信、广播、管网、水利等的恢复、迁建补偿费,库底清理费,防护工程费,环境影响补偿费用等

2. 取得国有土地使用费

取得国有土地使用费包括土地使用权出让金、城市建设配套费、拆迁补偿与临时安置补助费等。

(1)土地使用权出让金。是指建设工程通过土地使用权出让方式,取得有限期的土地使用权,依照《中华人民共和国城镇国有土地使用权出让和转让暂行条例》的规定,支付的土地使用权出让金。

1)明确国家是城市土地的唯一所有者,并分层次、有偿、有限期地出让、转让城市土地。第一层次是城市政府将国有土地使用权出让给用地者,该层次由城市政府垄断经营。出让对象可以是有法人资格的企事业单位,也可以是外商。第二层次及以下层次的转让则发生在使用者之间。

2)城市土地的出让和转让可采用协议、招标、公开拍卖等方式。

①协议方式是由用地单位申请,经市政府批准同意后双方洽谈具体地块及地价。该方式适用于市政工程、公益事业用地以及需要减免地价的机关、部队用地和需要重点扶持、优先发展的产业用地。

②招标方式是在规定的期限内,由用地单位以书面形式投标,市政府根据投标报价、所提供的规划方案以及企业信誉综合考虑,择优而取。该方式适用于一般工程建设用地。

③公开拍卖是指在指定的地点和时间,由申请用地者叫价应价,价高者得。

这完全是由市场竞争决定,适用于盈利高的行业用地。

3)在有偿出让和转让土地时,政府对地价不作统一规定,但应坚持以下原则:

①地价对目前的投资环境产生的影响不大。

②地价与当地的社会经济承受能力相适应。

③地价要考虑已投入的土地开发费用、土地市场供求关系、土地用途和使用年限。

4)关于政府有偿出让土地使用权的年限,各地可根据时间、区位等各种条件作不同的规定,一般可在30~99年之间。按照地面附属建筑物的折旧年限来看,以50年为宜。

5)土地有偿出让和转让,土地使用者和所有者要签约,明确使用者对土地享有的权利和对土地所有者应承担的义务。

①有偿出让和转让使用权,要向土地受让者征收契税。

②转让土地如有增值,要向转让者征收土地增值税。

③在土地转让期间,国家要区别不同地段、不同用途向土地使用者收取土地占用费。

(2)城市建设配套费。是指因进行城市公共设施的建设而分摊的费用。

(3)拆迁补偿与临时安置补助费。此项费用由两部分构成,即拆迁补偿费和临时安置补助费或搬迁补助费。拆迁补偿费是指拆迁人对被拆迁人,按照有关规定予以补偿所需的费用。拆迁补偿的形式可分为产权调换和货币补偿两种形式。

产权调换的面积按照所拆迁房屋的建筑面积计算;货币补偿的金额按照被拆迁人或者房屋承租人支付搬迁补助费。在过渡期内,被拆迁人或者房屋承租人自行安排住处的,拆迁人应当支付临时安置补助费。

(二)与项目建设有关的其他费用

根据项目的不同,与项目建设有关的其他费用的构成也不尽相同,一般包括以下各项。在进行工程估算及概算中可根据实际情况进行计算。

1. 建设单位管理费

建设单位管理费是指建设项目从立项、筹建、建设、联合试运转、竣工验收、交付使用及后评估等全过程管理所需的费用。内容包括:

(1)建设单位开办费。指新建项目为保证筹建和建设工作正常进行所需办公设备、生活家具、用具、交通工具等购置费用。

(2)建设单位经费。包括工作人员的基本工资、工资性补贴、职工福利费、劳动保护费、劳动保险费、办公费、差旅交通费、工会经费、职工教育经费、固定资产使用费、工具用具使用费、技术图书资料费、生产人员招募费、工程招标费、合同契约公证费、工程质量监督检测费、工程咨询费、法律顾问费、审计费、业务招待费、排污费、竣工交付使用清理及竣工验收费、后评估等费用。不包括应计入设备、材料预算价格的建设单位采购及保管设备材料所需的费用。

建设单位管理费按照单项工程费用之和(包括设备工、器具购置费和建筑安装工程费用)乘以建设单位管理费率计算。

建设单位管理费率按照建设项目的不同性质、不同规模确定。有的建设项目按照建设工期和规定的金额计算建设单位管理费。

2. 勘察设计费

勘察设计费是指为本建设项目提供项目建议书、可行性研究报告及设计文件等所

需费用,内容包括:

(1)编制项目建议书、可行性研究报告及投资估算、工程咨询、评价以及为编制上述文件所进行勘察、设计、研究试验等所需费用。

(2)委托勘察、设计单位进行初步设计、施工图设计及概预算编制等所需费用。

(3)在规定范围内由建设单位自行完成的勘察、设计工作所需费用。

勘察设计费中,项目建议书、可行性研究报告按国家颁布的收费标准计算,设计费按国家颁布的工程设计收费标准计算;勘察费一般民用建筑 6 层以下的按 3~5 元/m² 计算,高层建筑按 8~10 元/m² 计算,工业建筑按 10~12 元/m² 计算。

3. 研究试验费

研究试验费是指为建设项目提供和验证设计参数、数据、资料等所进行的必要的试验费用以及设计规定在施工中必须进行试验、验证所需费用。包括自行或委托其他部门研究试验所需人工费、材料费、试验设备及仪器使用费等。这项费用按照设计单位根据本工程项目的需要提出的研究试验内容和要求计算。

4. 建设单位临时设施费

建设单位临时设施费是指建设期间建设单位所需临时设施的搭设、维修、摊销费用或租赁费用。

临时设施包括临时宿舍、文化福利及公用事业房屋与构筑物、仓库、办公室、加工厂以及规定范围内的道路、水、电、管线等临时设施和小型临时设施。

5. 工程监理费

工程监理费是指建设单位委托工程监理单位对工程实施监理工作所需费用。

根据国家发展改革委、原建设部发布的《建设工程监理与相关服务收费管理规定》发改价格[2007]670 号等文件规定,选择下列方法之一计算:

(1)一般情况应按工程建设监理收费标准计算,即按所监理工程概算或预算的百分比计算。

(2)对于单工种或临时性项目可根据参与监理的年度平均人数按 3.5~5 万元/(人·年)计算。

6. 工程保险费

工程保险费是指建设项目在建设期间根据需要实施工程保险所需的费用。包括以各种建筑工程及其在施工过程中的物料、机器设备为保险标的的建筑工程一切险,以安装工程中的各种机器、机械设备为保险标的的安装工程一切险,以及机器损坏保险等。根据不同的工程类别,分别以其建筑、安装工程费乘以建筑、安装工程保险费率计算。民用建筑(住宅楼、综合性大楼、商场、旅馆、医院、学校)占建筑工程费的 2‰~4‰;其他建筑(工业厂房、仓库、道路、码头、水坝、隧道、桥梁、管道等)占建筑工程费的 3‰~6‰;安装工程(农业、工业、机械、电子、电器、纺织、矿山、石油、化学及钢铁工业、钢结构桥梁)占建筑工程费的 3‰~6‰。

7. 引进技术和进口设备其他费用

引进技术及进口设备其他费用,包括出国人员费用、国外工程技术人员来华费用、技术引进费、分期或延期付款利息、担保费以及进口设备检验鉴定费,具体内容见表1-2。

表 1-2　　　　　　　　　　　　引进技术及进口设备其他费用

序号	项　目	内　　容
1	出国人员费用	指为引进技术和进口设备派出人员在国外培训和进行设计联络、设备检验等的差旅费、制装费、生活费等。这项费用根据设计规定的出国培训和工作的人数、时间及派往国家,按财政部、外交部规定的临时出国人员费用开支标准及中国民用航空公司现行国际航线票价等进行计算,其中使用外汇部分应计算银行财务费用
2	国外工程技术人员来华费用	指为安装进口设备,引进国外技术等聘用外国工程技术人员进行技术指导工作所发生的费用。包括技术服务费、外国技术人员的在华工资、生活补贴、差旅费、医药费、住宿费、交通费、宴请费、参观游览等招待费用。这项费用按每人每月费用指标计算
3	技术引进费	指为引进国外先进技术而支付的费用。包括专利费、专有技术费(技术保密费)、国外设计及技术资料费、计算机软件费等。这项费用根据合同或协议的价格计算
4	分期或延期付款利息	指利用出口信贷引进技术或进口设备采取分期或延期付款的办法所支付的利息
5	担保费	指国内金融机构为买方出具保函的担保费。这项费用按有关金融机构规定的担保费率计算(一般可按承保金额的 5‰ 计算)
6	进口设备检验鉴定费用	指进口设备按规定付给商品检验部门的进口设备检验鉴定费。这项费用按进口设备货价的 3‰～5‰ 计算

8. 工程承包费

工程承包费是指具有总承包条件的工程公司,对工程建设项目从开始建设至竣工投产全过程的总承包所需的管理费用。具体内容包括组织勘察设计、设备材料采购、非标设备设计制造与销售、施工招标、发包、工程预决算、项目管理、施工质量监督、隐蔽工程检查、验收和试车直至竣工投产的各种管理费用。该费用按国家主管部门或省、自治区、直辖市协调规定的工程总承包费取费标准计算。如无规定时,一般工业建设项目为投资估算的 6%～8%,民用建筑(包括住宅建设)和市政项目为 4%～6%。不实行工程承包的项目不计算本项费用。

(三)与未来企业生产经营有关的其他费用

1. 联合试运转费

联合试运转费是指新建企业或改扩建企业在工程竣工验收前,按照设计的生产工艺流程和质量标准对整个企业进行联合试运转所发生的费用支出与联合试运转期间的收入部分的差额部分。联合试运转费用一般根据不同性质的项目按需进行试运转的工艺设备购置费的百分比计算。

2. 生产准备费

生产准备费是指新建企业或新增生产能力的企业,为保证竣工交付使用进行必要的生产准备所发生的费用。费用内容包括:

(1)生产人员培训费,包括自行培训、委托其他单位培训的人员的工资、工资性补贴、职工福利费、差旅交通费、学习资料费、学习费、劳动保护费等。

(2)生产单位提前进厂参加施工、设备安装、调试等以及熟悉工艺流程及设备性能等人员的工资、工资性补贴、职工福利费、差旅交通费、劳动保护费等。

生产准备费一般根据需要培训和提前进厂人员的人数及培训时间,按生产准备费指标进行估算。

应该指出,生产准备费在实际执行中是一笔在时间上、人数上、培训深度上很难划分的、活口很大的支出,尤其要严格掌握。

3. 办公和生活家具购置费

办公和生活家具购置费是指为保证新建、改建、扩建项目初期正常生产、使用和管理所必须购置的办公和生活家具、用具的费用。改、扩建项目所需的办公和生活用具购置费,应低于新建项目。其范围包括办公室、会议室、资料档案室、阅览室、文娱室、食堂、浴室、理发室、单身宿舍和设计规定必须建设的托儿所、卫生所、招待所、中小学校等家具用具购置费。这项费用按照设计定员人数乘以综合指标计算,一般为600~800元/人。

七、预备费

按我国现行规定,预备费包括基本预备费和涨价预备费。

1. 基本预备费

基本预备费是指在初步设计及概算内难以预料的工程费用,费用内容包括:

(1)在批准的初步设计范围内,技术设计、施工图设计及施工过程中所增加的工程费用;设计变更、局部地基处理等增加的费用。

(2)一般自然灾害造成的损失和预防自然灾害所采取的措施费用。实行工程保险的工程项目费用应适当降低。

(3)竣工验收时为鉴定工程质量对隐蔽工程进行必要的挖掘和修复费用。

基本预备费是按设备及工、器具购置费,建筑安装工程费用和工程建设其他费用三者之和为计取基础,乘以基本预备费率进行计算。

$$基本预备费=(设备及工、器具购置费+建筑安装工程费用+工程建设其他费用)×基本预备费率 \quad (1-4)$$

基本预备费率的取值应执行国家及部门的有关规定。

2. 涨价预备费

涨价预备费是指建设项目在建设期间内由于价格等变化引起工程造价变化的预

测预留费用。费用内容包括人工、设备、材料、施工机械的价差费,建筑安装工程费及工程建设其他费用调整,利率、汇率调整等增加的费用。

涨价预备费的测算方法,一般根据国家规定的投资综合价格指数,按估算年份价格水平的投资额为基数,采用复利方法计算。其计算公式为:

$$PF = \sum_{t=1}^{n} I_t [(1+f)^t - 1] \tag{1-5}$$

式中　PF——涨价预备费;

　　n——建设期年份数;

　　I_t——建设期中第 t 年的投资计划额,包括设备及工器具购置费、建筑安装工程费、工程建设其他费用及基本预备费;

　　f——年均投资价格上涨率。

第二节　工程量清单计价规范简介

2012 年 12 月 25 日,住房和城乡建设部发布了《建设工程工程量清单计价规范》(GB 50500—2013)和《房屋建筑与装饰工程工程量计算规范》(GB 50854—2013)、《仿古建筑工程工程量计算规范》(GB 50855—2013)、《通用安装工程工程量计算规范》(GB 50856—2013)、《市政工程工程量计算规范》(GB 50857—2013)、《园林绿化工程工程量计算规范》(GB 50858—2013)、《矿山工程工程量计算规范》(GB 50859—2013)、《构筑物工程工程量计算规范》(GB 50860—2013)、《城市轨道交通工程工程量计算规范》(GB 50861—2013)、《爆破工程工程量计算规范》(GB 50862—2013)等 9 本计量规范,全部 10 本规范(以下简称"2013 版清单计价规范")于 2013 年 7 月 1 日起实施。

一、2013 版与 2008 版清单计价规范的比较

1. 专业划分更加具体精细

2013 版清单计价规范将 2008 版清单计价规范中的六个专业(建筑、装饰、安装、市政、园林、矿山)重新进行了精细化调整,调整后分为九个专业,即房屋建筑与装饰工程、仿古建筑工程、通用安装工程、市政工程、园林绿化工程、矿山工程、构筑物工程、城市轨道交通工程、爆破工程。

2. 责任划分更加明确

2013 版清单计价规范对 2008 版清单计价规范里诸多责任不够明确的内容做了明确的责任划分和补充。

(1)新增了对招标工程量清单和已标价工程量清单的明确阐释。对发包人提供的甲供材料、暂估材料及承包人提供的材料等处理方式做了明确说明。

(2)2013 版清单计价规范由以前的适用性条文修改为了强制性条文:建筑工程施

工发承包应在招标文件、合同中明确计价中的风险内容及其范围(幅度),不得采用无限风险、所有风险或类似语句规定计价中的风险内容及其范围(幅度)。并且新增了对风险的补充说明:综合单价中应包括招标文件中划分的应由投标人承担的风险范围及其费用,招标文件中没有明确的,应提请招标人明确。

(3)2013版清单计价规范新增了对招标控制价复查结果的更正说明:当招标控制价复查结论与原公布的招标控制价误差>±5%时,应当责成招标人改正。对低投标报价的适用性也应改为强制性条文执行。

3. 划分原则更加清晰明确

2013版清单计价规范中明确规定分部分项工程和措施项目清单应采用综合单价计价,这一点在2008版清单计价规范中对关于措施项目清单是否采用综合单价计价未做出明确说明。

4. 明确了强制性说明

2013版清单计价规范中将2008版清单计价规范的适用性条文修改为强制性条文,使其更加清晰明确。

(1)2013版清单计价规范中明确规定:非国有资金投资的工程建设项目,采用工程量清单计价方式的,应执行2013版清单计价规范。不采用工程量清单计价方式的,除工程量清单等专门性规定外,仍应执行本规范。

(2)2013版清单计价规范中明确规定:实行工程量清单计价的工程,应当采用单价合同。合同工期较短、建设规模较小、技术难度较低,且施工图设计已审查完备的建筑可以采用总价合同;紧急抢险、救灾以及施工技术特别复杂的建筑工程可以采用成本加酬金合同。

二、实行2013版清单计价规范的目的与意义

(1)推行工程量清单计价是深化工程造价管理改革,推进建设市场化的重要途径。

长期以来,工程预算定额是我国承发包计价、定价的主要依据。现预算定额中规定的消耗量和有关施工措施性费用是按社会平均水平编制的,以此为依据形成的工程造价基本上也属于社会平均价格。这种平均价格可作为市场竞争的参考价格,但不能反映参与竞争企业的实际消耗和技术管理水平,在一定程度上限制了企业的公平竞争。

工程量清单计价是建设工程招标投标中,按照国家统一的工程量清单计价规范,由招标人提供工程数量,投标人自主报价,经评审低价中标的工程造价计价模式。采用工程量清单计价能反映工程个别成本,有利于企业自主报价和公平竞争。

(2)在建设工程招标投标中实行工程量清单计价是规范建筑市场秩序的治本措施之一,也是为了适应社会主义市场经济的需要。

工程造价是工程建设的核心,也是市场运行的核心内容,建筑市场存在着许多不规范的行为,大多数与工程造价有直接联系。建筑产品是商品,具有商品的共性,也具

有其自身的特殊性,建筑产品的价格,既有它的同一性,又有它的特殊性。

　　建筑产品市场形成价格是社会主义市场经济的需要。过去工程预算定额在调节承发包双方利益和反映市场价格、需求方面存在着不相适应的地方,特别是公开、公正、公平竞争方面,还缺乏合理的机制,甚至出现了一些高估冒算,相互串通,从中回扣的漏洞。发挥市场规律"竞争"和"价格"的作用是治本之策。尽快建立和完善市场形成工程造价的机制,是当前规范建筑市场的需要。通过推行工程量清单计价,有利于发挥企业自主报价的能力,同时,也有利于规范业主在工程招标中计价行为,有效改变招标单位在招标中盲目压价的行为,从而真正体现公开、公平、公正的原则,反映市场经济规律。

　　(3)实行工程量清单计价,是促进建设市场有序竞争和企业健康发展的需要。

　　工程量清单是招标文件的重要组成部分,由招标单位编制或委托有资质的工程造价咨询单位编制,工程量清单编制的准确、详尽、完整,有利于提高招标单位的管理水平,减少索赔事件的发生。由于工程量清单是公开的,有利于防止招标工程中弄虚作假、暗箱操作等不规范行为。投标单位通过对单位工程成本、利润进行分析,统筹考虑,精心选择施工方案,根据企业的定额合理确定人工、材料、机械等要素投入量,合理配置,优化组合,合理控制现场经费和施工技术措施费,在满足招标文件需要的前提下,合理确定自己的报价,让企业有自主报价权。改变了过去依赖建设行政主管部门发布的定额和规定的取费标准进行计价的模式,有利于提高劳动生产率,促进企业技术进步,节约投资和规范建设市场。采用工程量清单计价后,将使招标活动的透明度增加,在充分竞争的基础上降低了造价,提高了投资效益,且便于操作和推行,业主和承包商均乐于接受这种计价模式。

　　(4)实行工程量清单计价,有利于我国工程造价政府职能的转变。

　　按照政府部门真正履行起"经济调节、市场监督、社会管理和公共服务"的职能要求,政府对工程造价管理的模式要进行相应的改变,将推行"政府宏观调控、企业自主报价、市场形成价格、社会全面监督"的工程造价管理思路。实行工程量清单计价,有利于我国工程造价政府职能的转变,由过去的政府控制的指令性定额转变为制定适应市场经济规律需要的工程量清单计价方法,由过去的行政干预转变为对工程造价进行依法监管,有效地强化政府对工程造价的宏观调控。

三、2013 版清单计价规范对装饰工程各项目的具体划分界限

　　装饰工程项目按照现行国家标准《房屋建筑与装饰工程工程量计算规范》(GB 50854—2013)的相应项目执行;涉及电气、给排水、消防等安装工程的项目,按照现行国家标准《通用安装工程工程量计算规范》(GB 50856—2013)的相应项目执行;涉及仿古建筑工程的项目,按照现行国家标准《仿古建筑工程工程量计算规范》(GB 50855—2013)的相应项目执行;涉及室外地(路)面、室外给排水等工程的项目,按照现行国家标准《市政工程工程量计算规范》(GB 50857—2013)的相应项目执行;采用爆

破法施工的石方工程按照现行国家标准《爆破工程工程量计算规范》(GB 50862—2013)的相应项目执行。

四、工程量清单计价的影响因素

工程量清单报价中标的工程,无论采用何种计价方法,在正常情况下,基本说明工程造价已确定,只是当出现设计变更或工程量变动时,通过签证再结算调整另行计算。工程量清单工程成本要素的管理重点,是在既定收入的前提下,如何控制成本支出。

1. 对用工批量的有效管理

人工费支出约占建筑产品成本的 17%,且随市场价格波动而不断变化。对人工单价在整个施工期间做出切合实际的预测,是控制人工费用支出的前提条件。

首先根据施工进度,月初依据工序合理做出用工数量,结合市场人工单价计算出本月控制指标。

其次在施工过程中,依据工程分部分项对每天用工数量连续记录,在完成一个分项后,就同工程量清单报价中的用工数量对比,进行横评,找出存在问题,办理相应手续以便对控制指标加以修正。每月完成几个工程分项后各自同工程量清单报价中的用工数量对比,考核控制指标完成情况。通过这种控制节约用工数量,就意味着降低了人工费支出,增加了相应的效益。这种对用工数量控制的方法,最大优势在于不受任何工程结构形式的影响,分阶段加以控制,有很强的实用性。人工费用控制指标,主要是从量上加以控制。重点通过对在建工程进行过程控制,积累各类结构形式下实际用工数量的原始资料,以便形成企业定额体系。

2. 材料费用的管理

材料费用开支约占建筑产品成本的 63%,是成本要素控制的重点。材料费用因工程量清单报价形式不同,材料供应方式不同而有所不同。如业主限价的材料价格管理,其主要问题可从施工企业采购过程中降低材料单价来把握。

首先将本月施工分项所需材料用量下发采购部门,在保证材料质量前提下货比三家。采购过程以工程清单报价中材料价格为控制指标,确保采购过程产生收益。对业主供材供料的,确保足斤足两,严把验收入库环节。

其次在施工过程中,严格执行质量方面的程序文件,做到材料堆放合理布局,减少二次搬运。具体操作时依据工程进度实行限额领料,完成一个分项后,考核控制效果。

最后要杜绝没有收入的支出,把返工损失降到最低限度。月末应把控制用量和价格同实际数量横向对比,考核实际效果,对超用材料数量,应针对是在哪个工程子项造成的,原因是什么,是否存在同业主计取材料差价等问题落实清楚。

3. 机械费用的管理

机械费的开支约占建筑产品成本的 7%,其控制指标,主要是根据工程量清单计算出使用的机械控制台班数。在施工过程中,每天做详细台班记录,如是否存在维修、待班的台班等情况。若存在现场停电超过合同规定时间,应在当天同业主做好待班现场签证记录,月末将实际使用台班同控制台班的绝对数进行对比,分析量差发生的原因。对机械费价格一般采取租赁协议,合同一般在结算期内不变动,所以,控制实际用量是关键。依据现场情况做到设备合理布局,充分利用,特别是要合理安排大型设备进出场时间,以降低费用。

4. 施工过程中水电费的管理

水电费的管理,在以往工程施工中一直被忽视。水作为人类赖以生存的宝贵资源,越来越短缺,正在给人类敲响警钟。因此加强施工过程中水电费管理的重要性不言而喻。为便于施工过程支出的控制管理,应把控制用量计算到施工子项,以便于水电费用控制。月末依据完成子项所需水电用量同实际用量对比,找出差距的出处,以便制定改正措施。总之施工过程中对水电用量控制不仅仅是经济效益的问题,更重要的是合理利用宝贵资源的问题。

5. 对设计变更和工程签证的管理

在施工过程中,时常会遇到一些原设计未预料的实际情况或业主单位提出要求改变某些施工做法、材料代用等,引发设计变更。同样对施工图以外的内容及停水、停电,或因材料供应不及时造成停工、窝工等都需要办理工程签证。以上两部分工作,首先应由负责现场施工的技术人员做好工程量的确认,如存在工程量清单不包括的施工内容,应及时通知技术人员,将需要办理工程签证的内容落实清楚;其次由工程造价人员审核变更或签证签字内容是否清楚完整、手续是否齐全。如手续不齐全,应在当天督促施工人员补办手续,变更或签证的资料应连续编号;最后工程造价人员还应特别注意在施工方案中涉及的工程造价问题。在投标时工程量清单是依据以往的经验计价,建立在既定的施工方案基础上的。施工方案的改变便是对工程量清单造价的修正。变更或签证是工程量清单工程造价中所不包括的内容,但在施工过程中费用已经发生,工程造价人员应及时地编制变更及签证后的变动价值。加强设计变更和工程签证工作是施工企业经济活动中的一个重要组成部分,可以防止应得效益的流失,反映工程真实造价构成,对施工企业各级管理者来说显得尤为重要。

6. 对其他成本要素的管理

成本要素除工料单价法中所包含的外,还有管理费用、利润、临设费、税金、保险费等。这部分收入已分散在工程量清单的子项之中,中标后已成既定的数,因而,在施工过程中应注意以下几点:

(1)节约管理费用是重点,应制定切实的预算指标,对每笔开支严格依据预算执行审批手续;提高管理人员的综合素质,做到高效精干,提倡一专多能。对办公费用的管理,从节约一张纸、减少每次通话时间等方面着手,精打细算,控制费用支出。

(2)利润作为工程量清单子项收入的一部分,在成本不亏损的情况下,就是企业既定利润。

(3)临设费管理的重点是依据施工的工期及现场情况合理布局临设。尽可能就地取材搭建临设,工程接近竣工时及时减少临设的占用。对购买的彩板房每次安、拆要高抬轻放,延长使用寿命。日常使用及时维护易损部位,延长使用寿命。

(4)对税金、保险费的管理重点是资金问题,要依据施工进度及时拨付工程款,确保按国家规定的税金及时上缴。

以上六个方面是施工企业的成本要素,针对工程量清单形式带来的风险性,施工企业要从加强过程控制的管理入手,才能将风险降到最低点。积累各种结构形式下成本要素的资料,逐步形成科学、合理的企业定额体系。通过企业定额,使报价不再盲目,避免了一味过低或过高报价所形成的亏损、废标,以应付复杂激烈的市场竞争。

第二章 工程量清单

第一节 概 述

一、工程量清单的概念与特点

工程量清单指的是载明建设工程分部分项工程项目、措施项目、其他项目的名称和相应数量以及规费、税金项目等内容的明细清单。

工程量清单是招标和合同文件的组成部分，是一份以一定计量单位说明工程实物数量的文件。工程量清单具有以下特点：

(1)工程量清单是招投标的产物，是投标文件和合同文件的重要组成部分。

(2)工程量清单必须和招标文件的技术规范、图纸相一致，图纸上要完成的工程细目必须在工程量清单中反映出来。

(3)工程量清单各章编号应和技术规范相应章节编号一致，工程量清单中各章的工程细目应和技术规范相应章节的计量与支付条款结合起来理解。

(4)工程量清单的工程细目与预算定额的工程细目有些规定相同，有些名称相同而含义不同，有些预算定额没有，对计量方法与概、预算定额的规定也有一定差异。

(5)工程量清单中所列的工程数量是设计的预计数量，不能作为最终结算与支付的依据，结算和支付应以监理工程师认可的，按技术规范要求完成的实际工程数量为依据。

(6)工程量清单中有标价的单价或总额包括了工、料、机、管理、利润、税金等费用，以及合同中明示或暗示的所有责任、义务和一般风险。

(7)在合同履行过程中，标有单价的工程量清单是办理结算进而确定工程造价的依据。

二、工程量清单编制依据

(1)《房屋建筑与装饰工程量计算规范》(GB 50854—2013)和《建设工程工程量清单计价规范》(GB 50500—2013)。

(2)国家或省级、行业建设主管部门颁发的计价依据和办法。

(3)建设工程设计文件。

(4)与建设工程项目有关标准、规范、技术资料。

(5)拟定招标文件。

(6)施工现场情况、工程特点及常规施工方案。

(7)其他相关资料。

第二节　工程量清单编制

一、招标工程量清单封面

封面是工程量清单的外表装饰,《建设工程工程量清单计价规范》(GB 50500—2013)中规定:招标工程量清单封面应填写招标工程项目的具体名称,招标人应盖单位公章,如委托工程造价咨询人编制,还应加盖工程造价咨询人所在单位公章。

××住宅楼装饰装修工程招标工程量清单封面的填写见表 2-1。

表 2-1　　　　　　　　　　　招标工程量清单封面

_____××住宅楼装饰装修_____工程

招标工程量清单

招　标　人:_____××_____

(单位盖章)

造价咨询人:_____××_____

(单位盖章)

年　　月　　日

二、招标工程量清单扉页

招标工程量清单扉页应按规定的内容填写、签字、盖章,由造价员编制的工程量清单应由负责审核的造价工程师签字、盖章。受委托编制的工程量清单,应由造价工程师签字、盖章以及工程造价咨询人盖章。

××住宅楼装饰装修工程招标工程量清单扉页的填写见表2-2。

表 2-2　　　　　　　　　　　　**招标工程量清单扉页**

　　　　　　　　_____××住宅楼装饰装修_____ 工程

招标工程量清单

招　标　人:_____××公司_____
　　　　　　　　(单位盖章)

造价咨询人:_____××_____
　　　　　　　　　　(单位资质专用章)

法定代表人
或其授权人:_____××_____
　　　　　　　(签字或盖章)

法定代表人
或其授权人:_____××_____
　　　　　　　　(签字或盖章)

编　制　人:_____××_____
　　　　(造价人员签字盖专用章)

复　核　人:_____××_____
　　　　　(造价工程师签字盖专用章)

编制时间:　　年　　月　　日　　　　复核时间:　　年　　月　　日

三、工程量清单总说明

工程量清单总说明应按下列内容填写：

（1）工程概况：建设规模、工程特征、计划工期、施工现场实际情况、自然地理条件、环境保护要求等。

（2）工程招标和专业工程发包范围。

（3）工程量清单编制依据。

（4）工程质量、材料、施工等的特殊要求。

（5）其他需要说明的问题。

××住宅楼装饰装修工程计价总说明的填写见表 2-3。

表 2-3 　　　　　　　　　　　　　　　**总　说　明**

工程名称：××住宅楼装饰装修工程　　　　　　　　　　　　　　　　第　页　共　页

1. 工程概况：该工程建筑面积 1000m²，其主要使用功能为商住楼；层数三层，混合结构，建筑高度 10.8m。

2. 招标范围：装饰装修工程。

3. 工程质量要求：优良工程。

4. 工程量清单编制依据：

4.1 由××市建筑工程设计事务所设计的施工图 1 套；

4.2 由××房地产开发公司编制的《××楼建筑工程施工招标书》、《××楼建筑工程招标答疑》；

4.3 工程量清单计量按照国标《房屋建筑与装饰工程量计算规范》编制；

5. 因工程质量要求优良，故所有材料必须持有市以上有关部门颁发的《产品合格证书》及价格在中档以上的建筑材料

表-01

四、分部分项工程项目清单编制

"分部分项工程"是"分部工程"和"分项工程"的总称。"分部工程"是单位工程的组成部分，是按结构部位、路段长度及施工特点或施工任务将单位工程划分为若干个分部工程。例如，房屋建筑与装饰工程分为土石方工程，桩基工程，砌筑工程，混凝土及钢筋混凝土工程，门窗工程，楼地面装饰工程，天棚工程，油漆、涂料、裱糊工程等分部工程。"分项工程"是分部工程的组成部分，是按不同施工方法、材料、工序等将分部工程分为若干个分项或项目工程。例如，天棚工程分为天棚抹灰、天棚吊顶、采光天棚、天棚其他装饰等分项工程。

分部分项工程量清单根据《房屋建筑与装饰工程工程量计算规范》（GB 50854—2013）附录的规定，包括项目编码、项目名称、项目特征、计量单位、工程量计算规则和工作内容六项内容。

1. 项目编码

项目编码是指分部分项工程和措施项目工程量清单项目名称的阿拉伯数字标识

的顺序码。工程量清单项目编码,应采用十二位阿拉伯数字表示,一至九位应按附录的规定设置,十至十二位应根据拟建工程的工程量清单项目名称设置,同一招标工程的项目编码不得有重码。

2. 项目名称

项目名称的设置或划分一般以形成工程实体为原则进行命名,所谓实体是指形成生产或工艺作用的主要实体部分,对附属或次要部分不设置项目。对于某些不形成工程实体的项目如"挖基础土方",考虑土石方工程的重要性及对工程造价有较大影响,仍列入清单项目。

分部分项工程量清单的项目名称应按《房屋建筑与装饰工程工程量计算规范》(GB 50854—2013)中附录的项目名称结合拟建工程的实际确定。

3. 项目特征

项目特征是表现构成分部分项工程项目、措施项目自身价值的本质特征,是对体现分部分项工程量清单、措施项目清单价值的特有属性和本质特征的描述。从本质上讲,项目特征体现的是对分部分项工程的质量要求,是确定一个清单项目综合单价不可缺少的重要依据。在编制工程量清单时,必须对项目特征进行准确和全面的描述。工程量清单项目特征描述的重要意义在于:项目特征是区分具体清单项目的依据;项目特征是确定综合单价的前提;项目特征是履行合同义务的基础。如在施工中,施工图纸中特征与标价的工程量清单中分部分项工程项目特征不一致或发生变化,即可按合同约定调整该分部分项工程的综合单价。

分部分项工程量清单项目特征应按《房屋建筑与装饰工程工程量计算规范》(GB 50854—2013)附录中规定的项目特征,结合拟建工程项目的实际、结合技术规范、标准图集、施工图纸,按照工程结构、使用材质及规格或安装位置等,予以详细而准确地表述和说明。

(1)项目特征描述原则。为达到规范、简捷、准确、全面描述项目特征的要求,在描述工程量清单项目特征时应按以下原则进行:

1)项目特征描述的内容应按《房屋建筑与装饰工程工程量计算规范》(GB 50854—2013)附录规定,结合拟建工程的实际,能满足确定综合单价的需要。

2)若采用标准图集或施工图纸能够全部或部分满足项目特征描述的要求,项目特征描述可直接采用详见××图集或××图号的方式。对不能满足项目特征描述要求的部分,仍应用文字描述。

(2)项目特征描述注意事项。在对分部分项工程项目特征描述时,还应注意以下几点:

1)必须描述的内容:

①涉及正确计量的内容必须描述。如 010801001 木质门,当以"樘"为单位计量时,项目特征需要描述洞口尺寸;当以"m²"为单位计量时,则洞口尺寸描述的意义不大,可不描述。

②涉及结构要求的内容必须描述。如水泥砂浆楼地面的砂浆配合比必须描述。

③涉及材质要求的内容必须描述。如铺贴面层,是大理石,还是花岗岩等。

④涉及安装方式的内容必须描述。

2)可不描述或可不详细描述的内容:

①对计量计价没有实质影响的内容可以不描述。如对现浇混凝土柱的高度、断面大小等的特征可以不描述,因为混凝土构件是按"m³"计量,对它的描述实质意义不大。

②应由投标人根据施工方案确定的可以不描述。

③应由投标人根据当地材料和施工要求确定的可以不描述。

④应由施工措施解决的可以不描述。

⑤对采用标准图集或施工图纸能够全部或部分满足项目特征描述要求的,项目特征描述可直接采用详见××图集或××图号的方式。

⑥对注明由投标人根据工现场实际自行考虑决定报价的,项目特征可不描述。

4. 计量单位

分部分项工程量清单的计量单位应按《房屋建筑与装饰工程工程量计算规范》(GB 50854—2013)附录中规定的计量单位确定。

5. 工程量计算规则

《房屋建筑与装饰工程工程量计算规范》(GB 50854—2013)统一规定了分部分项工程项目的工程量计算规则。其原则是按施工图图示尺寸(数量)计算工程实体工程数量的净值。工程量清单中所列的工程量应按规定的工程量计算规则计算。

6. 工作内容

工作内容是指为了完成分部分项工程项目或措施项目所需要发生的具体施工作业内容。《房屋建筑与装饰工程工程量计算规范》(GB 50854—2013)附录中给出的是一个清单项目可能发生的工作内容,在确定综合单价时,需要根据清单项目特征中的要求,或根据工程具体情况,或根据常规施工方案,从中选择其具体的施工作业内容。

工作内容不同于项目特征,在清单编制时不需要描述。项目特征体现的是清单项目质量或特性的要求或标准,工作内容体现的是完成一个合格的清单项目需要具体做的施工作业,对于一项明确的分部分项工程项目或措施项目,工作内容确定了其工程成本。

如 011101001 水泥砂浆楼地面,其项目特征为:①找平层厚度、砂浆配合比;②素水泥浆遍数;③面层厚度、砂浆配合比;④面层做法要求。其工作内容为:①基层清理;②抹找平层;③抹面层;④材料运输。通过对比可以看出,如"砂浆配合比"是对砂浆质量标准的要求,属于项目特征;"砂浆运输"是施工过程中的操作方法,体现的是如何做,属于工作内容。

××住宅楼装饰装修工程分部分项工程量清单编制见表 2-4。

表 2-4　　　　　　　分部分项工程和单价措施项目清单与计价表

工程名称：××住宅楼装饰装修工程　　　　　　标段：　　　　　　　　第　页　共　页

序号	项目编码	项目名称	项目特征描述	计量单位	工程量	综合单价	合价	其中暂估价
			0111　楼地面装饰工程					
1	011101001001	水泥砂浆楼地面	1：2 水泥砂浆，厚 20m	m²	10.68			
2	011102001001	石材楼地面	一层营业大理石地面，混凝土垫层 C10 砾 40，厚 0.08m，0.8m×0.8m 大理石面层	m²	83.25			
3	011102003001	块料楼地面	混凝土垫层 C10 砾 40，0.10m×0.40m 地面砖面层	m²	45.34			
4	011102003002	块料楼地面	卫生间防滑地砖地面，混凝土垫层 C10 砾 40，厚 0.08m，C20 砾 10 混凝土找坡 0.5%，1：2 水泥砂浆找平	m²	8.27			
5	011102003003	块料楼地面	地砖楼面，结合层 25mm 厚，1：4 干硬性混凝土 0.40m×0.40m 地面砖	m²	237.89			
6	011102003004	块料楼地面	卫生间防滑地砖地面，C20 砾 10，混凝土找坡 0.5%，1：2 水泥砂浆找平	m²	16.29			
7	011105002001	石材踢脚线	高 150mm，15mm 厚 1：3 水泥砂浆，10mm 厚大理石板	m²	5.51			
8	011105003001	块料踢脚线	高 150mm，17mm 厚 2：1：8 水泥、石灰砂浆，3～4mm 厚 1：1 水泥砂浆加 20%108 胶	m²	37.32			
9	011106002001	块料楼梯面层	20mm 厚 1：3 水泥砂浆，0.40mm×0.40mm×0.10mm 面砖	m²	18.42			
10	011107001001	石材台阶面	1：3：6 石灰、砂、碎石垫层 20mm 厚，C15 砾 40 混凝土垫层 10mm 厚，花岗岩面层	m²	22.00			
			分部小计					

续表

序号	项目编码	项目名称	项目特征描述	计量单位	工程量	金额/元		
						综合单价	合　价	其中 暂估价
			0112　墙、柱面装饰与隔断、幕墙工程					
11	011201001001	墙面一般抹灰	混合砂浆 15mm 厚,888 涂料三遍	m²	926.15			
12	011201001002	墙面一般抹灰	外墙抹混合砂浆及外墙漆,1:2 水泥砂浆 20mm 厚	m²	534.63			
13	011201001003	墙面一般抹灰	女儿墙内侧抹灰水泥砂浆,1:2 水泥砂浆 20mm 厚	m²	67.25			
14	011203001001	零星项目一般抹灰	女儿墙压顶抹灰水泥砂浆,1:2 水泥砂浆 21mm 厚	m²	12.13			
15	011203001002	零星项目一般抹灰	出入孔内侧四周粉水泥砂浆,1:2 水泥砂浆 20mm 厚	m²	1.25			
16	011203001003	零星项目一般抹灰	雨篷装饰,上部、四周抹 1:2水泥砂浆,涂外墙漆,底部抹混合砂浆,888 涂料三遍	m²	20.83			
17	011203001004	零星项目一般抹灰	水箱外粉水泥砂浆立面,1:2 水泥砂浆 20mm 厚	m²	13.71			
18	011204003001	块料墙面	墙砖面层,17mm 厚 1:3 水泥砂浆	m²	13.71			
19	011206002001	块料零星项目	污水池,混凝土面层,17mm 厚 1:3 水泥砂浆,3~4mm 厚 1:1 水泥砂浆加 20%108 胶	m²	6.24			
			分部小计					
			0113　天棚工程					
20	011301001001	天棚抹灰	天棚抹灰(现浇板底),7mm 厚1:1:4 水泥、石灰砂浆,5mm 厚 1:0.5:3 水泥砂浆,888 涂料三遍	m²	123.61			
21	011301001002	天棚抹灰	天棚抹灰(预制板底),7mm 厚1:1:4 水泥、石灰砂浆,5mm 厚 1:0.5:3 水泥砂浆,888 涂料三遍	m²	134.41			

序号	项目编码	项目名称	项目特征描述	计量单位	工程量	金额/元		
						综合单价	合价	其中 暂估价
22	011301001003	天棚抹灰	天棚抹灰（楼梯抹灰），7mm厚1∶1∶4水泥、石灰砂浆，5mm厚1∶0.5∶3水泥砂浆，888涂料三遍	m²	18.08			
23	01130202001	格栅吊顶	不上人U形轻钢龙骨600mm×600mm间距，600mm×600mm石膏板面层	m²	162.40			
			分部小计					
			0108　门窗工程					
24	010801001001	木质门	上人孔盖板，杉木板0.02m厚，上钉镀锌铁皮1.5mm厚	m²	2			
25	010801001002	木质门	胶合板门M2，杉木框钉5mm胶合板，面层3mm厚榉木板，聚氨酯5遍，门碰、执手锁11个	m²	13			
26	010802001001	金属门	M1，铝合金框70系列，四扇四开，白玻璃6mm厚	m²	1			
27	010802001002	金属门	M3，塑钢门窗，不带亮，平开，白玻璃5mm厚	m²	10			
28	010802004001	防盗门	M4，两面1.5mm厚铁板，上涂深灰聚氨酯面漆	m²	1			
29	010803001001	金属卷闸门	网状铝合金卷闸门M5，网状钢丝φ10，电动装置1套	m²	1			
30	010807001001	金属窗	C2，铝合金1.2mm厚，90系列5mm厚白玻璃	m²	9			
31	010807001002	金属窗	C5，铝合金1.2mm厚，90系列5mm厚白玻璃	m²	4			
32	010807001003	金属窗	C4，铝合金1.2mm厚，90系列5mm厚白玻璃	m²	6			
33	010807001004	金属窗	铝合金平开窗，铝合金1.2mm厚，50系列5mm厚白玻璃	m²	8			

续表

序号	项目编码	项目名称	项目特征描述	计量单位	工程量	综合单价	合价	其中 暂估价
34	010807001005	金属窗	铝合金固定窗 C1,四周无铝合金框,用 SPS 胶	m²	4			
35	010807001006	金属窗	C2,不锈钢圆管 φ18@100,四周扁管 20mm×20mm	m²	4			
36	010807001007	金属窗	C3,不锈钢圆管 φ18@100,四周扁管 20mm×20mm	m²	4			
37	010808001001	木门窗套	20mm×20mm@200 杉木枋上钉 5mm 厚胶合板,面层 3mm 厚榉木板	m²	35.21			
			分部小计					
			0114 油漆、涂料、裱糊工程					
38	011406001001	抹灰面油漆	外墙门窗套外墙漆,水泥砂浆面上刷外墙漆	m²	42.82			
			分部小计					
			0115 其他装饰工程					
39	011503001001	金属扶手、栏杆、栏板	不锈钢栏杆 φ25,不锈钢扶手 φ70	m	17.65			
			分部小计					
			措施项目					
40	011701001001	综合脚手架	多层建筑物(层高在 3.6m 以内)檐口高度在 20m 以内	m²	500			
			分部小计					
			合计					

注:为计取规费等使用,可在表中增设其中:"定额人工费"。

表-08

五、措施项目清单编制

"措施项目"是相对于工程实体的分部分项工程项目而言,对实际施工中必须发生的施工准备和施工过程中技术、生活、安全、环境保护等方面的非工程实体项目的总称。例如:安全文明施工、模板工程、脚手架工程等。

《房屋建筑与装饰工程工程量计算规范》(GB 50854—2013)附录中列出了两种类型的措施项目,一类措施项目中列出了项目编码、项目名称、项目特征、计量单位、工程量计算规则的项目,编制工程量清单时,与分部分项工程项目的相关规定一致,见表2-4;另一类措施项目列出项目编码、项目名称,未列出项目特征、计量单位和工程量计算规则的项目,编制工程量清单时,应按规范中措施项目规定的项目编码、项目名称确定,见表2-5。

措施项目应根据拟建工程的实际情况列项,若出现《房屋建筑与装饰工程工程量计算规范》(GB 50854—2013)中未列出的项目,可根据工程实际情况补充。

××住宅楼装饰装修工程总价措施项目清单编制见表2-5。

表 2-5　　　　　　　　　　**总价措施项目清单与计价表**

工程名称:××住宅楼装饰装修工程　　　　　　标段:　　　　　　　　第1页 共1页

序号	项目编码	项目名称	计算基础	费率	金额/元	调整费率/(%)	调整后金额/元	备注
1	011707001001	安全文明施工费						
2	011707002001	夜间施工增加费						
3	011707004001	二次搬运费						
4	011707005001	冬雨季施工增加费						
5	011707007001	已完工程及设备保护费						
		合计						

编制人(造价人员):　　　　　　　　　　　复核人(造价工程师):

注:1. "计算基础"中安全文明施工费可为"定额基价"、"定额人工费"或"定额人工费+定额机械费",其他项目可为"定额人工费"或"定额人工费+定额机械费"。

2. 按施工方案计算的措施费,若无"计算基础"和"费率"的数值,也可只填"金额"数值,但应在备注栏说明施工方案出处或计算方法。

表-11

六、其他项目清单编制

其他项目清单应按照下列内容列项:

(1)暂列金额。暂列金额应根据工程特点按有关计价规定估算。

(2)暂估价。包括材料暂估单价、工程设备暂估单价、专业工程暂估价。其中,材料、工程设备暂估单价应根据工程造价信息或参照市场价格估算,列出明细表;专业工程暂估价应分不同专业,按有关计价规定估算,列出明细表。

(3)计日工。计日工应列出项目名称、计量单位和暂估数量。

(4)总承包服务费。总承包服务费应列出服务项目及其内容。

(5)对于上述(1)~(4)中未列出的项目,应根据工程实际情况补充。

××住宅楼装饰装修工程其他项目清单编制见表2-6~表2-11。

表 2-6　　　　　　　　　　**其他项目清单与计价汇总表**

工程名称:××住宅楼装饰装修工程　　　　　标段:　　　　　第 1 页 共 1 页

序号	项目名称	金额/元	结算金额/元	备注
1	暂列金额	10000.00		明细详见表-12-1
2	暂估价	20000.00		
2.1	材料(工程设备)暂估价	—		明细详见表-12-2
2.2	专业工程暂估价	20000.00		明细详见表-12-3
3	计日工			明细详见表-12-4
4	总承包服务费			明细详见表-12-5
	合计	30000.00		

注:材料(工程设备)暂估单价计入清单项目综合单价,此处不汇总。

表-12

表 2-7　　　　　　　　　　**暂列金额明细表**

工程名称:××住宅楼装饰装修工程　　　　　标段:　　　　　第 页 共 页

序号	项目名称	计量单位	暂定金额/元	备注
1	政策性调整和材料价格风险	项	5000.00	
2	工程量清单中工程量变更和设计变更	项	4000.00	
3	其他	项	1000.00	
	合计		10000.00	

注:此表由招标人填写,如不能详列,也可只列暂定金额总额,投标人应将上述暂列金额计入投标总价中。

表-12-1

表 2-8　　　　　　　　　　**材料(工程设备)暂估单价及调整表**

工程名称:××住宅楼装饰装修工程　　　　　标段:　　　　　　　　第　页　共　页

序号	材料(工程设备)名称、规格、型号	计量单位	数量		暂估/元		确认/元		差额±/元		备注
			暂估	确认	单价	合价	单价	合价	单价	合价	
1	台阶花岗岩	m²	22		200.00	4400.00					用于台阶装饰工程中
2	U形轻钢龙骨大龙骨 $h=45mm$	m	80		5.00	400.00					用于格栅吊顶工程中
	合　计					4800.00					

注:此表由招标人填写"暂估单价",并在备注栏说明暂估价的材料、工程设备拟用在哪些清单项目上,投标人应将上述材料、工程设备暂估单价计入工程量清单综合单价报价中。

表-12-2

表 2-9　　　　　　　　　　　**专业工程暂估价**

工程名称:××住宅楼装饰装修工程　　　　　标段:　　　　　　　　第　页　共　页

序号	工程名称	工程内容	暂估金额/元	结算金额/元	差额±/元	备注
1	入户防盗门	安装	20000.00			
	合　计		20000.00			

注:此表"暂估金额"由招标人填写,投标人应将"暂估金额"计入投标总价中。结算时按合同约定结算金额填写。

表-12-3

表 2-10 　　　　　　　　　　　　　　计日工表

工程名称：××住宅楼装饰装修工程　　　　　　标段：　　　　　　　　　　　第　页　共　页

编号	项目名称	单位	暂定数量	实际数量	综合单价/元	合价/元 暂定	合价/元 实际
一	人工						
1	技工	工日	15				
	人工小计						
二	材料						
1	水泥 42.5	t	2.0				
2	中砂	m³	6.0				
3	砾石(5～40mm)	m³	5.0				
4	钢筋(规格、型号综合)	t	0.2				
	材料小计						
三	施工机械						
1	灰浆搅拌机(400L)	台班	5.0				
	施工机械小计						
四、企业管理费和利润							
	总计						

注：此表项目名称、暂定数量由招标人填写，编制招标控制价时，单价由招标人按有关计价规定确定；投标时，单价由投标人自主报价，按暂定数量计算合价计入投标总价中。结算时，按承包双方确认的实际数量计算合价。

表-12-4

表 2-11 　　　　　　　　　　　　　总承包服务费计价表

工程名称：××住宅楼装饰装修工程　　　　　　标段：　　　　　　　　　　　第　页　共　页

序号	项目名称	项目价值/元	服务内容	计算基础	费率/(%)	金额/元
1	发包人发包专业工程	20000.00	(1)按专业工程承包人的要求提供施工并对施工现场统一管理,对竣工资料统一汇总整理。(2)为专业工程承包人提供垂直运输机械和焊接电源拉入点,并承担运输费和电费。(3)为防盗门安装后进行修补和找平并承担相应的费用			
2	发包人提供材料	4800.00	对发包人供应的材料进行验收及保管和使用发放			
	合计	—		—		

注：此表项目名称、服务内容由招标人填写，编制招标控制价时，费率及金额由招标人按有关计价规定确定；投标时，费率及金额由投标人自主报价，计入投标总价中。

表-12-5

七、规费、税金项目清单编制

(1)规费项目清单应按下列内容列项：

1)社会保险费：包括养老保险费、失业保险费、医疗保险费、工伤保险费、生育保险费；

2)住房公积金；

3)工程排污费；

4)上述 1)～3)未列的项目，应根据省级政府或省级有关部门的规定列项。

(2)税金项目清单应包括下列内容：

1)营业税；

2)城市维护建设税；

3)教育费附加；

4)地方教育附加；

5)上述 1)～4)未列的项目，应根据税务部门的规定列项。

××住宅楼装饰装修工程规费、税金项目清单编制见表 2-12。

表 2-12　　　　　　　　　　规费、税金项目计价表

工程名称：××住宅楼装饰装修工程　　　　　标段：　　　　　　　　　第 页 共 页

序号	项目名称	计算基础	计算基数	计算费率/(%)	金额/元
1	规费	定额人工费			
1.1	社会保险费	定额人工费			
(1)	养老保险费	定额人工费			
(2)	失业保险费	定额人工费			
(3)	医疗保险费	定额人工费			
(4)	工伤保险费	定额人工费			
(5)	生育保险费	定额人工费			
1.2	住房公积金	定额人工费			
1.3	工程排污费	按工程所在地环境保护部门收取标准，按时计入			
2	税金	分部分项工程费＋措施项目费＋其他项目费＋规费－按规定不计税的工程设备金额			
	合计				

编制人(造价人员)：　　　　　　　　　　　复核人(造价工程师)：

表-13

八、发、承包人提供材料和工程设备

1. 发包人提供材料和工程设备

（1）发包人提供的材料和工程设备（以下简称甲供材料）应在招标文件中按照相关规定填写《发包人提供材料和工程设备一览表》（表 2-13），写明甲供材料的名称、规格、数量、单价、交货方式、交货地点等。

表 2-13　　　　　　　　　**发包人提供材料和工程设备一览表**

工程名称：　　　　　　　　　　　标段：　　　　　　　　　　　　第　页　共　页

序号	材料(工程设备)名称、规格、型号	单位	数量	单价/元	交货方式	送达地点	备注

注：此表由招标人填写，供投标人在投标报价、确定总承包服务费时参考。

表-20

承包人投标时，甲供材料单价应计入相应项目的综合单价中，签约后，发包人应按合同约定扣除甲供材料款，不予支付。

（2）承包人应根据合同工程进度计划的安排，向发包人提交甲供材料交货的日期计划。发包人应按计划提供。

（3）发包人提供的甲供材料如规格、数量或质量不符合合同要求，或由于发包人原因发生交货日期延误、交货地点及交货方式变更等情况的，发包人应承担由此增加的费用和（或）工期延误，并应向承包人支付合理利润。

（4）发承包双方对甲供材料的数量发生争议不能达成一致的，应按照相关工程的计价定额同类项目规定的材料消耗量计算。

（5）若发包人要求承包人采购已在招标文件中确定为甲供材料的，材料价格应由发承包双方根据市场调查确定，并应另行签订补充协议。

2. 承包人提供材料和工程设备

(1)除合同约定发包人提供的甲供材料外,合同工程所需的材料和工程设备应由承包人提供,承包人提供的材料和工程设备均应由承包人负责采购、运输和保管。

(2)承包人应按合同约定将采购材料和工程设备的供货人及品种、规格、数量和供货时间等提交发包人确认,并负责提供材料和工程设备的质量证明文件,满足合同约定的质量标准。

(3)对承包人提供的材料和工程设备经检测不符合合同约定的质量标准,发包人应立即要求承包人更换,由此增加的费用和(或)工期延误应由承包人承担。对发包人要求检测承包人已具有合格证明的材料、工程设备,但经检测证明该项材料、工程设备符合合同约定的质量标准,发包人应承担由此增加的费用和(或)工期延误,并向承包人支付合理利润。

(4)承包人提供的材料和工程设备可按表 2-14 或表 2-15 填写《承包人提供主要材料和工程设备一览表》作为合同附件。

表 2-14 承包人提供主要材料和工程设备一览表
(适用于造价信息差额调整法)

工程名称: 标段: 第 页 共 页

序号	名称、规格、型号	单位	数量	风险系数/(%)	基准单价/元	投标单价/元	发承包人确认单价/元	备注

注:1. 此表由招标人填写除"投标单价"栏的内容,投标人在投标时自主确定投标单价。

2. 招标人应优先采用工程造价管理机构发布的单价作为基准单价,未发布的,通过市场调查确定其基准单价。

表-21

表 2-15　　　　　　　　　**承包人提供主要材料和工程设备一览表**

（适用于价格指数差额调整法）

工程名称：　　　　　　　　　　标段：　　　　　　　　第 页 共 页

序号	名称、规格、型号	变值权重 B	基本价格指数 F_0	现行价格指数 F_t	备注
	定值权重 A		—	—	
合　计		1	—	—	

注：1. "名称、规格、型号"、"基本价格指数"栏由招标人填写，基本价格指数应首先采用工程造价管理机构发布的价格指数，没有时，可采用发布的价格代替。如人工、机械费也采用本法调整，由招标人在"名称"栏填写。

2. "变值权重"栏由投标人根据该项人工、机械费和材料、工程设备价值在投标总报价中所占比例填写，1减去其比例为定值权重。

3. "现行价格指数"按约定付款证书相关周期最后一天的前 42 天的各项价格指数填写，该指数应首先采用工程造价管理机构发布的价格指数，没有时，可采用发布的价格代替。

表-22

第三章 建筑面积计算

建筑面积应根据国家制定的《建筑工程建筑面积计算规定》(GB/T 50353—2005)进行计算。

第一节 概　述

一、建筑面积的概念与作用

1. 建筑面积的概念

建筑面积又称建筑展开面积,是表示建筑物平面特征的几何参数,是建筑物各层水平面积之和。其单位通常用"m²"表示。

建筑面积主要包括使用面积、辅助面积和结构面积三部分。使用面积是指建筑物各层平面面积中直接为生产或生活使用的净面积之和;辅助面积是指建筑物各层平面面积中为辅助生产或辅助生活所占净面积之和,使用面积与辅助面积之和称为有效面积;结构面积是指建筑物各层平面面积中的墙、柱等结构所占面积之和。

2. 建筑面积的作用

建筑面积在建筑装饰工程预算中的作用主要有以下几个方面:

(1)建筑面积是建设投资、建设项目可行性研究、建设项目勘察设计、建设项目评估、建设项目招标投标、建筑工程施工和竣工验收、建筑工程造价管理、建筑工程造价控制等一系列工作的重要评价指标。

(2)建筑面积是计算开工面积、竣工面积以及建筑装饰规模的重要技术指标。

(3)建筑面积是计算单位工程技术经济指标的基础,如单方造价,单方人工、材料、机械消耗指标及工程量消耗指标等的重要技术经济指标。

(4)建筑面积是进行设计评价的重要技术指标。设计人员在进行建筑与结构设计时,通过计算建筑面积与使用面积、辅助面积、结构面积、有效面积之间的比例关系以及平面系数、土地利用系数等技术经济指标,对设计方案做出优劣评价。

综上所述,建筑面积是重要的技术经济指标,在全面控制建筑装饰工程造价和建设过程中起着重要作用。

二、建筑面积计算常用术语

(1)层高。上下两层楼面或楼面与地面之间的垂直距离。

(2)自然层。按楼板、地板结构分层的楼层。

(3)架空层。建筑物深基础或坡地建筑吊脚架空部位不回填土石方形成的建筑空间。

(4)走廊。建筑物的水平交通空间。

(5)挑廊。挑出建筑物外墙的水平交通空间。

(6)檐廊。设置在建筑物底层出檐下的水平交通空间。

(7)回廊。在建筑物门厅、大厅内设置在二层或二层以上的回形走廊。

(8)门斗。在建筑物出入口设置的起分隔、挡风、御寒等作用的建筑过渡空间。

(9)建筑物通道。为道路穿过建筑物而设置的建筑空间。

(10)勒脚。建筑物的外墙与室外地面或散水接触部位墙体的加厚部分。

(11)围护结构。围合建筑空间四周的墙体、门、窗等。

(12)围护性幕墙。直接作为外墙起围护作用的幕墙。

(13)装饰性幕墙。设置在建筑物墙体外起装饰作用的幕墙。

(14)落地橱窗。突出外墙面根基落地的橱窗。

(15)阳台。供使用者进行活动和晾晒衣物的建筑空间。

(16)眺望间。设置在建筑物顶层或挑出房间的供人们远眺或观察周围情况的建筑空间。

(17)雨篷。设置在建筑物进出口上部的遮雨、遮阳篷。

(18)地下室。房间地平面低于室外地平面的高度超过该房间净高的 1/2 者为地下室。

(19)半地下室。房间地平面低于室外地平面的高度超过该房间净高的 1/3,且不超过 1/2 者为半地下室。

(20)变形缝。伸缩缝(温度缝)、沉降缝和抗震缝的总称。

(21)永久性顶盖。经规划批准设计的永久使用的顶盖。

(22)飘窗。为房间采光和美化造型而设置的突出外墙的窗。

(23)骑楼。楼层部分跨在人行道上的临街楼房。

(24)过街楼。有道路穿过建筑空间的楼房。

第二节 计算建筑面积的规定

一、应计算建筑面积的规定

(1)单层建筑物的建筑面积,应按其外墙勒脚以上结构的外围水平面积计算,并应符合下列规定:

1)单层建筑物高度在 2.20m 及以上者应计算全面积;高度不足 2.20m 者应计算 1/2 面积。

2)利用坡屋顶内空间时净高超过 2.10m 的部位应计算全面积;净高在 1.20～2.10m 的部位应计算 1/2 面积;净高不足 1.20m 的部位不应计算面积。利用坡屋顶建筑面积计算规则如图 3-1 所示。

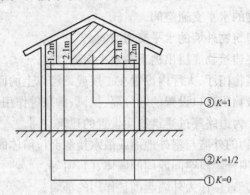

图 3-1　坡屋顶可以利用的空间

注:建筑面积的计算是以勒脚以上外墙结构外边线计算,勒脚是墙根部很矮的一部分墙体加厚,不能代表整个外墙结构,因此要扣除勒脚墙体加厚的部分。

(2)单层建筑物内设有局部楼层者(图 3-2),局部楼层的二层及以上楼层,有围护结构的应按其围护结构外围水平面积计算,无围护结构的应按其结构底板水平面积计算。层高在 2.20m 及以上者应计算全面积;层高不足 2.20m 者应计算 1/2 面积。

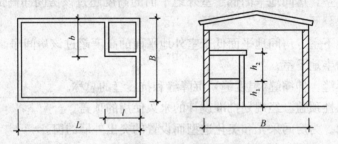

图 3-2　有局部楼层的单层建筑物图

注:1. 单层建筑物应按不同的高度确定其面积的计算。其高度指室内地面标高至屋面板板面结构标高之间的垂直距离。遇有以屋面板找坡的平屋顶单层建筑物,其高度指室内地面标高至屋面板最低处板面结构标高之间的垂直距离。

2. 坡屋顶内空间建筑面积计算,可参照《住宅设计规范》的有关规定,将坡屋顶的建筑按不同净高确定其面积的计算。净高指楼面或地面至上部楼板底面或吊顶底面之间的垂直距离。

(3)多层建筑物首层应按其外墙勒脚以上结构外围水平面积计算;二层及以上楼层应按其外墙结构外围水平面积计算。层高在 2.20m 及以上者应计算全面积;层高不足 2.20m 者应计算 1/2 面积。

注:多层建筑物的建筑面积应按不同的层高分别计算。建筑物最底层的层高,有基础底板的指基础底板上表面结构标高至上层楼面的结构标高之间的垂直距离;没有基础底板的指地面标高至

上层楼面结构标高之间的垂直距离。最上一层的层高是指楼面结构标高至屋面板板面结构标高之间的垂直距离,遇有以屋面板找坡的屋面,层高指楼面结构标高至屋面板最低处板面结构标高之间的垂直距离。

　　(4)多层建筑坡屋顶内和场馆看台下,当设计加以利用时净高超过 2.10m 的部位应计算全面积;净高在 1.20m 至 2.10m 的部位应计算 1/2 面积;当设计不利用或室内净高不足 1.20m 时不应计算面积。

　　注:多层建筑坡屋顶内和场馆看台下的空间应视为坡屋顶内的空间,设计加以利用时,应按其净高确定其面积的计算。设计不利用的空间,不应计算建筑面积。

　　(5)地下室、半地下室(车间、商店、车站、车库、仓库等),包括相应的有永久性顶盖的出入口,应按其外墙上口(不包括采光井、外墙防潮层及其保护墙)外边线所围水平面积计算。层高在 2.20m 及以上者应计算全面积;层高不足 2.20m 者应计算 1/2 面积。

　　注:地下室、半地下室应以其外墙上口外边线所围水平面积计算。

　　(6)坡地的建筑物吊脚架空层(图 3-3)、深基础架空层,设计加以利用并有围护结构的,层高在 2.20m 及以上的部位应计算全面积;层高不足 2.20m 的部位应计算 1/2 面积。设计加以利用、无围护结构的建筑吊脚架空层,应按其利用部位水平面积的1/2计算;设计不利用的深基础架空层、坡地吊脚架空层、多层建筑坡屋顶内、场馆看台下的空间不应计算面积。

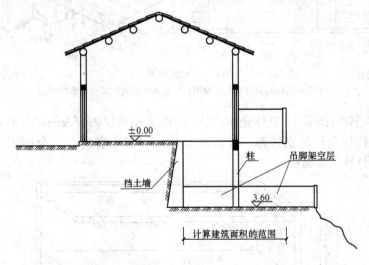

图 3-3　坡地建筑吊脚架空层建筑示意图

　　(7)建筑物的门厅、大厅按一层计算建筑面积。门厅、大厅内设有回廊时,应按其结构底板水平面积计算。层高在 2.20m 及以上者应计算全面积;层高不足 2.20m 者应计算 1/2 面积。

　　注:"门厅、大厅内设有回廊"是指建筑物大厅、门厅的上部(一般该大厅、门厅占两个或两个以上建筑物层高)四周向大厅、门厅、中间挑出的走廊称为回廊,如图 3-4 所示。

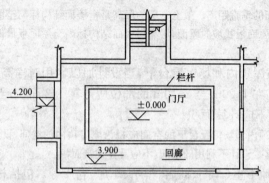

图 3-4　门厅、大厅内设有回廊示意图

(8)建筑物间有围护结构的架空走廊,应按其围护结构外围水平面积计算。层高在 2.20m 及以上者应计算全面积(图 3-5);层高不足 2.20m 者应计算 1/2 面积。有永久性顶盖、无围护结构的应按其结构底板水平面积的 1/2 计算。

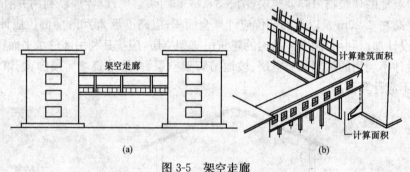

图 3-5　架空走廊
(a)无围护结构的架空走廊立面图;(b)有围护结构的架空走廊轴测图

(9)立体书库(图 3-6)、立体仓库、立体车库,无结构层的应按一层计算,有结构层的应按其结构层面积分别计算。层高在 2.20m 及以上者应计算全面积;层高不足 2.20m 者应计算 1/2 面积。

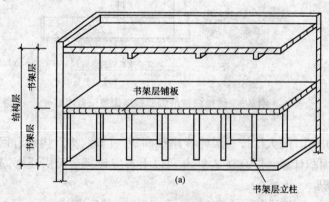

图 3-6　立体书库(一)
(a)书架层轴测图

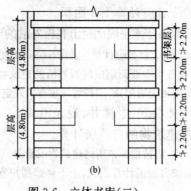

图 3-6　立体书库(二)

(b)书架层剖面图

注:立体车库、立体仓库、立体书库不规定是否有围护结构,均按是否有结构层来区分不同的层高确定建筑面积计算的范围,改变过去按书架层和货架层计算面积的规定。

(10)有围护结构的舞台灯光控制室,应按其围护结构外围水平面积计算。层高在2.20m 及以上者应计算全面积;层高不足 2.20m 者应计算 1/2 面积,如图 3-7 所示。

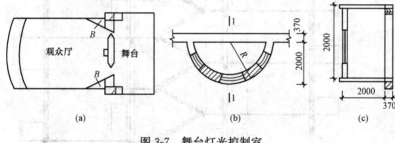

图 3-7　舞台灯光控制室

(a)舞台平面图;(b)灯光控制室平面图;(c)1—1 剖面图

A—夹层;B—耳光室

(11)建筑物外有围护结构的落地橱窗、门斗、挑廊、走廊、檐廊,应按其围护结构外围水平面积计算。层高在 2.20m 及以上者应计算全面积;层高不足 2.20m 者应计算 1/2 面积。有永久性顶盖、无围护结构的应按其结构底板水平面积的 1/2 计算。

(12)有永久性顶盖、无围护结构的场馆看台(图 3-8)应按其顶盖水平投影面积的 1/2 计算。

注:"场馆"实质上是指"场"(如:足球场、网球场等)看台上有永久性顶盖部分。"馆"应是有永久性顶盖和围护结构的,应按单层或多层建筑相关规定计算面积。

(13)建筑物顶部有围护结构的楼梯间、水箱间、电梯机房等,层高在 2.20m 及以上者应计

图 3-8　场馆看台剖面示意图

算全面积;层高不足 2.20m 者应计算 1/2 面积。

(14)设有围护结构、不垂直于水平面而超出底板外沿的建筑物,应按其底板面的外围水平面积计算。层高在 2.20m 及以上者应计算全面积;层高不足 2.20m 者应计算 1/2 面积。

注:设有围护结构、不垂直于水平面而超出底板外沿的建筑物是指向建筑物外倾斜的墙体,若遇有向建筑物内倾斜的墙体,应视为坡屋顶,应按坡屋顶有关规定计算面积。

(15)建筑物内的室内楼梯间、电梯井、观光电梯井、提物井、管道井、通风排气竖井、垃圾道、附墙烟囱应按建筑物的自然层计算。

注:室内楼梯间的面积计算,应按楼梯依附的建筑物的自然层数计算并在建筑物面积内。遇跃层建筑,其共用的室内楼梯应按自然层计算面积;上下两错层户室共用的室内楼梯,应选上一层的自然层计算面积(图 3-9)。

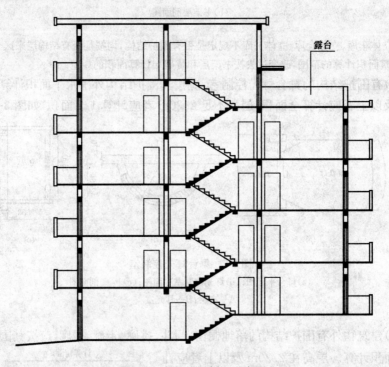

图 3-9　户室错层剖面示意图

(16)雨篷结构(图 3-10)的外边线至外墙结构外边线的宽度超过 2.10m 者,应按雨篷结构板的水平投影面积的 1/2 计算。

注:雨篷均以其宽度超过 2.10m 或不超过 2.10m 衡量,超过 2.10m 者应按雨篷的结构板水平投影面积的 1/2 计算。有柱雨篷和无柱雨篷计算应一致。

(17)有永久性顶盖的室外楼梯,应按建筑物自然层的水平投影面积的 1/2 计算。

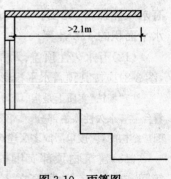

图 3-10　雨篷图

室外楼梯一般分为二跑梯式,梯井宽一般都不超过 500mm,故按各层水平投影面积计算建筑面积,不扣减梯井面积。图 3-11 中的室外楼梯建筑面积为:

$$S=4ab\times 1/2$$

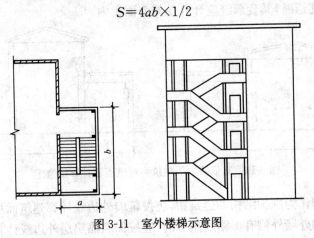

图 3-11　室外楼梯示意图

注:室外楼梯,最上层楼梯无永久性顶盖,或不能完全遮盖楼梯的雨篷,上层楼梯不计算面积,上层楼梯可视为下层楼梯的永久性顶盖,下层楼梯应计算面积。

(18)建筑物的阳台均应按其水平投影面积的 1/2 计算,如图 3-12 所示。

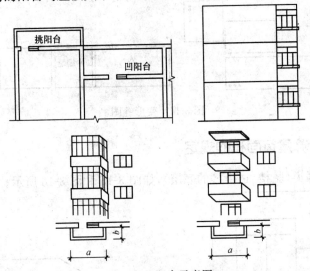

图 3-12　阳台示意图

注:建筑物的阳台,不论是凹阳台、挑阳台、封闭阳台、不封闭阳台均按其水平投影面积的一半计算。

(19)有永久性顶盖、无围护结构的车棚、货棚、站台、加油站、收费站等,应按其顶盖水平投影面积的 1/2 计算。

注:车棚、货棚、站台、加油站、收费站等的面积计算。由于建筑技术的发展,出现许多新型结构,如柱不再是单纯的直立的柱,而出现正 V 形柱、倒 Λ 形柱等不同类型的柱,给面积计算带来许多争议,为此,《建筑工程建筑面积计算规范》(GB/T 50353—25)中不以柱来确定面积的计算,而依据顶盖的水平投影面积计算。在车棚、货棚、站台、加油站、收费站内设有有围护结构的管理室、休息

室等,另按相关规定计算面积。

(20)高低联跨的建筑物(图 3-13),应以高跨结构外边线为界分别计算建筑面积;其高低跨内部连通时,其变形缝应计算在低跨面积内。

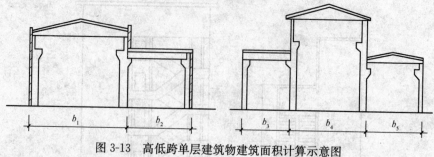

图 3-13　高低跨单层建筑物建筑面积计算示意图

(21)以幕墙作为围护结构的建筑物,应按幕墙外边线计算建筑面积。

(22)建筑物外墙外侧有保温隔热层的,应按保温隔热层外边线计算建筑面积。

(23)建筑物内的变形缝(图 3-14),应按其自然层合并在建筑物面积内计算。

注:此处所指建筑物内的变形缝是与建筑物相连通的变形缝,即暴露在建筑物内,在建筑物内可以看得见的变形缝。

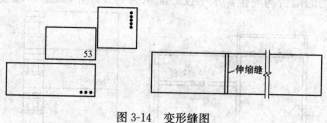

图 3-14　变形缝图

二、不应计算建筑面积的规定

(1)建筑物通道(骑楼、过街楼的底层),如图 3-15 和图 3-16 所示。

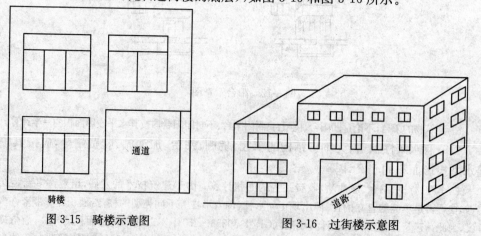

图 3-15　骑楼示意图　　　　　图 3-16　过街楼示意图

（2）建筑物内的设备管道夹层，如图 3-17 所示。

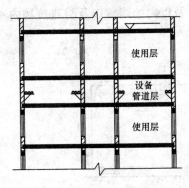

图 3-17　设备管道层示意图

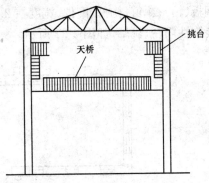

图 3-18　天桥、挑台图

（3）建筑物内分隔的单层房间，舞台及后台悬挂幕布、布景的天桥、挑台（图 3-18）等。

（4）屋顶水箱、花架、凉棚、露台、露天游泳池，如图 3-19 所示。

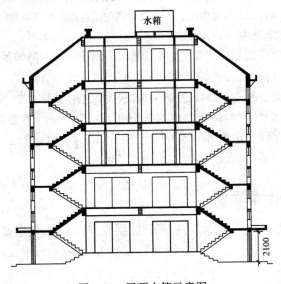

图 3-19　屋顶水箱示意图

（5）建筑物内的操作平台、上料平台（图 3-20）、安装箱和罐体的平台。

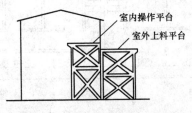

图 3-20　操作平台、上料平台图

（6）勒脚、附墙柱、垛、台阶、墙面抹灰、装饰面、镶贴块料面层、装饰性幕墙、空调室外机搁板（箱）、飘窗、构件、配件、宽度在 2.10m 及以内的雨篷以及与建筑物内不相连通的装饰性阳台、挑廊，如图 3-21 所示。

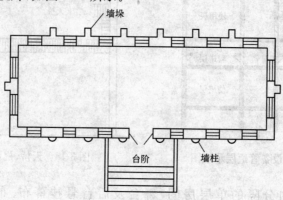

图 3-21　附墙柱、垛、台阶

注：突出墙外的勒脚、附墙柱、垛、台阶、墙面抹灰、装饰面、镶贴块料面层、装饰性幕墙、空调室外机搁板（箱）、飘窗、构件、配件、宽度在 2.10m 及以内的雨篷以及与建筑物内不相连通的装饰性阳台、挑廊等均不属于建筑结构，不应计算建筑面积。

（7）无永久性顶盖的架空走廊、室外楼梯和用于检修、消防等的室外钢楼梯、爬梯。

（8）自动扶梯、自动人行道。

注：自动扶梯（斜步道滚梯），除两端固定在楼层板或梁之外，扶梯本身属于设备，为此扶梯不宜计算建筑面积。水平步道（滚梯）属于安装在楼板上的设备，不应单独计算建筑面积。

（9）独立烟囱、烟道、地沟、油（水）罐、气柜、水塔、贮油（水）池、贮仓、栈桥、地下人防通道、地铁隧道。

三、建筑面积计算示例

【例 3-1】　某办公楼共 4 层，层高 3m。底层为有柱走廊，楼层设有无围护结构的挑廊。顶层设有永久性顶盖。试计算办公楼的建筑面积，墙厚均为 240mm，如图 3-22 所示。

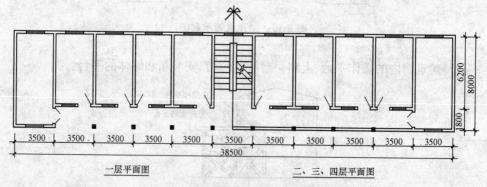

图 3-22　办公楼示意图

【解】　此办公楼为 4 层,未封闭的走廊、挑廊按结构底板水平面积的 1/2 计算:

$$S = [(38.50+0.24) \times (8.00+0.24)] \times 4 - 4 \times 1/2 \times 1.80 \times (3.50 \times 9 - 0.24)$$
$$= 1164.33 m^2$$

【例 3-2】　计算图 3-23 所示的高低连跨单层厂房的建筑面积。柱断面尺寸为 250mm×250mm,纵墙厚 370mm,横墙厚 240mm。

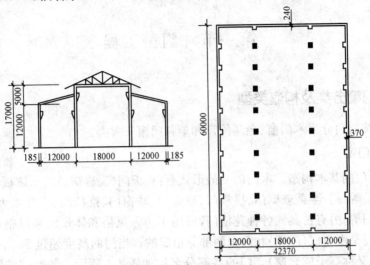

图 3-23　高低连跨厂房示意图

【解】　此单层厂房外柱的外边就是外墙的外边。

边跨的建筑面积:$S_1 = 60.0 \times (12.0 - 0.125 + 0.185) \times 2 = 1447.20 m^2$

中跨的建筑面积:$S_2 = 60.0 \times (18.0 + 0.25) = 1095.00 m^2$

总建筑面积:$S = 1447.20 + 1095.00 = 2542.20 m^2$

第四章 装饰工程工程量清单编制

第一节 门窗工程

一、门窗分类及构造类型

门窗按材料分为木门窗、金属门窗和塑料门窗三大类。

1. 木门窗

(1)木门的基本构造。木门的一般形式有：夹板门（又称满鼓门）、镶板（木板、胶合板或纤维板等）门、半截玻璃门、拼板门、双扇门、联窗门、推拉门、平开木大门、钢木大门及弹簧门等；另有古典式各种花格门，可用于仿古风格和体现民族风格的建筑装饰工程中。门是由门框（门樘）和门扇两部分组成的。当门的高度超过 2.1m 时，还要增加门上窗（又称亮子或幺窗）。门的各部分名称如图 4-1 所示。各种门的门框构造基本相同，但门扇却各不一样。

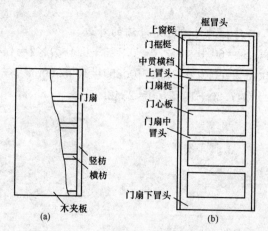

图 4-1 门的构造形式

(a)蒙板门；(b)镶板门

木门按用途不同分为户门、卧室门、书房门、厨房门、浴卫门等，其洞口尺寸如下：

1)户门是出入之首，由于有大件物品出入，因此要求规格尺寸较大，一般洞口尺寸为 1000～1200mm，户门的宽度为 920mm 左右，大的用子母门扇（3：7 比例）。

2)卧室门更强调私密，所以大多数均采用板式门。洞口尺寸为 900mm，小于户门,门扇为820mm左右。

3)书房门规格与卧室门相同。

4)厨房门门洞口略小于卧室、书房门,一般为750~800mm,门扇规格一般为670~720mm。

5)浴卫门规格尺寸与厨房相同。

(2)木窗的基本构造。木窗由窗框、窗扇组成,在窗扇上按设计要求安装玻璃,如图4-2所示。

1)窗框。窗框由梃、上冒头、下冒头等组成,有上窗时,要设中贯横档。

2)窗扇。窗扇由上冒头、下冒头、扇梃、窗棂等组成。

3)玻璃。玻璃安装于冒头、窗梃、扇梃、窗棂之间。

4)连接构造。木窗的连接构造与门的连接构造基本相同,都是采用榫结合。按照规矩,是在梃上凿眼,冒头上开榫。如果采用先立窗框再砌墙的安装方法,应在上、下冒头两端留出走头(延长端头)。走头长120mm。

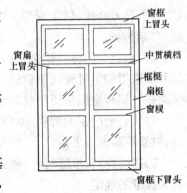

图4-2 木窗的构造形式

窗梃与窗棂的连接,也是在梃上凿眼,窗棂上做榫。

(3)木门窗的材料要求。

1)木门窗的木材品种、材质等级、规格、尺寸、框扇的线型及人造木板的甲醛含量应符合设计要求,当设计对材质等级未作规定时,应不低于国家规定的木门窗用木材的质量要求。

2)木门窗应采用烘干的木材,其含水率不应大于当地气候的平衡含水率,一般在气候干燥地区不宜大于12%,在南方气候潮湿地区不宜大于15%。

3)木门窗框与砌体、混凝土接触面及预埋木砖均应做防腐处理。沥青防腐剂不得用于室内。对易腐朽和虫蛀的木材应进行防腐、防虫处理。木材的防火、防腐、防虫处理应符合设计要求。

4)制作木门窗所用的胶料,宜采用酚醛树脂胶和脲醛树脂胶。普通木门窗可采用半耐水的脲醛树脂胶,高档木门窗应采用耐水的酚醛树脂胶。

5)工厂生产的木门窗必须有出厂合格证。由于运输堆放等原因受损的门窗框、扇,应预处理,达到合格要求后,方可用于工程。

6)小五金零件的品种、规格、型号、颜色等均应符合设计要求,质量必须合格,地弹簧等五金零件应有出厂合格证。

2. 金属门窗

(1)钢门窗。建筑中应用较多的钢门窗,主要有薄壁空腹钢门窗和实腹钢门窗。钢门窗在工厂加工制作后整体运到现场进行安装。钢门窗所用材料应符合下列要求:

　　1）钢门窗。钢门窗厂生产合格的钢门窗,其型号品种均应符合设计要求。

　　2）水泥、砂。水泥42.5级及以上,砂为中砂或粗砂。

　　3）玻璃、油灰。符合设计要求的玻璃、油灰。

　　4）焊条。符合设计要求的电焊条。

　　进场前应先对钢门窗进行验收,不合格的不准进场。运到现场的钢门窗应分类堆放,不能参差挤压,以免变形。堆放场地应干燥,并有防雨、排水措施。搬运时轻拿轻放,严禁扔摔。

　　（2）铝合金门窗。铝合金门窗是用经过表面处理的型材,通过下料、打孔、铣槽、攻丝和制窗等加工过程而制成的门窗框料构件,再与连接件、密封件和五金配件一起组装而成。铝合金门窗所用材料应符合下列要求:

　　1）铝合金门窗的规格、型号应符合设计要求,五金配件应配套齐全,并有出厂合格证、材质检验报告书。

　　2）防腐材料、填缝材料、密封材料、防锈漆、水泥、砂、连接板等应符合设计要求和有关标准的规定。

　　3）进场前应对铝合金门窗进行验收检查,不合格者不准进场。运到现场的铝合金门窗应分型号、规格堆放整齐,并存放于仓库内。搬运时轻拿轻放,严禁扔摔。

3. 塑料门窗

　　塑料门窗是以聚氯乙烯、改性聚氯乙烯或其他树脂为主要原料,轻质碳酸钙为填料,添加适量助剂和改性剂,经双螺杆挤压机挤出成各种截面的空腹门窗异型材,再根据不同的品种规格选用不同截面异型材组装而成。因塑料的变形大、刚度差,一般在空腔内加入木条或型钢,以增加抗弯曲能力。

　　（1）塑料门窗的类型。塑料门窗的类型见表4-1。

表 4-1　　　　　　　　　　　　　塑料门窗的类型

类　　型	内　　　　　容
改性全塑整体门	改性全塑整体门是以聚氯乙烯树脂为主要原料,配以一定量的抗老化剂、阻燃剂、增塑剂、稳定剂和内润滑剂等多种优良助剂,经机械加工而成。改性全塑整体门的门扇是一个整体,在生产中采用一次成型工艺,摆脱了传统组装体的形式。其外观装饰性强,可制成各种单一颜色,也可同时集三种颜色在一门扇之上。改性全塑整体门质量坚固,耐冲击性强,结构严密,隔声隔热性能均优于传统木门,且安装简便,省工省料,使用寿命长,是理想的以塑代木产品。适用于宾馆、饭店、医院、办公楼及民用建筑的内门,也适用于作化工建筑的内门。改性全塑整体门的使用温度可在−20～+50℃之间
改性聚氯乙烯塑料夹层门	改性聚氯乙烯塑料夹层门采用聚氯乙烯塑料中空型材为骨架,内衬芯材,表面用聚氯乙烯装饰板复合而成,其门框由抗冲击聚氯乙烯中空异型材经热熔焊接加工拼装而成。改性聚氯乙烯塑料夹层门具有材质轻、刚度好、防霉、防蛀、耐腐蚀、不易燃、外形美观大方等优点,适用于住宅、学校、办公楼、宾馆的内门及地下工程和化工厂房的内门

类　　型	内　　　　容
改性聚氯乙烯内门	改性聚氯乙烯内门是以聚氯乙烯为主要原料,添加适量的助剂和改性剂,经挤出机挤出成各种截面的异型材,再根据不同的品种规格选用不同截面异型材组装而成。具有质轻、阻燃、隔热、隔声、防湿、耐腐、色泽鲜艳、不需油漆、采光性好、装潢别致等优点。可取代木制门,用于公共建筑、宾馆及民用住宅的内部
折叠式塑料异型组合屏风	折叠式塑料异型组合屏风是一种无增塑硬聚氯乙烯异型挤出制品,具有良好的耐腐蚀、耐候性、自熄性及轻质、强度高等特点。其表面可装饰花纹,既美观大方又节省油漆,易清洗,安装方便,使用灵活。适用于宾馆会客厅及房间的间隔装饰,也可用作一般公用建筑和民用住宅的室内隔断、浴帘及内门等
全塑折叠门	同全塑整体门一样,全塑折叠门是以聚氯乙烯为主要原料配以一定量的防老化剂、阻燃剂、增塑剂、稳定剂等,经机械加工制成。全塑折叠门具有重量轻,安装与使用方便,装饰效果好,推拉轨迹顺直,自身体积小而遮蔽面积大,以及适用于多种环境和场合等优点。特别适用于更衣间屏风、浴室内门和用作大、中型厅堂的临时隔断等
塑料百叶窗	塑料百叶窗是采用硬质改性聚氯乙烯、玻璃纤维增强聚丙烯及尼龙等热塑性塑料加工而成。其品种有活动百叶窗和垂直百叶窗帘等。 　塑料百叶窗适用于工厂车间通风采光及人防工事、地下室坑道等湿度大的建筑工程,同时也适用于宾馆、饭店、影剧院、图书馆、科研计算中心、民用住宅等
玻璃钢门窗	玻璃钢门窗是以合成树脂为基体材料,以玻璃纤维及其制品为增强材料,经一定成型加工工艺制作而成。其结构形式一般有实心窗、空腹窗、隔断门和走廊门扇等

(2)塑料门窗的材料要求。

1)塑料门窗的规格、型号应符合设计要求,五金配件配套齐全,并具有出厂合格证。

2)玻璃、嵌缝材料、防腐材料等应符合设计要求和有关标准的规定。

3)进场前应先对塑料门窗进行验收检查,不合格者不准进场。运到现场的塑料门窗应分型号、规格以不小于 70°的角度立放于整洁的仓库内,需先放置垫木。仓库内的环境温度应小于 50℃;门窗与热源的距离不应小于 1m,并不得与腐蚀物质接触。

4)五金件型号、规格和性能均应符合国家现行标准的有关规定;滑撑铰链不得使用铝合金材料。

4. 特种门

特种门包括防火门、防盗门、自动门、全玻门、旋转门、金属卷帘门等。

二、木门

1. 清单项目设置

《房屋建筑与装饰工程工程量计算规范》附录 H.1 中木门共有 6 个清单项目。各清单项目设置的具体内容见表 4-2。

表 4-2 木门清单项目设置

项目编码	项目名称	项目特征	计量单位	工作内容
010801001	木质门	1. 门代号及洞口尺寸 2. 镶嵌玻璃品种、厚度	1. 樘 2. m²	1. 门安装 2. 玻璃安装 3. 五金安装
010801002	木质门带套			
010801003	木质连窗门			
010801004	木质防火门			
010801005	木门框	1. 门代号及洞口尺寸 2. 框截面尺寸 3. 防护材料种类	1. 樘 2. m	1. 木门框制作、安装 2. 运输 3. 刷防护材料
010801006	门锁安装	1. 锁品种 2. 锁规格	个(套)	安装

2. 清单编制说明

(1)木质门应区分镶板木门、企口木板门、实木装饰门、胶合板门、夹板装饰门、木纱门、全玻门(带木质扇框)、木质半玻门(带木质扇框)等项目,分别编码列项。

(2)木门五金应包括折页、插销、门碰珠、弓背拉手、搭机、木螺丝、弹簧折页(自动门)、管子拉手(自由门、地弹门)、地弹簧(地弹门)、角铁、门轧头(地弹门、自由门)等。

(3)木质门带套计量按洞口尺寸以面积计算,不包括门套的面积,但门套应计算在综合单价中。

(4)以樘计量,项目特征必须描述洞口尺寸;以平方米计量,项目特征可不描述洞口尺寸。

(5)单独制作安装木门框按木门框项目编码列项。

3. 工程量计算

(1)木质门、木质门带套、木质连窗门、木质防火门工程量计算规则如下:

1)以樘计量,按设计图示数量计算;

2)以平方米计量,按设计图示洞口尺寸以面积计算。

【例 4-1】 某木质门尺寸如图 4-3 所示,试计算其工程量。

【解】 根据上述工程量计算规则:

①以樘计量,木质门工程量=1 樘

②以平方米计量,木质门工程量=0.90×2.10=1.89m²

(2)木门框工程量计算规则如下:

1)以樘计量,按设计图示数量计算;

2)以米计量,按设计图示框的中心线以延长米计算。

【例 4-2】 某木门框尺寸如图 4-4 所示,计算木门框工程量。

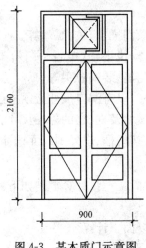

图 4-3 某木质门示意图

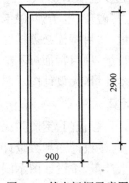

图 4-4 某木门框示意图

【解】 根据上述工程量计算规则：

①以樘计量，木门框工程量＝1 樘

②以米计量，木门框工程量＝0.90＋2.90×2＝6.70m

(3)门锁安装工程量按设计图示数量计算。

三、金属门

1. 清单项目设置

《房屋建筑与装饰工程工程量计算规范》附录 H.2 中金属门共有 4 个清单项目。各清单项目设置的具体内容见表 4-3。

表 4-3 　　　　　　　　　　　金属门清单项目设置

项目编码	项目名称	项目特征	计量单位	工作内容
010802001	金属(塑钢)门	1. 门代号及洞口尺寸 2. 门框或扇外围尺寸 3. 门框、扇材质 4. 玻璃品种、厚度	1. 樘 2. m²	1. 门安装 2. 五金安装 3. 玻璃安装
010802002	彩板门	1. 门代号及洞口尺寸 2. 门框或扇外围尺寸		
010802003	钢质防火门	1. 门代号及洞口尺寸 2. 门框或扇外围尺寸 3. 门框、扇材质		1. 门安装 2. 五金安装
010802004	防盗门			

2. 清单编制说明

(1)金属门应区分金属平开门、金属推拉门、金属地弹门、全玻门(带金属扇框)、金属半玻门(带扇框)等项目,分别编码列项。

(2)铝合金门五金包括地弹簧、门锁、拉手、门插、门铰、螺丝等。

(3)金属门五金包括 L 形执手插锁(双舌)、执手锁(单舌)、门轨头、地锁、防盗门机、门眼(猫眼)、门碰珠、电子锁(磁卡锁)、闭门器、装饰拉手等。

(4)以樘计量,项目特征必须描述洞口尺寸,没有洞口尺寸必须描述门框或扇外围尺寸;以平方米计量,项目特征可不描述洞口尺寸及框、扇的外围尺寸。

(5)以平方米计量,无设计图示洞口尺寸,按门框、扇外围以面积计算。

3. 工程量计算

金属(塑钢)门、彩板门、钢质防火门、防盗门工程量计算规则如下:

(1)以樘计量,按设计图示数量计算;

(2)以平方米计量,按设计图示洞口尺寸以面积计算。

【例 4-3】 试计算如图 4-5 所示库房金属平开门工程量。

【解】 根据上述工程量计算规则:

①以平方米计量,金属平开门工程量=3.10×3.50=10.85m²

②以樘计量,金属平开门工程量=1 樘

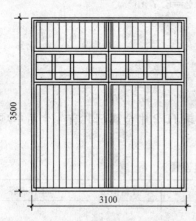 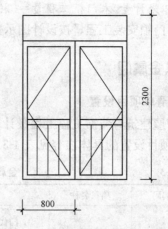

图 4-5 某库房金属平开门示意图   图 4-6 某平面彩板门(双扇)示意图

【例 4-4】 某库房前后门均采用如图 4-6 所示的双扇彩板门,试计算其工程量。

【解】 根据上述工程量计算规则:

①以平方米计量,彩板门工程量=2.30×(0.80+0.80)×2=7.36m²

②以樘计量,彩板门工程量=2 樘

四、金属卷帘(闸)门

1. 金属卷帘(闸)门构成与分类

(1)卷闸门由铝合金材料组成,门顶以水平线为轴线进行转动,可以将全部门扇转包到门顶上。卷闸门由帘板、卷筒体、导轨、电气传动等部分组成。

(2)防火卷帘门是由帘板、导轨、卷筒、驱动机构和电气设备等部件组成。帘板以1.5mm厚钢板轧成C形板串联而成,卷筒安在门上方左端或右端。

(3)卷帘门窗按传动方式可分为电动(D)、遥控电动(YD)、手动(S)、电动及手动(DS)四种形式;按外形可分为鱼鳞网状、直管横格、帘板、压花帘板四种形式;按性能可分为普通型、防火型和抗风型;按材质可分为合金铝、电化合金铝、镀锌铁板、不锈钢板、钢管及钢筋等。卷帘门主要技术参数见表4-4。

表 4-4   卷帘门窗的品种与主要技术参数

序号	名称	主要技术参数
1	YJM 型、DJM 型、SJM 型卷帘门窗	(1)手动门适用于宽 5m、高 3m 以下的门窗,电动门适用于宽 2～5m、高 3～8m 的门窗; (2)卷帘门窗升降速度为 5～10m/min; (3)电机功率根据门窗大小配用,范围为 250～1100W; (4)卷帘片重 5～15kg/m²; (5)横格管帘重 9kg/m²; (6)遥控分为红外线光控、无线电遥控、遥控距离为 8～20m
2	防火卷帘门	(1)建筑洞口不大于 4.5m×4.8m(洞口宽×洞口高)的各种规格均可选用; (2)隔烟性能:其空气渗透量为 0.24m³/(min · m²); (3)隔火选材符合耐火标准要求; (4)耐风压可达 120kg/m² 级;噪声不大于 70dB; (5)电源:电压 380V,频率 50Hz,控制电源电压 220V
3	铝合金卷帘门	适合于宽和高均不超过 3.3m,门帘总面积小于 12m² 的门洞使用
4	铝合金卷闸	高度:≤4000mm 宽度:不限

(4)卷帘(闸)门的开启方式如下:

1)手动卷帘。借助卷帘中心轴上的扭簧平衡力量,达到手动拉动卷帘的目的。

2)电动卷帘。用专用电机带动卷帘中心轴转动,达到卷帘开关,当转动到电机设定的上下限位时自动停止。卷帘门专用电机有外挂卷门机、澳式卷门机、管状卷门机、防火卷门机、无机双帘卷门机、快速卷门机等。

2. 清单项目设置

《房屋建筑与装饰工程工程量计算规范》附录 H.3 中金属卷帘(闸)门共有 2 个清单项目。各清单项目设置的具体内容见表4-5。

表 4-5   金属卷帘(闸)门清单项目设置

项目编码	项目名称	项目特征	计量单位	工作内容
010803001	金属卷帘(闸)门	1. 门代号及洞口尺寸 2. 门材质 3. 启动装置品种、规格	1. 樘 2. m²	1. 门运输、安装 2. 启动装置、活动小门、五金安装
010803002	防火卷帘(闸)门			

3. 清单编制说明

以樘计量,项目特征必须描述洞口尺寸;以平方米计量,项目特征可不描述洞口尺寸。

4. 工程量计算

金属卷帘(闸)门、防火卷帘(闸)门工程量计算规则如下:

(1)以樘计量,按设计图示数量计算;

(2)以平方米计量,按设计图示洞口尺寸以面积计算。

【例 4-5】 某工程防火卷帘门为 1 樘,其设计洞口尺寸为 1500mm×1800mm,试计算金属格栅门工程量。

【解】 根据上述工程量计算规则:

①以樘计量,金属卷帘门工程量=1 樘

②以平方米计量,金属卷帘门工程量=1.50×1.80=2.70m²

【例 4-6】 如图 4-7 所示,试计算电动卷闸门工程量。

图 4-7　铝合金电动卷闸门示意图

【解】 根据上述工程量计算规则:

①以樘计量,铝合金电动卷闸门工程量=1 樘

②以平方米计量,铝合金电动卷闸门工程量=3.12×3.30=10.30m²

五、厂库房大门、特种门

1. 清单项目设置

《房屋建筑与装饰工程工程量计算规范》附录 H.4 中厂库房大门、特种门共有 7 个清单项目。各清单项目设置的具体内容见表 4-6。

表 4-6　　　　　　　　　　　厂库房大门、特种门清单项目设置

项目编码	项目名称	项目特征	计量单位	工作内容
010804001	木板大门	1. 门代号及洞口尺寸 2. 门框或扇外围尺寸 3. 门框、扇材质 4. 五金种类、规格 5. 防护材料种类	1. 樘 2. m²	1. 门(骨架)制作、运输 2. 门、五金配件安装 3. 刷防护材料
010804002	钢木大门			
010804003	全钢板大门			
010804004	防护铁丝门			
010804005	金属格栅门	1. 门代号及洞口尺寸 2. 门框或扇外围尺寸 3. 门框、扇材质 4. 启动装置的品种、规格		1. 门安装 2. 启动装置、五金配件安装
010804006	钢质花饰大门	1. 门代号及洞口尺寸 2. 门框或扇外围尺寸 3. 门框、扇材质		1. 门安装 2. 五金配件安装
010804007	特种门			

2. 清单编制说明

(1)特种门应区分冷藏门、冷冻间门、保温门、变电室门、隔音门、防射线门、人防门、金库门等项目,分别编码列项。

(2)以樘计量,项目特征必须描述洞口尺寸,没有洞口尺寸必须描述门框或扇外围尺寸;以平方米计量,项目特征可不描述洞口尺寸及框或扇的外围尺寸。

(3)以平方米计量,无设计图示洞口尺寸,按门框、扇外围以面积计算。

3. 工程量计算

(1)木板大门、钢木大门、全钢板大门、金属格栅门、特种门工程量计算规则如下:

1)以樘计量,按设计图示数量计算;

2)以平方米计量,按设计图示洞口尺寸以面积计算。

【例 4-7】　如图 4-8 所示,某厂房有平开全钢板大门(带探望孔),共 5 樘,刷防锈漆。试计算其工程量。

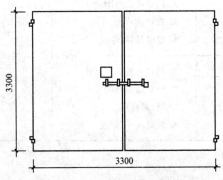

图 4-8　平开钢板大门

【解】　根据上述工程量计算规则：

①以樘计量，全钢板大门工程量＝5 樘

②以平方米计量，全钢板大门工程量＝3.30×3.30×5＝54.45m²

(2)防护铁丝门、钢质花饰大门工程量计算规则如下：

1)以樘计量，按设计图示数量计算；

2)以平方米计量，按设计图示门框或扇以面积计算。

六、其他门

1. 清单项目设置

《房屋建筑与装饰工程工程量计算规范》附录 H.5 中其他门共有 7 个清单项目。各清单项目设置的具体内容见表 4-7。

表 4-7　　　　　　　　　　　　其他门清单项目设置

项目编码	项目名称	项目特征	计量单位	工作内容
010805001	电子感应门	1. 门代号及洞口尺寸 2. 门框或扇外围尺寸 3. 门框、扇材质 4. 玻璃品种、厚度 5. 启动装置的品种、规格 6. 电子配件品种、规格		1. 门安装 2. 启动装置、五金、电子配件安装
010805002	旋转门			
010805003	电子对讲门	1. 门代号及洞口尺寸 2. 门框或扇外围尺寸 3. 门材质 4. 玻璃品种、厚度 5. 启动装置的品种、规格 6. 电子配件品种、规格	1. 樘 2. m²	
010805004	电动伸缩门			
010805005	全玻自由门	1. 门代号及洞口尺寸 2. 门框或扇外围尺寸 3. 框材质 4. 玻璃品种、厚度		1. 门安装 2. 五金安装
010805006	镜面不锈钢饰面门	1. 门代号及洞口尺寸 2. 门框或扇外围尺寸 3. 框、扇材质 4. 玻璃品种、厚度		
010805007	复合材料门			

2. 清单编制说明

(1)其他门包括电子感应门、旋转门、电子对讲门、电动伸缩门、全玻自由门、镜面不锈钢饰面门、复合材料门等。

1)电子感应门多以铝合金型材制作而成,其感应系统是采用电磁感应的方式,感应式自动门的品种与规格见表4-8。

表4-8　　　　　　　　　　　**感应式自动门的品种与规格**

品　名	规　格/mm	品　名	规　格/mm
LZM型自动门	宽度:760～1200 高度:单扇 1520～2400 双扇 3040～4800	100系列铝合金自动门	2400×950
		感应自动门	—

2)金属旋转门主要用于宾馆、机场、商店、银行等中高级公共建筑中,金属转门的常见规格见表4-9。

表4-9　　　　　　　　　　　**金属转门的常见规格**

立　面　形　状	基　本　尺　寸		
	$B \times A_1$	B_1	A_2
	1800×2200	1200	130
	1800×2400	1200	130
	2000×2200	1300	130
	2000×2400	1300	120

3)电子对讲门一般由门框、门扇、门铰链、闭门器、电控锁等部件组成。

4)电动伸缩门一般分为有轨和无轨两种,通常采用铝型材或不锈钢。

5)全玻自由门是指门窗冒头之间全部镶嵌玻璃门,有带亮子和不带亮子之分。全玻自由门安装材料如下:

①玻璃。玻璃主要是指厚度在12mm以上,根据设计要求选好,并安放在安装位置附近。

②不锈钢或其他有色金属型材的门框、限位槽及板,都应加工好,准备安装。

③辅助材料。如木方、玻璃胶、地弹簧、木螺钉、自攻螺钉等,根据设计要求准备好。

(2)以樘计量,项目特征必须描述洞口尺寸,没有洞口尺寸必须描述门框或扇外围尺寸;以平方米计量,项目特征可不描述洞口尺寸及框、扇的外围尺寸。

(3)以平方米计量,无设计图示洞口尺寸,按门框、扇外围以面积计算。

3. 工程量计算

电子感应门、旋转门、电子对讲门、电动伸缩门、全玻自由门、镜面不锈钢饰面门、复合材料门工程量计算规则如下：

　　(1)以樘计量,按设计图示数量计算;

　　(2)以平方米计量,按设计图示洞口尺寸以面积计算。

　　【例 4-8】　某银行正门采用电子感应门,其门洞尺寸为 3200mm×2400mm,试计算其工程量。

　　【解】　根据上述工程量计算规则：

　　①以樘计量,电子感应门工程量＝1 樘

　　②以平方米计量,电子感应门工程量＝3.20×2.40＝7.68m²

　　【例 4-9】　如图 4-9 所示为某大型商场玻璃转门立面图,转门门洞为 1600mm× 2300mm,两边侧亮为 1200mm×2300mm,试计算其工程量。

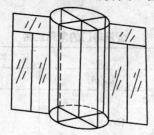

图 4-9　某大型商场玻璃转门立面图

　　【解】　根据上述工程量计算规则：

　　①以樘计量,玻璃转门工程量＝1 樘

　　②以平方米计量,玻璃转门工程量＝1.60×2.30＝3.68m²

　　【例 4-10】　如图 4-10 所示为某房间带亮全玻自由门示意图,试计算其工程量。

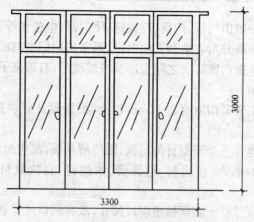

图 4-10　某房间带亮全玻自由门示意图

　　【解】　根据上述工程量计算规则：

　　①以樘计量,带亮全玻自由门工程量＝1 樘

②以平方米计量,带亮全玻自由门工程量＝3.30×3.00＝9.90m²

七、木窗

1. 清单项目设置

《房屋建筑与装饰工程工程量计算规范》附录 H.6 中木窗共有 4 个清单项目。各清单项目设置的具体内容见表 4-10。

表 4-10　　　　　　　　　　　　木窗清单项目设置

项目编码	项目名称	项目特征	计量单位	工作内容
010806001	木质窗	1. 窗代号及洞口尺寸 2. 玻璃品种、厚度		1. 窗安装 2. 五金、玻璃安装
010806002	木飘(凸)窗			
010806003	木橱窗	1. 窗代号 2. 框截面及外围展开面积 3. 玻璃品种、厚度 4. 防护材料种类	1. 樘 2. m²	1. 窗制作、运输、安装 2. 五金、玻璃安装 3. 刷防护材料
010806004	木纱窗	1. 窗代号及框的外围尺寸 2. 窗纱材料品种、规格		1. 窗安装 2. 五金安装

2. 清单编制说明

(1)木质窗应区分木百叶窗、木组合窗、木天窗、木固定窗、木装饰空花窗等项目,分别编码列项。

(2)以樘计量,项目特征必须描述洞口尺寸,没有洞口尺寸必须描述窗框外围尺寸;以平方米计量,项目特征可不描述洞口尺寸及框的外围尺寸。

(3)以平方米计量,无设计图示洞口尺寸,按窗框外围以面积计算。

(4)木橱窗、木飘(凸)窗以樘计量,项目特征必须描述框截面及外围展开面积。

(5)木窗五金包括折页、插销、风钩、木螺丝、滑轮滑轨(推拉窗)等。

3. 工程量计算

(1)木质窗工程量计算规则如下:

1)以樘计量,按设计图示数量计算;

2)以平方米计量,按设计图示洞口尺寸以面积计算。

【例 4-11】 计算如图 4-11 所示木制推拉窗工程量。

【解】 根据上述工程量计算规则:

①以樘计量,木制推拉窗工程量＝1 樘

②以平方米计量,木制推拉窗工程量＝1.20×(1.30＋0.20)＝1.80m²

(2)木飘(凸)窗、木橱窗工程量计算规则如下:

1)以樘计量,按设计图示数量计算;

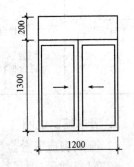

图 4-11　木制推拉窗示意图

2)以平方米计量,按设计图示尺寸以框外围展开面积计算。

(3)木纱窗工程量计算规则如下:

1)以樘计量,按设计图示数量计算;

2)以平方米计量,按框的外围尺寸以面积计算。

八、金属窗

1. 清单项目设置

《房屋建筑与装饰工程工程量计算规范》附录 H.7 中金属窗共有 9 个清单项目。各清单项目设置的具体内容见表 4-11。

表 4-11　　　　　　　　　　金属窗清单项目设置

项目编码	项目名称	项目特征	计量单位	工作内容
010807001	金属(塑钢、断桥)窗	1. 窗代号及洞口尺寸 2. 框、扇材质 3. 玻璃品种、厚度		1. 窗安装 2. 五金、玻璃安装
010807002	金属防火窗			
010807003	金属百叶窗			
010807004	金属纱窗	1. 窗代号及框的外围尺寸 2. 框材质 3. 窗纱材料品种、规格		1. 窗安装 2. 五金安装
010807005	金属格栅窗	1. 窗代号及洞口尺寸 2. 框的外围尺寸 3. 框、扇材质	1. 樘 2. m²	
010807006	金属(塑钢、断桥)橱窗	1. 窗代号 2. 框外围展开面积 3. 框、扇材质 4. 玻璃品种、厚度 5. 防护材料种类		1. 窗制作、运输、安装 2. 五金、玻璃安装 3. 刷防护材料
010807007	金属(塑钢、断桥)飘(凸)窗	1. 窗代号 2. 框外围展开面积 3. 框、扇材质 4. 玻璃品种、厚度		1. 窗安装 2. 五金、玻璃安装
010807008	彩板窗	1. 窗代号及洞口尺寸 2. 框外围尺寸 3. 框、扇材质 4. 玻璃品种、厚度		
010807009	复合材料窗			

2. 清单编制说明

(1)金属窗应区分金属组合窗、防盗窗等项目,分别编码列项。

(2)以樘计量,项目特征必须描述洞口尺寸,没有洞口尺寸必须描述窗框外围尺寸;以平方米计量,项目特征可不描述洞口尺寸及框的外围尺寸。

（3）以平方米计量，无设计图示洞口尺寸，按窗框外围以面积计算。

（4）金属橱窗、飘（凸）窗以樘计量，项目特征必须描述框外围展开面积。

（5）金属窗五金包括折页、螺丝、执手、卡锁、铰拉、风撑、滑轮、滑轨、拉把、拉手、角码、牛角制等。

3. 工程量计算

（1）金属（塑钢、断桥）窗、金属防火窗、金属百叶窗、金属格栅窗工程量计算规则如下：

1）以樘计量，按设计图示数量计算；

2）以平方米计量，按设计图示洞口尺寸以面积计算。

【例 4-12】 某办公用房底层需安装如图 4-12 所示的金属格栅窗，共 22 樘，刷防锈漆，计算金属格栅窗工程量。

【解】 根据上述工程量计算规则：

①以樘计量，金属格栅窗工程量＝22 樘

②以平方米计量，金属格栅窗工程量＝1.80×1.80×22＝71.28m²

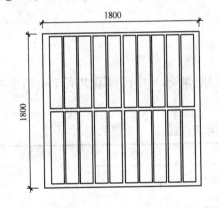
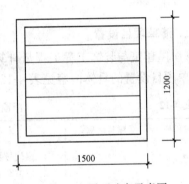

图 4-12 某办公用房金属格栅窗尺寸示意图　　　图 4-13 金属百叶窗示意图

【例 4-13】 某房间设如图 4-13 所示的金属百叶窗（矩形带铁纱）2 樘，试计算其工程量。

【解】 根据上述工程量计算规则：

①以樘计量，金属百叶窗工程量＝2 樘

②以平方米计量，金属百叶窗工程量＝1.50×1.20×2＝3.60m²

（2）金属纱窗工程量计算规则如下：

1）以樘计量，按设计图示数量计算；

2）以平方米计量，按框的外围尺寸以面积计算。

【例 4-14】 某房间有金属窗 3 樘，窗框尺寸为 1800mm×2000mm，欲制作金属纱窗，试计算其工程量。

【解】 根据上述工程量计算规则：

①以樘计量,金属纱窗工程量=3樘

②以平方米计量,金属纱窗工程量=1.80×2.00×3=10.80m²

(3)金属(塑钢、断桥)橱窗、金属(塑钢、断桥)飘(凸)窗工程量计算规则如下:

1)以樘计量,按设计图示数量计算;

2)以平方米计量,按设计图示尺寸以框外围展开面积计算。

(4)彩板窗、复合材料窗工程量计算规则如下:

1)以樘计量,按设计图示数量计算;

2)以平方米计量,按设计图示洞口尺寸或框外围以面积计算。

【例 4-15】　有亮三扇彩板窗如图 4-14 所示,试计算其工程量。

【解】　根据上述工程量计算规则:

①以樘计量,彩板窗工程量=1樘

②以平方米计量,彩板窗工程量=1.80×1.50=2.70m²

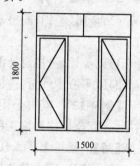

图 4-14　彩板窗(图示尺寸为洞口尺寸)

九、门窗套

1. 清单项目设置

《房屋建筑与装饰工程工程量计算规范》附录 H.8 中门窗套共有 7 个清单项目。各清单项目设置的具体内容见表 4-12。

表 4-12　　　　　　　　　　门窗套清单项目设置

项目编码	项目名称	项目特征	计量单位	工作内容
010808001	木门窗套	1. 窗代号及洞口尺寸 2. 门窗套展开宽度 3. 基层材料种类 4. 面层材料品种、规格 5. 线条品种、规格 6. 防护材料种类	1. 樘 2. m 3. m²	1. 清理基层 2. 立筋制作、安装 3. 基层板安装 4. 面层铺贴 5. 线条安装 6. 刷防护材料
010808002	木筒子板	1. 筒子板宽度 2. 基层材料种类 3. 面层材料品种、规格 4. 线条品种、规格 5. 防护材料种类		
010808003	饰面夹板筒子板			
010808004	金属门窗套	1. 窗代号及洞口尺寸 2. 门窗套展开宽度 3. 基层材料种类 4. 面层材料品种、规格 5. 防护材料种类		1. 清理基层 2. 立筋制作、安装 3. 基层板安装 4. 面层铺贴 5. 刷防护材料

续表

项目编码	项目名称	项目特征	计量单位	工作内容
010808005	石材门窗套	1. 窗代号及洞口尺寸 2. 门窗套展开宽度 3. 粘结层厚度、砂浆配合比 4. 面层材料品种、规格 5. 线条品种、规格	1. 樘 2. m 3. m²	1. 清理基层 2. 立筋制作、安装 3. 基层抹灰 4. 面层铺贴 5. 线条安装
010808006	门窗木贴脸	1. 门窗代号及洞口尺寸 2. 贴脸板宽度 3. 防护材料种类	1. 樘 2. m	安装
010808007	成品木门窗套	1. 窗代号及洞口尺寸 2. 门窗套展开宽度 3. 门窗套材料品种、规格	1. 樘 2. m² 3. m	1. 清理基层 2. 立筋制作、安装 3. 板安装

2. 清单编制说明

（1）门窗套用于保护和装饰门框及窗框。门窗套包括筒子板和贴脸，与墙连接在一起。如图 4-15 所示，门窗套包括 A 面和 B 面；筒子板指 A 面，贴脸指 B 面。

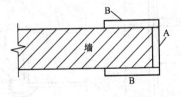

图 4-15　门窗套示意图

（2）以樘计量，项目特征必须描述洞口尺寸、门窗套展开宽度。

（3）以平方米计量，项目特征可不描述洞口尺寸、门窗套展开宽度。

（4）以米计量，项目特征必须描述门窗套展开宽度、筒子板及贴脸宽度。

（5）木门窗套适用于单独门窗套的制作、安装。

3. 工程量计算

（1）木门窗套、木筒子板、饰面夹板筒子板、金属门窗套、石材门窗套、成品木门窗套工程量计算规则如下：

1）以樘计量，按设计图示数量计算；

2）以平方米计量，按设计图示尺寸以展开面积计算；

3）以米计量，按设计图示中心以延长米计算。

【例 4-16】　某宾馆有 800mm×2400mm 的门洞 60 樘，内外钉贴细木工板门套、贴脸（不带龙骨），榉木夹板贴面，尺寸如图 4-16 所示，计算榉木筒子板工程量。

【解】　根据上述工程量计算规则：

①以樘计量，榉木筒子板工程量＝60 樘

②以平方米计量，榉木筒子板工程量＝(0.80＋2.40×2)×0.085×2×60＝57.12m²

③以米计量，榉木筒子板工程量＝(0.80＋2.40×2)×2×60＝672.00m

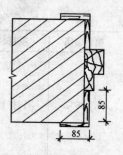

图 4-16　榉木夹板
贴面尺寸

(2)门窗木贴脸工程量计算规则如下：

1)以樘计量，按设计图示数量计算；

2)以米计量，按设计图示尺寸以延长米计算。

【例 4-17】　计算【例 4-16】中门窗木贴脸工程量。

【解】　根据上述工程量计算规则：

①以樘计量，门窗木贴脸工程量＝60 樘

②以米计量，门窗木贴脸工程量＝(0.80＋2.40×2)×2×60＝672.00m

【例 4-18】　计算如图 4-17 所示的双面钉贴脸工程量。

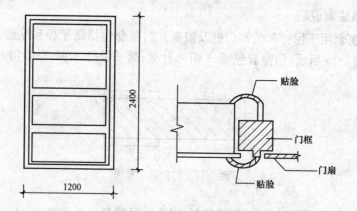

图 4-17　门窗木贴脸示意图

【解】　根据上述工程量计算规则：

①以樘计量，门窗木贴脸工程量＝1 樘

②以米计量，门窗木贴脸工程量＝(1.20＋2.40×2)×2＝12.00m

十、窗台板

1. 清单项目设置

《房屋建筑与装饰工程工程量计算规范》附录 H.9 中窗台板共有 4 个清单项目。各清单项目设置的具体内容见表 4-13。

表 4-13　　　　　　　　　　　　　　窗台板清单项目设置

项目编码	项目名称	项目特征	计量单位	工作内容
010809001	木窗台板	1. 基层材料种类 2. 窗台板材质、规格、颜色 3. 防护材料种类	m²	1. 基层清理 2. 基层制作、安装 3. 窗台板制作、安装 4. 刷防护材料
010809002	铝塑窗台板			
010809003	金属窗台板			
010809004	石材窗台板	1. 粘结层厚度、砂浆配合比 2. 窗台板材质、规格、颜色		1. 基层清理 2. 抹找平层 3. 窗台板制作、安装

2. 清单编制说明

(1)窗台板一般设置在窗内侧沿处,用于临时摆放台历、杂志、报纸、钟表等物件,以增加室内装饰效果。

(2)窗台板宽度一般为 100～200mm,厚度为 20～50mm。

(3)窗台板常用木材、水泥、水磨石、大理石、塑钢、铝合金等制作。

3. 工程量计算

木窗台板、铝塑窗台板、金属窗台板、石材窗台板工程量按设计图示尺寸以展开面积计算。

【例 4-19】　计算如图 4-18 所示某工程木窗台板工程量,窗台板宽为 200mm。

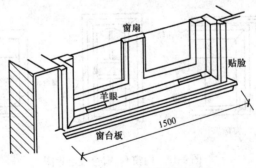

图 4-18　某工程木窗台板示意图

【解】　根据上述工程量计算规则:

窗台板工程量＝1.50×0.20＝0.30m²

十一、窗帘、窗帘盒、轨

1. 清单项目设置

《房屋建筑与装饰工程工程量计算规范》附录 H.10 中窗帘、窗帘盒、轨共有 5 个清单项目。各清单项目设置的具体内容见表 4-14。

表 4-14 　　　　　　　　　　　窗帘、窗帘盒、轨清单项目设置

项目编码	项目名称	项目特征	计量单位	工作内容
010810001	窗帘	1. 窗帘材质 2. 窗帘高度、宽度 3. 窗帘层数 4. 带幔要求	1. m 2. m²	1. 制作、运输 2. 安装
010810002	木窗帘盒	1. 窗帘盒材质、规格 2. 防护材料种类	m	1. 制作、运输、安装 2. 刷防护材料
010810003	饰面夹板、塑料窗帘盒			
010810004	铝合金窗帘盒			
010810005	窗帘轨	1. 窗帘轨材质、规格 2. 轨的数量 3. 防护材料种类		

2. 清单编制说明

(1)窗帘是用布、竹、苇、麻、纱、塑料、金属等材料制作的用以遮蔽或调节室内光照挂在窗上的帘子。窗帘种类繁多,常用的品种有布窗帘、纱窗帘、无缝纱帘、遮光窗帘、隔声窗帘、直立帘、罗马帘、木竹帘、铝百叶、卷帘、窗纱、立式移帘。

(2)窗帘盒是用木材或塑料等材料制成,安装于窗子上方,用以遮挡、支撑窗帘杆(轨)、滑轮和拉线等的盒形体。所用材料有木板、金属板、PVC 塑料板等。窗帘盒包括木窗帘盒、饰面夹板窗帘盒、塑料窗帘盒、铝合金窗帘盒等,构造如图 4-19 所示。

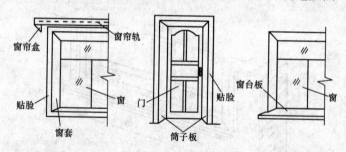

图 4-19　门窗套、窗帘轨示意图

(3)窗帘轨的滑轨通常采用铝镁合金辊压制品及轨制型材,或着色镀锌铁板、镀锌钢板及钢带、不锈钢钢板及钢带、聚氯乙烯金属层积板等材料制成,是各类高级建筑和民用住宅的铝合金窗、塑料窗、钢窗、木窗等理想的配套设备。滑轨是商品化成品,有单向、双向拉开等,在建筑工程中往往只安装窗帘滑轨。

3. 工程量计算

(1)窗帘工程量计算规则如下:

1)以米计量,按设计图示尺寸以成活后长度计算;

2)以平方米计量,按图示尺寸以成活后展开面积计算。

（2）木窗帘盒、饰面夹板、塑料窗帘盒、铝合金窗帘盒、窗帘轨工程量按设计图示尺寸以长度计算。

【例4-20】　某工程窗宽2m，共8个，制安细木工板明式窗帘盒，长度为2.30m，带铝合金窗帘轨（双轨），布窗帘，计算如图4-20所示木窗帘盒工程量。

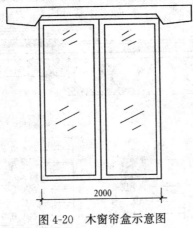

2000

图 4-20　木窗帘盒示意图

【解】　根据上述工程量计算规则：

木窗帘盒工程量＝2.30×8＝18.40m

第二节　楼地面装饰工程

一、楼地面的构造组成与分类

楼地面是房屋建筑物底层地面（即地面）和楼层地面（即楼面）的总称，它是构成房屋建筑各层的水平结构层，即水平方向的承重构件。底层地面承受底层的荷载，楼层地面按使用要求将建筑物水平方向分割成若干楼层数，各自承受本楼层的荷载。

1. 楼地面构造组成

楼地面主要由基层和面层两大基本构造层组成，如图4-21所示。

（1）面层。面层是直接承受各种物理和化学作用的建筑地面的表面层。面层类型和品种的选择，由设计部门根据生产特点、使用要求、就地取材和技术经济条件等综合考虑确定。

（2）垫层。垫层是承受并传递地面荷载于基土上的构造层，分为刚性和柔性两类垫层。底层地面的垫层常用水泥混凝土或配筋混凝土构成弹性地基上的刚性板体，也有采用碎石、炉渣、灰土等直接在素土夯实地基（基土层）上铺设而成；楼层地面则是钢筋混凝土楼板结构层。

（3）结合层。结合层是面层与下一层相连接的中间层，有时亦作为面层的弹性基层。主要指整体面层和板块面层铺设在垫层、找平层上时，用胶凝材料予以连接牢固，

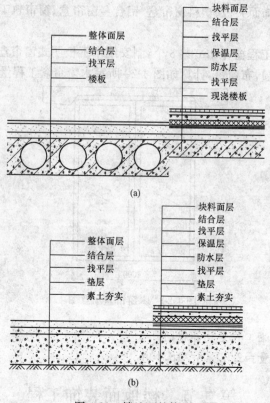

图 4-21　楼地面的构造

(a)楼面;(b)地面

以保证建筑地面工程的整体质量,防止面层起壳、空鼓等施工质量造成的缺陷。

(4)找平层。找平层是在垫层上、钢筋混凝土板(含空心板)上或填充层(轻质或松散材料)上起整平、找坡或加强作用的构造层。

(5)填充层。填充层是当面层、垫层和基土(或结构层)尚不能满足使用要求或因构造上需要而增设的构造层。其主要是在建筑地面上起隔声、保温、找坡或敷设管线等作用的构造层。

(6)隔离层。隔离层是防止建筑地面面层上各种液体(主要指水、油、非腐蚀性和腐蚀性液体)侵蚀以及防止地下水和潮气渗透地面而增设的构造层。当防止地下潮气透过地面时,可作为防潮层。

2. 楼地面的分类

(1)按面层材料可分为土、灰土、三合土、菱苦土、水泥砂浆混凝土、水磨石、陶瓷锦砖、木、砖和塑料地面等。

(2)按面层结构可分为整体面层(如灰土、菱苦土、三合土、水泥砂浆、混凝土、现浇水磨石、沥青砂浆和沥青混凝土等)、块料面层(如缸砖、塑料地板、拼花木地板、陶瓷锦砖、水泥花砖、预制水磨石块、大理石板材、花岗石板材等)和涂布地面等。

二、整体面层及找平层

1. 清单项目设置

《房屋建筑与装饰工程工程量计算规范》附录 L.1 中整体面层及找平层共有 6 个清单项目。各清单项目设置的具体内容见表 4-15。

表 4-15　　　　　　　　　　　　整体面层及找平层清单项目设置

项目编码	项目名称	项目特征	计量单位	工作内容
011101001	水泥砂浆楼地面	1. 找平层厚度、砂浆配合比 2. 素水泥浆遍数 3. 面层厚度、砂浆配合比 4. 面层做法要求		1. 基层清理 2. 抹找平层 3. 抹面层 4. 材料运输
011101002	现浇水磨石楼地面	1. 找平层厚度、砂浆配合比 2. 面层厚度、水泥石子浆配合比 3. 嵌条材料种类、规格 4. 石子种类、规格、颜色 5. 颜料种类、颜色 6. 图案要求 7. 磨光、酸洗、打蜡要求		1. 基层清理 2. 抹找平层 3. 面层铺设 4. 嵌缝条安装 5. 磨光、酸洗打蜡 6. 材料运输
011101003	细石混凝土楼地面	1. 找平层厚度、砂浆配合比 2. 面层厚度、混凝土强度等级	m²	1. 基层清理 2. 抹找平层 3. 面层铺设 4. 材料运输
011101004	菱苦土楼地面	1. 找平层厚度、砂浆配合比 2. 面层厚度 3. 打蜡要求		1. 基层清理 2. 抹找平层 3. 面层铺设 4. 打蜡 5. 材料运输
011101005	自流坪楼地面	1. 找平层砂浆配合比、厚度 2. 界面剂材料种类 3. 中层漆材料种类、厚度 4. 面漆材料种类、厚度 5. 面层材料种类		1. 基层处理 2. 抹找平层 3. 涂界面剂 4. 涂刷中层漆 5. 打磨、吸尘 6. 镘自流平面漆(浆) 7. 拌和自流平浆料 8. 铺面层
011101006	平面砂浆找平层	找平层厚度、砂浆配合比		1. 基层清理 2. 抹找平层 3. 材料运输

2. 清单编制说明

(1)水泥砂浆楼地面是指用 1∶3 或 1∶2.5 的水泥砂浆在基层上抹 15～20mm 厚,抹平后待其终凝前再用铁板压光而成的地面。水泥砂浆面层处理是拉毛还是提浆压光应在面层做法要求中描述。

(2)现浇水磨石地面是指天然石料的石子用水泥浆拌和在一起,浇抹结硬,再经磨光、打蜡而成的地面,可依据设计制作各种颜色的图案。

(3)细石混凝土地面是指在结构层上做细石混凝土,浇好后随即用木板拍表浆或用铁滚滚压,待水泥浆液到表面时,再撒上水泥浆,最后用铁板压光(这种做法也称随打随抹)地面,为提高表面光洁度和耐磨性,压光时可撒上适量的 1∶1 干拌水泥砂子灰。细石混凝土地面的混凝土强度等级一般不低于 C20,水泥强度等级应不低于 42.5 级,碎石或卵石的最大粒径不超过 15cm,并要求级配适当。配制出的混凝土坍落度应在 30mm 以下。

(4)菱苦土楼地面是指以菱苦土为胶结料,锯木屑(锯末)为主要填充料,加入适量具有一定浓度的氯化镁溶液,调制成可塑性胶泥铺设而成的一种整体楼地面工程。菱苦土楼地面可铺设单层或双层。单层面层厚度一般为 12～15mm;双层的分底层和面层,底层厚度一般为 12～15mm,面层厚度一般为 8～12mm。但绝大多数均采用双层做法,很少采用单层做法。在双层做法中,由于下底与上层的作用不同,所以其配合比成分也不同。

(5)自流坪是一种地面施工技术,它是多种材料同水混合而成的液态物质,倒入地面后,这种物质可根据地面的高低不平顺势流动,对地面进行自动找平,并很快干燥,固化后的地面会形成光滑、平整、无缝的新基层。一般情况自流坪最薄能做到 3mm,不宜过厚。自流坪有很多种,有环氧自流坪,也有水泥自流坪。

(6)找平层是指水泥砂浆找平层,有比较特殊要求的可采用细石混凝土、沥青砂浆、沥青混凝土等材料铺设找平层。

(7)平面砂浆找平层项目只适用于仅做找平层的平面抹灰。

(8)间壁墙是指墙厚≤120mm 的墙。

3. 工程量计算

(1)水泥砂浆楼地面、现浇水磨石楼地面、细石混凝土楼地面、菱苦土楼地面、自流坪楼地面工程量按设计图示尺寸以面积计算。扣除凸出地面构筑物、设备基础、室内铁道、地沟等所占面积,不扣除间壁墙及≤0.3m^2 的柱、垛、附墙烟囱及孔洞所占面积。门洞、空圈、暖气包槽、壁龛的开口部分不增加面积。

【例 4-21】　如图 4-22 所示,计算某办公楼二层房间(不包括卫生间)及走廊地面整体面工程量(做法:内外墙均厚 240mm,1∶2.5 水泥砂面层厚 25mm,素水泥浆一道;C20 细石混凝土找平层厚 100mm;水泥砂浆踢脚线高 150mm)。

【解】　根据上述工程量计算规则:

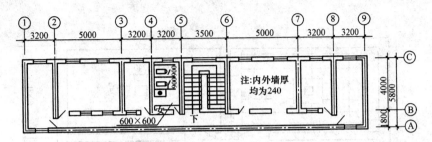

图 4-22　某办公楼二层示意图

工程量＝(3.20－0.12×2)×(5.80－0.12×2)＋(5.00－0.12×2)×(4.00－0.12×2)＋(3.20－0.12×2)×(4.00－0.12×2)＋(5.00－0.12×2)×(4.00－0.12×2)＋(3.20－0.12×2)×(4.00－0.12×2)＋(3.20－0.12×2)×(5.80－0.12×2)＋(5.00＋3.20＋3.20＋3.50＋5.00＋3.20－0.12×2)×(1.80－0.12×2)＝126.63m²

【例 4-22】　某房间平面图如图 4-23 所示,此房间做水泥砂浆整体面层,试计算其工程量。

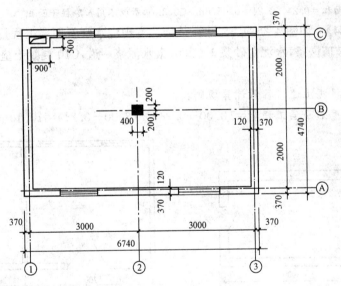

图 4-23　某房间平面图

【解】　根据上述工程量计算规则:

水泥砂浆整体面层工程量＝(3.00＋3.00－0.12×2)×(2.00＋2.00－0.12×2)－(0.90×0.50＋0.40×0.40)＝21.05m²

【例 4-23】　某商店平面图如图 4-24 所示。地面做法:C20 细石混凝土找平层 60mm 厚,1:2.5 白水泥色石子水磨石面层 20mm 厚,15mm×2mm 铜条分隔,距墙柱边 300mm 内按纵横 1m 宽分格。试计算地面工程量。

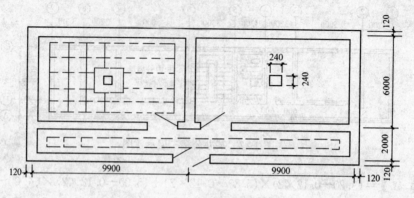

图 4-24　某商店平面图

【解】　根据上述工程量计算规则：

现浇水磨石楼地面工程量＝(9.9－0.24)×(6－0.24)×2＋(9.9×2－0.24)×(2－0.24)＝145.71m²

注：柱子面积＝0.24×0.24＝0.0576m²＜0.3m²，所以不用扣除柱子面积。

【例 4-24】　如图 4-25 所示，计算某传达室现浇水磨石面层工程量(做法：水磨石地面面层、玻璃嵌条，水泥白砂浆 1∶2.0，素水泥浆一道，C10 混凝土垫层厚 60mm，素土夯实)。

【解】　根据上述工程量计算规则：

现浇水磨石面层工程量＝(3.00－0.24)×(3.90－0.24)＝10.10m²

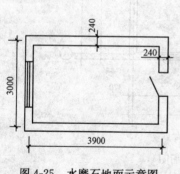

图 4-25　水磨石地面示意图

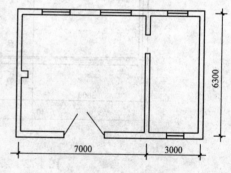

图 4-26　底层平面图

【例 4-25】　某工程底层平面层如图 4-26 所示，已知地面为 35mm 厚 1∶2 细石混凝土面层，计算细石混凝土面层工程量。

【解】　根据上述工程量计算规则：

细石混凝土面层工程量＝(7.00－0.12×2)×(6.30－0.12×2)＋(3.00－0.12×2)×(6.30－0.12×2)＝57.69m²

【例 4-26】　如图 4-27 所示,计算某实验室地面菱苦土整体面层工程量(菱苦土面层厚 20mm,毛石灌 M2.0 混合砂浆后 100mm,素土夯实)。

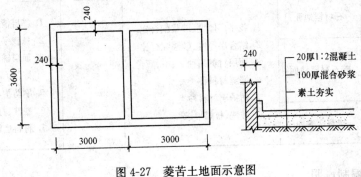

图 4-27　菱苦土地面示意图

【解】　根据上述工程量计算规则:

菱苦土面层工程量 = [(3.00+3.00)−0.24×2]×(3.60−0.24) = 18.55m²

(2)平面砂浆找平层工程量按设计图示尺寸以面积计算。

【例 4-27】　如图 4-28 所示为某住宅厨房地面平面图,计算平面砂浆找平层工程量。

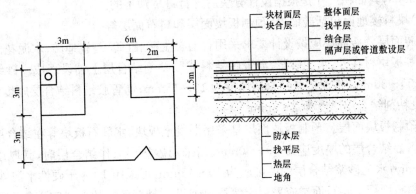

图 4-28　平面砂浆找平层示意图

【解】　根据上述工程量计算规则:

平面砂浆找平层工程量 = (3+6)×(3+3)−(3×3+2×1.5) = 42m²

三、块料面层

1. 清单项目设置

《房屋建筑与装饰工程工程量计算规范》附录 L.2 中块料面层共有 3 个清单项目。各清单项目设置的具体内容见表 4-16。

表 4-16　　　　　　　　　　　　块料面层清单项目设置

项目编码	项目名称	项目特征	计量单位	工作内容
011102001	石材楼地面	1. 找平层厚度、砂浆配合比 2. 结合层厚度、砂浆配合比 3. 面层材料品种、规格、颜色 4. 嵌缝材料种类 5. 防护层材料种类 6. 酸洗、打蜡要求	m²	1. 基层清理 2. 抹找平层 3. 面层铺设、磨边 4. 嵌缝 5. 刷防护材料 6. 酸洗、打蜡 7. 材料运输
011102002	碎石材楼地面			
011102002	块料楼地面			

2. 清单编制说明

(1)块料面层是以陶质材料制品及天然石材等为主要材料,用建筑砂浆或粘结剂作结合层嵌砌的直接接受各种荷载、摩擦、冲击的表面层。

(2)石材楼地面包括大理石楼地面和花岗石楼地面等。大理石可根据不同色泽、纹理等组成各种图案。通常,在工厂加工成 20~30mm 厚的板材,每块大小一般为300mm×300mm~500mm×500mm。花岗石常加工成条形或块状,厚度较大,一般为50~150mm,其面积尺寸是根据设计分块后进行订货加工的。

(3)块料楼地面包括砖面层、预制板块面层和料石面层等。

1)砖面层。砖面层应按设计要求采用普通黏土砖、缸砖、陶瓷地砖、水泥花砖或陶瓷锦砖等板块材在砂、水泥砂浆、沥青胶结料或胶粘剂结合层上铺设而成。砂结合层厚度为 20~30mm;水泥砂浆结合层厚度为 10~15mm;沥青胶结料结合层厚度为 2~5mm;胶粘剂结合层厚度为 2~3mm。

2)预制板块面层。预制板块面层是采用混凝土板块、水磨石板块等在结合层上铺设而成。砂结合层的厚度应为 20~30mm;当采用砂垫层兼作结合层时,其厚度不宜小于 60mm;水泥砂浆结合层的厚度应为 10~15mm,可采用 1:4 干硬性水泥砂浆。

3)料石面层。料石面层应采用天然石料铺设。料石面层的石料宜为条石或块石两类。采用条石作面层应铺设在砂、水泥砂浆或沥青胶结料结合层上;采用块石作面层应铺设在基土或砂垫层上。条石面层下结合层厚度为:砂结合层为 15~20mm;水泥砂浆结合层为 10~15mm;沥青胶结料结合层为 2~5mm。块石面层下砂垫层厚度,在夯实后不应小于 6mm。

(4)在描述碎石材项目的面层材料特征时可不用描述规格、颜色。

(5)石材、块料与粘结材料的结合面刷防渗材料的种类在防护层材料种类中描述。

(6)面层铺设后的磨边指的是施工现场磨边。

3. 工程量计算

石材楼地面、碎石材楼地面、块料楼地面工程量按设计图示尺寸以面积计算。门洞、空圈、暖气包槽、壁龛的开口部分并入相应的工程量内。

【例 4-28】　计算如图 4-29 所示的地面镶贴大理石面层工程量。

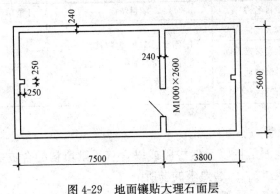

图 4-29　地面镶贴大理石面层

【解】　根据上述工程量计算规则：

地面镶贴大理石工程量＝[(7.50－0.24)＋(3.80－0.24)]×(5.60－0.24)＋
1.00×0.24＝58.24m²

【例 4-29】　计算如图 4-30 所示的石材楼地面工程量,图中 M1:1200mm×
2100mm;M2:900mm×2100mm。

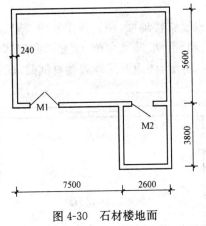

图 4-30　石材楼地面

【解】　根据上述工程量计算规则：

石材楼地面工程量＝(7.50＋2.60－0.24)×(5.60－0.24)＋(2.60－0.24)×
(3.80－0.24)＋1.20×0.24＋0.90×0.24＝61.76m²

四、橡塑面层

1. 清单项目设置

《房屋建筑与装饰工程工程量计算规范》附录 L.3 中橡塑面层共有 4 个清单项
目。各清单项目设置的具体内容见表 4-17。

表 4-17 橡塑面层清单项目设置

项目编码	项目名称	项目特征	计量单位	工作内容
011103001	橡胶板楼地面	1. 粘结层厚度、材料种类 2. 面层材料品种、规格、颜色 3. 压线条种类	m²	1. 基层清理 2. 面层铺设 3. 压缝条装钉 4. 材料运输
011103002	橡胶板卷材楼地面			
011103003	塑料板楼地面			
011103004	塑料卷材楼地面			

2. 清单编制说明

(1)橡胶板楼地面是指以天然橡胶或以含有适量填料的合成橡胶制成的复合板材,多用于有绝缘或清洁、耐磨要求的场所。

(2)塑料板面层应采用塑料板块、卷材,并以粘贴、干铺或采用现浇整体式在水泥类基层上铺设而成。板块、卷材可采用聚氯乙烯树脂、聚氯乙烯－聚乙烯共聚地板、聚乙烯树脂、聚丙烯树脂和石棉塑料板等。

(3)聚氯乙烯 PVC 铺地卷材分为单色、印花和印花发泡卷材,常用规格为幅宽900~1900mm,每卷长度为 9~20m,厚度为 1.5~3.0mm。

(4)表 4-17 中项目如涉及找平层,另按表 4-15 中找平层项目编码列项。

3. 工程量计算

橡胶板楼地面、橡胶板卷材楼地面、塑料板楼地面、塑料卷材楼地面工程量按设计图示尺寸以面积计算。门洞、空圈、暖气包槽、壁龛的开口部分并入相应的工程量内。

【例 4-30】 如图 4-31 所示,楼地面用橡胶卷材铺贴,试计算其工程量。

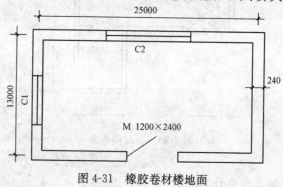

图 4-31 橡胶卷材楼地面

【解】 根据上述工程量计算规则:

橡胶卷材楼地面工程量=(13.00－0.24)×(25.00－0.24)＋1.20×0.24
=316.23m²

五、其他材料面层

1. 清单项目设置

《房屋建筑与装饰工程工程量计算规范》附录 L.4 中其他材料面层共有 4 个清单

项目。各清单项目设置的具体内容见表4-18。

表4-18　　　　　　　　　　其他材料面层清单项目设置

项目编码	项目名称	项目特征	计量单位	工作内容
011104001	地毯楼地面	1. 面层材料品种、规格、颜色 2. 防护材料种类 3. 粘结材料种类 4. 压线条种类	m²	1. 基层清理 2. 铺贴面层 3. 刷防护材料 4. 装钉压条 5. 材料运输
011104002	竹、木(复合)地板	1. 龙骨材料种类、规格、铺设间距 2. 基层材料种类、规格 3. 面层材料品种、规格、颜色 4. 防护材料种类		1. 清理基层 2. 龙骨铺设 3. 基层铺设 4. 面层铺贴 5. 刷防护材料 6. 材料运输
011104003	金属复合地板			
011104004	防静电活动地板	1. 支架高度、材料种类 2. 面层材料品种、规格、颜色 3. 防护材料种类		1. 清理基层 2. 固定支架安装 3. 活动面层安装 4. 刷防护材料 5. 材料运输

2. 清单编制说明

(1)地毯可分为天然纤维和合成纤维两类。

(2)竹地板按加工形式(或结构)可分为平压型、侧压型和平侧压型(工字型);按表面颜色可分为本色型、漂白型和碳化色型(竹片再次进行高温高压碳化处理后所形成);按表面有无涂饰可分为亮光型、亚光型和素板。

(3)木地板按材质可分为硬木地板、复合木地板、强化复合地板、硬木拼花地板和硬木地板砖;硬木质地板常称实木地板,复合地板亦称铭木地板,强化复合地板简称强化地板。

(4)金属复合地板主要包括金属弹簧地板、镭射钢化夹层玻璃地砖。

(5)抗静电活动地板是一种以金属材料或木质材料为基材,表面覆以耐高压装饰板(如三聚氰胺优质装饰板),经高分子合成粘结剂胶合而成的特制地板,再配以专制钢梁、橡胶垫条和可调金属支架装配成活动地板。抗静电活动地板典型面板平面尺寸有 500mm×500mm、600mm×600mm、762mm×762mm 等。

3. 工程量计算

地毯楼地面,竹、木(复合)地板,金属复合地板,防静电活动地板工程量按设计图示尺寸以面积计算。门洞、空圈、暖气包槽、壁龛的开口部分并入相应的工程量内。

【例4-31】　如图 4-32 所示,某房屋客房地面为 20mm 厚 1：3 水泥砂浆找平层,上铺双层地毯,木压条固定,施工至门洞处,试计算其工程量。

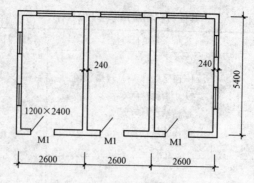

图 4-32　客房地面地毯布置图

【解】　根据上述工程量计算规则:

双层地毯工程量＝(2.60－0.24)×(5.40－0.24)×3+1.20×0.24×3

　　　　　　＝37.40m²

【例 4-32】　如图 4-33 所示,计算某建筑房间(不包括卫生间)及走廊地面铺贴复合木地板面层的工程量,图中单开门尺寸为 900mm×2100mm,双开门尺寸为 1200mm×2100mm。

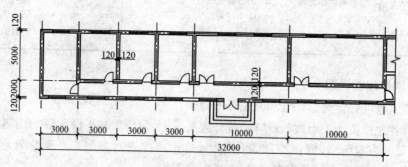

图 4-33　某建筑平面图示意图

【解】　根据上述工程量计算规则:

复合木地板面层工程量＝[(2.00+5.00)－0.12×2]×(3.00－0.12×2)+(5.00－0.12×2)×(3.00－0.12×2)×3+(5.00－0.12×2)×(10.00－0.12×2)×2+(2.00－0.12×2)×(32.00－3.00－0.12×2)+0.90×0.12×2×4+1.20×0.12×2×2＝203.04m²

【例 4-33】　某工程平面图如图 4-34 所示,附墙垛为 240mm×240mm,门洞宽为 1000mm,地面用防静电活动地板,边界到门扇下面,试计算防静电活动地板工程量。

【解】　根据上述工程量计算规则:

防静电活动地板工程量＝(3.60×3－0.12×4)×(6.00－0.24)－0.24×0.24×2+1×0.24+1×0.12×2＝59.81m²

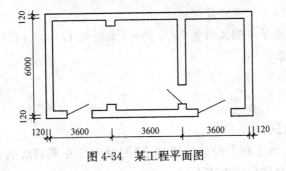

图 4-34　某工程平面图

【例 4-34】　如图 4-35 所示,计算某住宅室内地面铺贴地毯工程量。

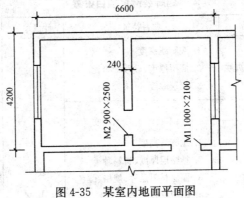

图 4-35　某室内地面平面图

【解】　根据上述工程量计算规则:

铺贴地毯地面工程量=(6.60-0.12×4)×(4.20-0.12×2)+0.90×0.24+1×

0.24=24.69m²

【例 4-35】　如图 4-36 所示,某室内地面铺防静电活动地板,试计算其工程量。

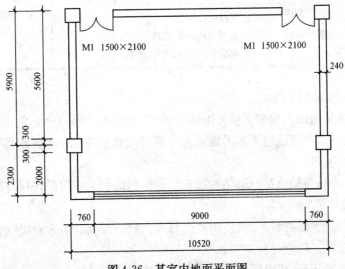

图 4-36　某室内地面平面图

【解】　根据上述工程量计算规则：

铺防静电活动地板地面工程量＝$(2.30+5.90-0.12×2)×(10.52-0.12×2)+$
$1.50×0.24×2=82.55m^2$

六、踢脚线

1. 清单项目设置

《房屋建筑与装饰工程工程量计算规范》附录 L. 5 中踢脚线共有 7 个清单项目。各清单项目设置的具体内容见表 4-19。

表 4-19　　　　　　　　　　踢脚线清单项目设置

项目编码	项目名称	项目特征	计量单位	工作内容
011105001	水泥砂浆踢脚线	1. 踢脚线高度 2. 底层厚度、砂浆配合比 3. 面层厚度、砂浆配合比	1. m² 2. m	1. 基层清理 2. 底层和面层抹灰 3. 材料运输
011105002	石材踢脚线	1. 踢脚线高度 2. 粘贴层厚度、材料种类 3. 面层材料品种、规格、颜色 4. 防护材料种类		1. 基层清理 2. 底层抹灰 3. 面层铺贴、磨边 4. 擦缝 5. 磨光、酸洗、打蜡 6. 刷防护材料 7. 材料运输
011105003	块料踢脚线			
011105004	塑料板踢脚线	1. 踢脚线高度 2. 粘贴层厚度、材料种类 3. 面层材料品种、规格、颜色		1. 基层清理 2. 基层铺贴 3. 面层铺贴 4. 材料运输
011105005	木质踢脚线	1. 踢脚线高度 2. 基层材料种类、规格 3. 面层材料品种、规格、颜色		
011105006	金属踢脚线			
011105007	防静电踢脚线			

2. 清单编制说明

(1)踢脚线是地面与墙面交接处的构造处理,起遮盖墙面与地面之间接缝的作用,并可防止碰撞墙面或擦洗地面时弄脏墙面。踢脚线有缸砖、木、水泥砂浆和水磨石、大理石之分。

(2)石材、块料与粘结材料的结合面刷防渗材料的种类在防护材料种类中描述。

3. 工程量计算

水泥砂浆踢脚线、石材踢脚线、块料踢脚线、塑料板踢脚线、木质踢脚线、金属踢脚线、防静电踢脚线工程量计算规则如下：

(1)以平方米计量,按设计图示长度乘以高度以面积计算；

(2)以米计量,按延长米计算。

【例 4-36】　如图 4-37 所示,某办公楼水泥砂浆踢脚板高 120mm,图中门的尺寸为 900mm×2100mm,墙厚 240mm,试计算其工程量。

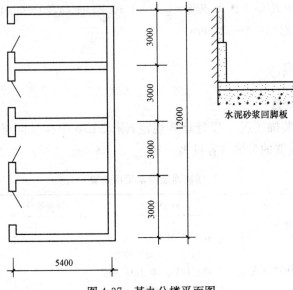

图 4-37　某办公楼平面图

【解】　根据上述工程量计算规则:

①以平方米计量,水泥砂浆踢脚线工程量=[(12.00-4×0.24)×2+(5.40-0.24)×8-0.9×4]×0.12=7.17m²

②以米计量,水泥砂浆踢脚线工程量=(12.00-4×0.24)×2+(5.40-0.24)×8-0.9×4=59.76m

【例 4-37】　某房间设计为套间,平面图如图 4-38 所示,地板为木质地板,踢脚线为 150mm 高的木质踢脚板,计算木质踢脚线工程量。

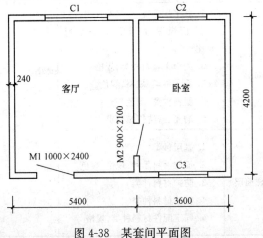

图 4-38　某套间平面图

【解】 根据上述工程量计算规则：

①以平方米计量，木质踢脚线工程量＝{[(5.40－0.24)＋(4.20－0.24)]×2＋[(3.60－0.24)＋(4.20－0.24)]×2}×0.15＝4.93m²

②以米计量，木质踢脚线工程量＝[(5.40－0.24)＋(4.20－0.24)]×2＋[(3.60－0.24)＋(4.20－0.24)]×2＝32.88m

七、楼梯面层

1. 清单项目设置

《房屋建筑与装饰工程工程量计算规范》附录 L.6 中楼梯面层共有 9 个清单项目。各清单项目设置的具体内容见表 4-20。

表 4-20　　　　　　　　　　楼梯面层清单项目设置

项目编码	项目名称	项目特征	计量单位	工作内容
011106001	石材楼梯面层	1. 找平层厚度、砂浆配合比 2. 粘结层厚度、材料种类 3. 面层材料品种、规格、颜色 4. 防滑条材料种类、规格 5. 勾缝材料种类 6. 防护材料种类 7. 酸洗、打蜡要求		1. 基层清理 2. 抹找平层 3. 面层铺贴、磨边 4. 贴嵌防滑条 5. 勾缝 6. 刷防护材料 7. 酸洗、打蜡 8. 材料运输
011106002	块料楼梯面层			
011106003	拼碎块料面层			
011106004	水泥砂浆楼梯面层	1. 找平层厚度、砂浆配合比 2. 面层厚度、砂浆配合比 3. 防滑条材料种类、规格	m²	1. 基层清理 2. 抹找平层 3. 抹面层 4. 抹防滑条 5. 材料运输
011106005	现浇水磨石楼梯面层	1. 找平层厚度、砂浆配合比 2. 面层厚度、水泥石子浆配合比 3. 防滑条材料种类、规格 4. 石子种类、规格、颜色 5. 颜料种类、颜色 6. 磨光、酸洗打蜡要求		1. 基层清理 2. 抹找平层 3. 抹面层 4. 贴嵌防滑条 5. 磨光、酸洗、打蜡 6. 材料运输
011106006	地毯楼梯面层	1. 基层种类 2. 面层材料品种、规格、颜色 3. 防护材料种类 4. 粘结材料种类 5. 固定配件材料种类、规格		1. 基层清理 2. 铺贴面层 3. 固定配件安装 4. 刷防护材料 5. 材料运输

续表

项目编码	项目名称	项目特征	计量单位	工作内容
011106007	木板楼梯面层	1. 基层材料种类、规格 2. 面层材料品种、规格、颜色、 3. 粘结材料种类 4. 防护材料种类	m²	1. 基层清理 2. 基层铺贴 3. 面层铺贴 4. 刷防护材料 5. 材料运输
011106008	橡胶板楼梯面层	1. 粘结层厚度、材料种类 2. 面层材料品种、规格、颜色 3. 压线条种类		1. 基层清理 2. 面层铺贴 3. 压缝条装钉 4. 材料运输
011106009	塑料板楼梯面层			

2. 清单编制说明

(1)在描述碎石材项目的面层材料特征时可不用描述规格、颜色。

(2)石材、块料与粘结材料的结合面刷防渗材料的种类在防护材料种类中描述。

(3)石材楼梯面层是楼地面面层的延续项目,它可采用两种粘结方式:若用水泥砂浆粘结,基层为 20mm 厚 1:3 水泥砂浆;若用胶粘剂粘结,所用大理石胶和 903 胶用量与踢脚线相同。

(4)块料楼梯面层应采用质地均匀,无风化、无裂纹的岩石,其强度、规格要求如下:

1)条石强度等级不少于 MU60,形状为矩形六面体,厚度宜为 80~120mm。

2)块石强度等级不少于 MU30,形状接近于棱柱体或四边形、多边形,底面为截锥体,顶面粗琢平整,底面面积不宜小于顶面面积的 60%,厚度为 100~150mm。

(5)楼梯面地毯为固定式铺设,与楼地面地毯一样可分为带垫和不带垫两种。铺设在楼梯、走廊上的地毯常有纯毛地毯、化纤地毯等,尤以化纤地毯用得较多。表 4-21 为化纤地毯的品种规格。

表 4-21　　　　　　　　　化纤地毯的品种规格

品　名	规　格	材　质　及　色　泽
聚丙烯切绒地毯	幅宽:3m、3.6m、4m	丙纶长丝、桂圆色
聚丙烯切绒地毯	针距:2.5mm	丙纶长丝、酱红色
聚丙烯圈绒地毯		尼龙长丝、胡桃色

3. 工程量计算

石材楼梯面层、块料楼梯面层、拼碎块料面层、水泥砂浆楼梯面层、现浇水磨石楼梯面层、地毯楼梯面层、木板楼梯面层、橡胶板楼梯面层、塑料板楼梯面层工程量按设计图示尺寸以楼梯(包括踏步、休息平台及≤500mm 的楼梯井)水平投影面积计算。

楼梯与楼地面相连时,算至楼口梁内侧边沿;无梯口梁者,算至最上一层踏步边沿加 300mm。

【例 4-38】　某 6 层建筑物,平台梁宽 250mm,欲铺贴大理石楼梯面,试根据图 4-39所示平面图计算其工程量。

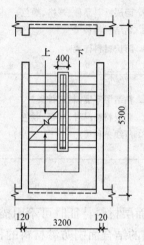

图 4-39　某石材楼梯平面图

【解】　根据上述工程量计算规则:

石材楼梯面层工程量＝$(3.20-0.24)\times(5.30-0.24)\times(6-1)=74.89m^2$

【例 4-39】　如图 4-40 所示为某住宅地毯楼梯面,试计算其工程量。

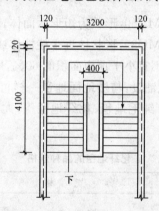

图 4-40　某住宅地毯楼梯面

【解】　根据上述工程量计算规则:

地毯楼梯面工程量＝$(3.20-0.24)\times(4.10-0.24)=11.43m^2$

【例 4-40】　如图 4-41 所示为某二层建筑楼设计图,设计为木板楼梯面层,计算木板楼梯面层工程量(不包括楼梯踢脚线)。

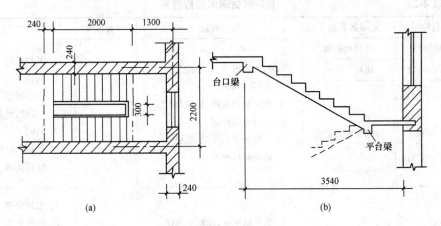

图 4-41　木板楼梯设计图

(a)平面图；(b)剖面图

【解】　根据上述工程量计算规则：

木板楼梯面层工程量＝(2.20－0.24)×(0.24＋2.00＋1.30－0.12)＝6.70m²

【例 4-41】　某工程楼梯如图 4-42 所示,采用水泥砂浆面层,试计算其工程量。

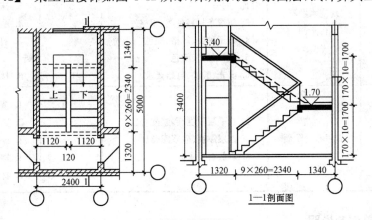

图 4-42　楼梯详图

【解】　根据上述工程量计算规则：

楼梯水泥砂浆面层工程量＝(2.40－0.24)×(2.34＋1.34＋1.32－0.24)

＝10.28m²

八、台阶装饰

1. 清单项目设置

《房屋建筑与装饰工程工程量计算规范》附录 L.7 中台阶装饰共有 6 个清单项目。各清单项目设置的具体内容见表 4-22。

表 4-22　　　　　　　　　　　台阶装饰清单项目设置

项目编码	项目名称	项目特征	计量单位	工作内容
011107001	石材台阶面	1. 找平层厚度、砂浆配合比 2. 粘结材料种类 3. 面层材料品种、规格、颜色 4. 勾缝材料种类 5. 防滑条材料种类、规格 6. 防护材料种类	m²	1. 基层清理 2. 抹找平层 3. 面层铺贴 4. 贴嵌防滑条 5. 勾缝 6. 刷防护材料 7. 材料运输
011107002	块料台阶面			
011107003	拼碎块料台阶面			
011107004	水泥砂浆台阶面	1. 找平层厚度、砂浆配合比 2. 面层厚度、砂浆配合比 3. 防滑条材料种类		1. 基层清理 2. 抹找平层 3. 抹面层 4. 抹防滑条 5. 材料运输
011107005	现浇水磨石 台阶面	1. 找平层厚度、砂浆配合比 2. 面层厚度、水泥石子浆配合比 3. 防滑条材料种类、规格 4. 石子种类、规格、颜色 5. 颜料种类、颜色 6. 磨光、酸洗、打蜡要求		1. 清理基层 2. 抹找平层 3. 抹面层 4. 贴嵌防滑条 5. 打磨、酸洗、打蜡 6. 材料运输
011107006	剁假石台阶面	1. 找平层厚度、砂浆配合比 2. 面层厚度、砂浆配合比 3. 剁假石要求		1. 清理基层 2. 抹找平层 3. 抹面层 4. 剁假石 5. 材料运输

2. 清单编制说明

(1)在描述碎石材项目的面层材料特征时可不用描述规格、颜色。

(2)石材、块料与粘结材料的结合面刷防渗材料的种类在防护材料种类中描述。

(3)石材台阶面现在较为常用的材料是大理石和花岗石。

(4)块料台阶面是指用块砖做地面、台阶的面层,常需做耐腐蚀加工,用沥青砂浆铺砌而成。

(5)现浇水磨石台阶面是指用天然石料的石子、水泥浆拌和在一起,浇抹结硬,再经磨光、打蜡而成的台阶面。

(6)剁假石是一种人造石料,制作过程是用石粉、水泥等加水拌和抹在建筑物的表面,半凝固后,用斧子剁出像经过吸凿的石头一样的纹理。

3. 工程量计算

石材台阶面、块料台阶面、拼碎块料台阶面、水泥砂浆台阶面、现浇水磨石台阶面、剁假石台阶面工程量按设计图示尺寸以台阶（包括最上层踏步边沿加 300mm）水平投影面积计算。

【例 4-42】　某建筑物门前台阶如图 4-43 所示，试计算贴大理石面层工程量。

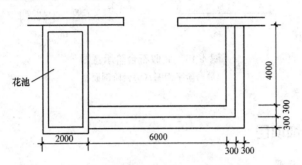

图 4-43　某建筑物门前台阶示意图

【解】　根据上述工程量计算规则：

台阶贴大理石面层的工程量为＝(6.00＋0.30×2)×0.30×3＋(4.00−0.30)×0.30×3＝9.27m²

平台贴大理石面层的工程量为＝(6.00−0.30)×(4.00−0.30)＝21.09m²

【例 4-43】　如图 4-44 所示为某建筑物入口处台阶平面图，台阶做一般水磨石，底层 1∶3 水泥砂浆厚 20mm，面层 1∶3 水泥白石子浆厚 20mm，试计算其工程量。

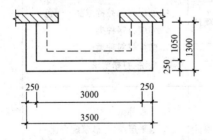

图 4-44　某台阶示意图

【解】　根据上述工程量计算规则：

水磨石台阶面工程量＝3.50×1.30−(3.00−0.25×2)×(1.05−0.25)

　　　　　　　　＝2.55m²

【例 4-44】　计算如图 4-45 所示剁假石台阶面工程量。

【解】　根据上述工程量计算规则：

剁假石台阶面工程量＝3.50×0.30×3＝3.15m²

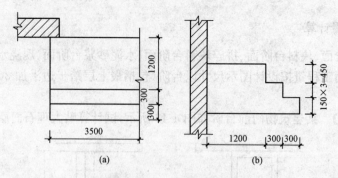

图 4-45　剁假石台阶示意图

(a)台阶平面图;(b)台阶剖面图

九、零星装饰项目

1. 清单项目设置

《房屋建筑与装饰工程工程量计算规范》附录 L. 8 中零星装饰项目共有 4 个清单项目。各清单项目设置的具体内容见表 4-23。

表 4-23　　　　　　　　　　零星装饰清单项目设置

项目编码	项目名称	项目特征	计量单位	工作内容
011108001	石材零星项目	1. 工程部位 2. 找平层厚度、砂浆配合比 3. 贴结合层厚度、材料种类 4. 面层材料品种、规格、颜色 5. 勾缝材料种类 6. 防护材料种类 7. 酸洗、打蜡要求	m²	1. 清理基层 2. 抹找平层 3. 面层铺贴、磨边 4. 勾缝 5. 刷防护材料 6. 酸洗、打蜡 7. 材料运输
011108002	拼碎石材零星项目			
011108003	块料零星项目			
011108004	水泥砂浆零星项目	1. 工程部位 2. 找平层厚度、砂浆配合比 3. 面层厚度、砂浆厚度		1. 清理基层 2. 抹找平层 3. 抹面层 4. 材料运输

2. 清单编制说明

(1)楼梯、台阶牵边和侧面镶贴块料面层,不大于 0.5m² 的少量分散的楼地面镶贴块料面层,可按表 4-23 进行计算。

(2)石材、块料与粘结材料的结合面刷防渗材料的种类在防护材料种类中描述。

3. 工程量计算

石材零星项目、拼碎石零星项目、块料零星项目、水泥砂浆零星项目工程量按设计图示尺寸以面积计算。

【例 4-45】　如图 4-46 所示,某厕所内拖把池镶贴面砖(池壁内外按高 500mm 计),试计算其工程量。

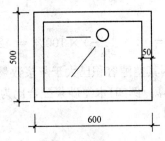

图 4-46　拖把池镶贴面砖示意图

【解】　根据上述工程量计算规则:

面砖工程量=[(0.50+0.60)×2×0.50](池外侧壁)+[(0.60-0.05×2+0.50-0.05×2)×2×0.50](池内侧壁)+(0.60×0.50)(池边及池底)=2.30m²

第三节　墙、柱面装饰与隔断、幕墙工程

一、墙、柱面装饰工程

(一)墙、柱面装饰工程构造

1. 抹灰类墙体饰面

抹灰分为一般抹灰、装饰抹灰及特种砂浆抹灰。

(1)一般抹灰是指水泥砂浆、水泥混合砂浆、石灰砂浆、聚合物砂浆、麻刀灰等材料的抹灰。抹灰砂浆配合比按体积比计算,其材料用量计算公式为:

砂子用量

$$q_c = \frac{c}{\sum f - c C_p}$$

水泥用量

$$q_a = \frac{a r_a}{c} q_c$$

式中　a、c——分别为水泥、砂的用量比例,即 $a:c=$水泥:砂;

$\sum f$——配合比之和;

C_p——砂空隙率(%),$C_p = \left(1 - \dfrac{r_0}{r_c}\right) \times 100\%$;

r_0——砂相对密度,按 $2650kg/m^3$ 计;

r_c——砂密度,按 $1550kg/m^3$ 计;

r_a——水泥密度,可按 $1200kg/m^3$ 计。

则

$$C_p = (1 - \frac{1550}{2650}) \times 100\% = 42\%$$

当砂用量超过 $1m^3$ 时,因其空隙容积已大于灰浆数量,均按 $1m^3$ 计算。

1)水泥砂浆材料用量计算。例如:水泥砂浆配合比为 $1:3$(水泥:砂),要计算每立方米的砂子和水泥用量,则:

砂子用量

$$q_c = \frac{c}{\sum f - cC_p} = \frac{3}{(1+3) - 3 \times 0.42} = 1.095m^3 > 1m^3,取\ 1m^3$$

水泥用量

$$q_a = \frac{ar_a}{c}q_c = \frac{1 \times 1200}{3} \times 1 = 400.00kg$$

2)石灰砂浆材料用量计算。每 $1m^3$ 生石灰(块占 70%,末占 30%)的质量为 $1050 \sim 1100kg$,生石灰粉为 $1200kg$,石灰膏为 $1350kg$,淋制每 $1m^3$ 石灰膏需生石灰 $600kg$,场内外运输损耗及淋化后的残渣已考虑在内。各地区生石灰质量不同时可以进行调整。粉化石灰或淋制石灰膏用量见表4-24。

表 4-24　　　　　　　　　　粉化石灰或淋制石灰膏的石灰用量表

生石灰块末比例		每 $1m^3$	
		粉化石灰	淋制石灰膏
块	末	生石灰需用量/kg	
10	0	392.70	
9	1	399.84	
8	2	406.98	571.00
7	3	414.12	600.00
6	4	421.26	636.00
5	5	428.40	674.00
4	6	460.50	716.00
3	7	493.17	736.00
2	8	525.30	820.00
1	9	557.94	
0	10	590.38	

3)混合砂浆配合比计算。例如:水泥石灰砂浆配合比为 $1:0.3:4$(水泥:石灰膏:砂),要计算每立方米的材料用量,则:

$$砂用量 = \frac{4}{(1+0.3+4)-4\times0.42} = 1.105\text{m}^3 > 1\text{m}^3 \text{ 取 } 1\text{m}^3$$

$$水泥用量 = \frac{1\times1200}{4}\times1 = 300.00\text{kg}$$

$$石灰膏 = \frac{0.3}{4}\times1 = 0.075\text{m}^3$$

$$生石灰 = 600\times0.075 = 45.00\text{kg}$$

(2)装饰抹灰是按设计要求用人工或机械加工达到各种装饰效果的抹灰工程,如水刷石、干粘石、喷砂、滚涂、喷涂。外墙装饰砂浆的配合比及抹灰厚度见表4-25。

表 4-25　　　　　　　　　外墙装饰砂浆的配合比及抹灰厚度表

项　　目	分 层 做 法		厚度/mm
水刷石	水泥砂浆 1∶3 底层		15
	水泥白石子浆 1∶5 面层		10
剁假石	水泥砂浆 1∶3 底层		16
	水泥石屑 1∶2 面层		10
水磨石	水泥砂浆 1∶3 底层		16
	水泥白石子浆 1∶2.5 面层		12
干粘石	水泥砂浆 1∶3 底层		15
	水泥砂浆 1∶2 面层		7
	撒粘石面		
石灰拉毛	水泥砂浆 1∶3 底层		14
	纸筋灰浆面层		6
水泥拉毛	混合砂浆 1∶3∶9 底层		14
	混合砂浆 1∶1∶2 面层		6
喷涂	混凝土外墙	水泥砂浆 1∶3 底层	1
		混合砂浆 1∶1∶2 面层	4
	砖外墙	水泥砂浆 1∶3 底层	15
		混合砂浆 1∶1 面层	4
滚涂	混凝土墙	水泥砂浆 1∶3 底层	1
		混合砂浆 1∶1∶2 面层	4
	砖墙	水泥砂浆 1∶3 底层	15
		混合砂浆 1∶1∶2 面层	4

(3)特种砂浆抹灰。根据建筑功能的特殊要求,采用特殊材料(膨胀珍珠岩)进行的抹灰工程。

抹灰构造分层及各层厚度如图4-47所示。

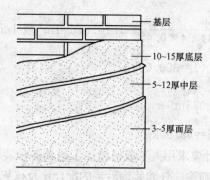

图 4-47　抹灰构造分层及各层厚度示意图

2. 涂料类墙体饰面

建筑涂料指涂敷于建筑物表面,并能与构件表面材料很好地粘结,形成完整的保护膜的材料。建筑涂料种类及用量计算参见本章第五节相关内容。

3. 贴面类墙体饰面

包括建筑石材板(块)饰面、PVC(防火板)饰面、不锈钢板饰面、铝板饰面、金属条形扣板饰面、玻璃饰面等。常用贴面类材料规格见表 4-26~表 4-30。

表 4-26　　　　　　　　　　天然大理石板规格　　　　　　　　单位:mm

长	宽	厚	长	宽	厚
300	150	20	1200	900	20
300	300	20	305	152	20
400	200	20	305	305	20
400	400	20	610	305	20
600	300	20	610	610	20
600	600	20	915	640	20
900	600	20	1067	765	20
1070	750	20	1220	915	20
1200	600	20			

表 4-27　　　　　　　　　　花岗岩石板规格　　　　　　　　单位:mm

长	宽	厚	长	宽	厚
300	300	20	305	305	20
400	400	20	610	305	20
600	300	20	610	610	20
600	600	20	915	610	20
900	600	20	1067	762	20
1070	750	20			

表 4-28　　　　　　　　　　　　彩色水磨石板规格　　　　　　　　　单位:mm

平板			踢脚板		
长	宽	高	长	宽	高
500	500	25.30	500	120	19.25
400	400	25	400	120	19.25
305	305	19.25	300	120	19.25

表 4-29　　　　　　　　　　　　石膏装饰板规格　　　　　　　　　　单位:mm

装饰石膏板			纸面石膏板		
长	宽	高	长	宽	高
300	300	8~10	3000	1200	12
400	400	8~10	2750	1200	12
500	500	8~10	2500	900	12
600	600	8~10	2400	900	12

表 4-30　　　　　　　　　　　　塑料面壁纸规格

项目	幅度/mm	长度/m	每卷面积/m²
小卷	窄幅 530~600	10~12	5~6
中卷	中幅 760~900	25~50	20~40
大卷	宽幅 920~1200	50	46~90

(二)墙面抹灰

1. 清单项目设置

《房屋建筑与装饰工程工程量计算规范》附录 M.1 中墙面抹灰共有 4 个清单项目。各清单项目设置的具体内容见表 4-31。

表 4-31　　　　　　　　　　　　墙面抹灰清单项目设置

项目编码	项目名称	项目特征	计量单位	工作内容
011201001	墙面一般抹灰	1. 墙体类型 2. 底层厚度、砂浆配合比 3. 面层厚度、砂浆配合比	m²	1. 基层清理 2. 砂浆制作、运输 3. 底层抹灰
011201002	墙面装饰抹灰	4. 装饰面材料种类 5. 分格缝宽度、材料种类		4. 抹面层 5. 抹装饰面 6. 勾分格缝
011201003	墙面勾缝	1. 勾缝类型 2. 勾缝材料种类		1. 基层清理 2. 砂浆制作、运输 3. 勾缝
011201004	立面砂浆找平层	1. 基层类型 2. 找平层砂浆厚度、配合比		1. 基层清理 2. 砂浆制作、运输 3. 抹灰找平

2. 清单编制说明

(1)立面砂浆找平层项目只适用于做找平层的立面抹灰。

(2)墙面抹石灰砂浆、水泥砂浆、混合砂浆、聚合物水泥砂浆、麻刀石灰浆、石膏灰浆等按表 4-31 中墙面一般抹灰列项;墙面水刷石、干粘石、假面砖等按表 4-31 中墙面装饰抹灰列项。

(3)飘窗凸出外墙面增加的抹灰并入外墙工程量内。

(4)有吊顶天棚的内墙面抹灰,抹至吊顶以上部分在综合单价中考虑。

3. 工程量计算

墙面一般抹灰、墙面装饰抹灰、墙面勾缝、立面砂浆找平层工程量按设计图示尺寸以面积计算。扣除墙裙、门窗洞口及单个>0.3m² 的孔洞面积,不扣除踢脚线、挂镜线和墙与构件交接处的面积,门窗洞口和孔洞的侧壁及顶面不增加面积。附墙柱、梁、垛、烟囱侧壁并入相应的墙面面积内。

(1)外墙抹灰面积按外墙垂直投影面积计算。

(2)外墙裙抹灰面积按其长度乘以高度计算。

(3)内墙抹灰面积按主墙间的净长乘以高度计算。

1)无墙裙的,高度按室内楼地面至天棚底面计算。

2)有墙裙的,高度按墙裙顶至天棚底面计算。

3)有吊顶天棚抹灰的,高度算至天棚底面。

(4)内墙裙抹灰面按内墙净长乘以高度计算。

【例 4-46】 某工程平面与剖面图如图 4-48 所示,室内墙面抹 1:2 水泥砂浆底,1:3 石灰砂浆找平层,麻刀石灰浆面层,共 20mm 厚。室内墙裙采用 1:3 水泥砂浆打底(19mm 厚),1:2.5 水泥砂浆面层(6mm 厚),计算室内墙面一般抹灰和室内墙裙工程量。

M:1000mm×2700mm 　　共 3 个

C:1500mm×1800mm 　　共 4 个

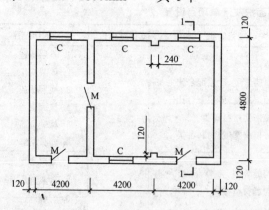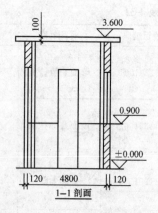

图 4-48　某工程平面与剖面图

【解】 根据上述工程量计算规则:

①墙面一般抹灰工程量=[(4.20×3-0.24×2+0.12×2)×2+(4.80-0.24)×4]×(3.60-0.10-0.90)-1.00×(2.70-0.90)×4-1.50×1.80×4=93.70m²

②室内墙裙工程量=[(4.20×3-0.24×2+0.12×2)×2+(4.80-0.24)×4-1.00×4]×0.90=35.06m²

【例4-47】　某工程外墙示意图如图4-49所示,外墙面抹水泥砂浆,底层为1:3水泥砂浆打底14mm厚,面层为1:2水泥砂浆抹面6mm厚;外墙裙水刷石,1:3水泥砂浆打底12mm厚,素水泥浆两遍,1:2.5水泥白石子10mm厚(分格),挑檐水刷白石,计算外墙裙装饰抹灰工程量。

M:1000mm×2500mm

C:1200mm×1500mm

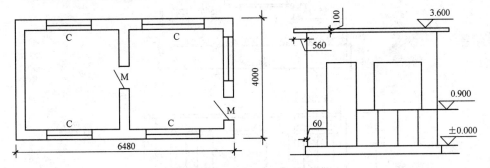

图4-49　某工程外墙示意图

【解】　根据上述工程量计算规则:

外墙裙装饰抹灰工程量=[(6.48+4.00)×2-1.00]×0.90=17.96m²

【例4-48】　如图4-50所示,外墙采用水泥砂浆勾缝,层高3.6m,墙裙高1.2m,计算外墙勾缝工程量(窗的安装高度为900mm)。

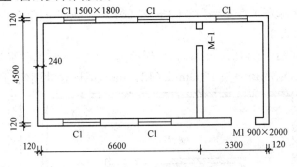

图4-50　某工程平面示意图

【解】　根据上述工程量计算规则:

外墙勾缝工程量=(9.90+0.24+4.50+0.24)×2×(3.60-1.20)-1.50×[1.80-(1.20-0.90)]×5-0.90×(2.00-1.20)=59.45m²

【例 4-49】 如图 4-51 所示,设计要求室外墙面抹水泥砂浆,并抹水刷石墙裙,窗的高度为 1800mm,门洞高度为 2700mm,计算水泥砂浆墙面抹灰工程量。

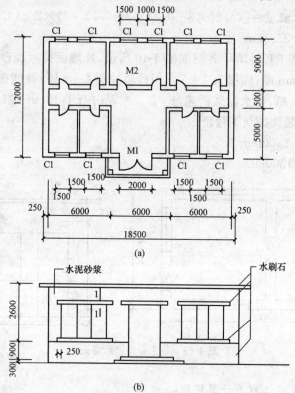

图 4-51 某室外墙面抹灰示意图

(a)平面图;(b)立面图

【解】 根据上述工程量计算规则:

水泥砂浆墙面抹灰工程量＝(12.00＋18.50)×2×2.60－1.50×1.80×10－2×(2.70－0.90)＝128.00m²

【例 4-50】 如图 4-52 所示外墙勾缝,外墙为 1:1:5 水泥砂浆勾缝,门的尺寸为900mm×2100mm,窗的尺寸为1200mm×1200mm,试计算外墙勾缝工程量。

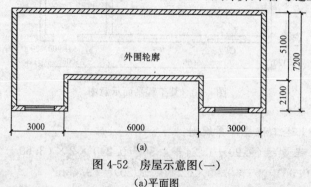

图 4-52 房屋示意图(一)

(a)平面图

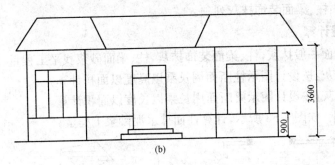

图 4-52　房屋示意图(二)

(b)立面图

【解】　根据上述工程量计算规则：

外墙勾缝工程量＝(12.00＋0.24＋7.20＋0.24＋2.10)×2×(3.60－0.90)－1.20×1.20×2－0.90×(2.10－0.90)＝113.65m²

(三)柱(梁)面抹灰

1. 清单项目设置

《房屋建筑与装饰工程工程量计算规范》附录 M.2 中柱(梁)面抹灰共有 4 个清单项目。各清单项目设置的具体内容见表 4-32。

表 4-32　　　　　　　　　　　　　柱(梁)面抹灰清单项目设置

项目编码	项目名称	项目特征	计量单位	工作内容
011202001	柱、梁面一般抹灰	1. 柱(梁)体类型 2. 底层厚度、砂浆配合比 3. 面层厚度、砂浆配合比 4. 装饰面材料种类 5. 分格缝宽度、材料种类	m²	1. 基层清理 2. 砂浆制作、运输 3. 底层抹灰 4. 抹面层 5. 勾分格缝
011202002	柱、梁面装饰抹灰			
011202003	柱、梁面砂浆找平	1. 柱(梁)体类型 2. 找平的砂浆厚度、配合比		1. 基层清理 2. 砂浆制作、运输 3. 抹灰找平
020202004	柱面勾缝	1. 勾缝类型 2. 勾缝材料种类		1. 基层清理 2. 砂浆制作、运输 3. 勾缝

2. 清单编制说明

(1)砂浆找平项目适用于仅做找平层的柱(梁)面抹灰。

(2)柱(梁)面抹石灰砂浆、水泥砂浆、混合砂浆、聚合物水泥砂浆、麻刀石灰浆、石膏灰浆等按表 4-32 中柱、梁面一般抹灰列项；柱、梁面水刷石、斩假石、干粘石、假面砖等按表 4-32 中柱、梁面装饰抹灰列项。

3. 工程量计算

(1)柱、梁面一般抹灰,柱、梁面装饰抹灰,柱、梁面砂浆找平工程量计算规则如下:

1)柱面抹灰:按设计图示柱断面周长乘以高度以面积计算。

2)梁面抹灰:按设计图示梁断面周长乘以长度以面积计算。

【例 4-51】 如图 4-53 所示,计算柱面抹水泥砂浆工程量。

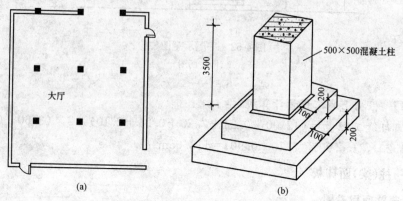

图 4-53　大厅平面示意图

(a)大厅示意图;(b)混凝土柱示意图

【解】 根据上述工程量计算规则:

水泥砂浆一般抹灰工程量＝0.50×4×3.50×6＝42m²

(2)柱面勾缝工程量按设计图示柱断面周长乘以高度以面积计算。

【例 4-52】 如图 4-54 所示,计算柱面勾缝抹水泥砂浆工程量。

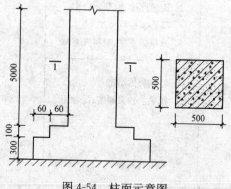

图 4-54　柱面示意图

【解】 根据上述工程量计算规则:

柱面勾缝工程量＝0.50×4×5＋(0.50＋0.06×4)×4×0.30＋(0.50＋0.06×2)×4×0.10＝11.14m²

(四)零星抹灰

1. 清单项目设置

《房屋建筑与装饰工程工程量计算规范》附录 M.3 中零星抹灰共有 3 个清单项目。各清单项目设置的具体内容见表 4-33。

表 4-33　　　　　　　　　　　　零星抹灰清单项目设置

项目编码	项目名称	项目特征	计量单位	工作内容
011203001	零星项目一般抹灰	1. 基层类型、部位 2. 底层厚度、砂浆配合比 3. 面层厚度、砂浆配合比 4. 装饰面材料种类 5. 分格缝宽度、材料种类	m²	1. 基层清理 2. 砂浆制作、运输 3. 底层抹灰 4. 抹面层 5. 抹装饰面 6. 勾分格缝
011203002	零星项目装饰抹灰			
011203003	零星项目砂浆找平	1. 基层类型、部位 2. 找平的砂浆厚度、配合比		1. 基层清理 2. 砂浆制作、运输 3. 抹灰找平

2. 清单编制说明

(1)零星项目抹石灰砂浆、水泥砂浆、混合砂浆、聚合物水泥砂浆、麻刀石灰浆、石膏灰浆等按表 4-33 中零星项目一般抹灰列项;水刷石、斩假石、干粘石、假面砖等按表 4-33 中零星项目装饰抹灰列项。

(2)墙、柱(梁)面≤0.5m² 的少量分散抹灰按表 4-33 中零星抹灰项目编码列项。

3. 工程量计算

零星项目一般抹灰、零星项目装饰抹灰、零星项目砂浆找平工程量按设计图示尺寸以面积计算。

【例 4-53】 计算图 4-55 水泥砂浆抹小便池(长 2m)工程量。

【解】 根据上述工程量计算规则:

小便池抹灰工程量=2×(0.18+0.30+0.40×π÷2)

　　　　　　　 =2.22m²

(五)墙面块料面层

1. 清单项目设置

《房屋建筑与装饰工程工程量计算规范》附录 M.4 中墙面块料面层共有 4 个清单项目。各清单项目设置的具体内容见表 4-34。

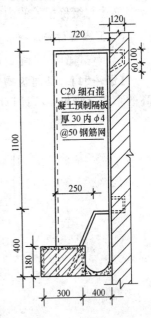

图 4-55　小便池图

表 4-34　　　　　　　　　　　　**墙面块料面层清单项目设置**

项目编码	项目名称	项目特征	计量单位	工作内容
011204001	石材墙面	1. 墙体类型 2. 安装方式	m²	1. 基层清理 2. 砂浆制作、运输 3. 粘结层铺贴 4. 面层安装 5. 嵌缝 6. 刷防护材料 7. 磨光、酸洗、打蜡
011204002	碎拼石材墙面	3. 面层材料品种、规格、颜色 4. 缝宽、嵌缝材料种类		
011204003	块料墙面	5. 防护材料种类 6. 磨光、酸洗、打蜡要求		
011204004	干挂石材钢骨架	1. 骨架种类、规格 2. 防锈漆品种遍数	t	1. 骨架制作、运输、安装 2. 刷漆

2. 清单编制说明

(1)在描述碎块项目的面层材料特征时可不用描述规格、颜色。

(2)石材、块料与粘结材料的结合面刷防渗材料的种类在防护层材料种类中描述。

(3)碎拼石材墙面是指使用裁切石材剩下的边角余料经过分类加工作为填充材料,由不饱和酯树脂(或水泥)为胶粘剂,经搅拌成型、研磨、抛光等工序组合而成的墙面装饰项目。常见碎拼石材墙面一般为碎拼大理石墙面。

(4)块料墙面包括釉面砖墙面、陶瓷锦砖墙面等。

(5)干挂石材是采用金属挂件将石材饰面直接悬挂在主体结构上,形成一种完整的围护结构体系。钢骨架常采用型钢龙骨、轻钢龙骨、铝合金龙骨等材料。

(6)安装方式可描述为砂浆或粘结剂粘贴、挂贴、干挂等,不论哪种安装方式,都要详细描述与组价相关的内容。

3. 工程量计算

(1)石材墙面、拼碎石材墙面、块料墙面工程量按镶贴表面积计算。

【例 4-54】　某建筑物平面图如图 4-56 所示,墙厚 240mm,层高 3.3m,有 120mm 高的木质踢脚板。试计算墙面碎拼大理石工程量。

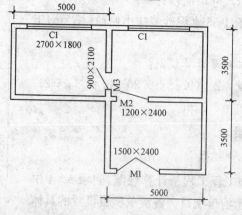

图 4-56　某建筑物平面图

【解】 根据上述工程量计算规则：

碎拼大理石墙面工程量＝[(5.00－0.24)＋(3.50－0.24)]×2×(3.30－0.12)×

3－1.50×(2.40－0.12)－1.20×(2.40－0.12)×2－0.90×(2.10－0.12)×2－2.70×

1.80×2＝130.85m²

【例4-55】 某卫生间的一侧墙面如图4-57所示，墙面贴2.5m高的白色瓷砖，窗侧壁贴瓷砖宽100mm，试计算贴瓷砖工程量。

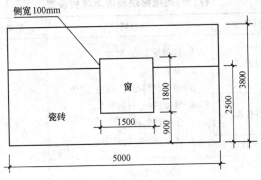

图4-57 某卫生间墙面示意图

【解】 根据上述工程量计算规则：

墙面贴瓷砖工程量＝5.00×2.50－1.50×(2.50－0.90)＋[(2.50－0.90)×2＋

1.50]×0.10＝10.57m²

(2)干挂石材钢骨架工程量按设计图示以质量计算。

【例4-56】 如图4-58所示为某单位大厅墙面示意图，墙面长度为4m，高度为3m，其中，角钢为∟40×4，水平、高度方向分别布置8根，试计算干挂石材钢骨架工程量。

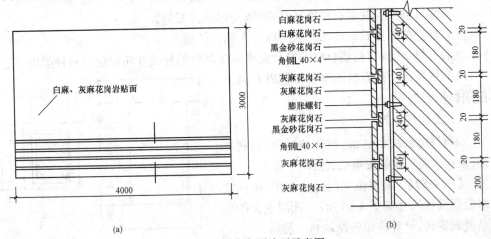

图4-58 某单位大厅墙面示意图

(a)立面图；(b)平面图

【解】 查角钢∟40×4质量为2.422kg/m，根据上述工程量计算规则：

干挂石材钢骨架工程量＝(4×8＋3×8)×2.422＝0.136t

(六)柱(梁)面镶贴块料

1. 清单项目设置

《房屋建筑与装饰工程工程量计算规范》附录 M.5 中柱(梁)面镶贴块料共有 5 个清单项目。各清单项目设置的具体内容见表 4-35。

表 4-35　　　　　　　　　　柱(梁)面镶贴块料清单项目设置

项目编码	项目名称	项目特征	计量单位	工作内容
011205001	石材柱面	1. 柱截面类型、尺寸 2. 安装方式 3. 面层材料品种、规格、颜色 4. 缝宽、嵌缝材料种类 5. 防护材料种类 6. 磨光、酸洗、打蜡要求	m²	1. 基层清理 2. 砂浆制作、运输 3. 粘结层铺贴 4. 面层安装 5. 嵌缝 6. 刷防护材料 7. 磨光、酸洗、打蜡
011205002	块料柱面			
011205003	拼碎块柱面			
011205004	石材梁面	1. 安装方式 2. 面层材料品种、规格、颜色 3. 缝宽、嵌缝材料种类 4. 防护材料种类 5. 磨光、酸洗、打蜡要求		
011205005	块料梁面			

2. 清单编制说明

(1)在描述碎块项目的面层材料特征时可不用描述规格、颜色。

(2)常用的石材柱面的镶贴块料有天然大理石、花岗石、人造石等。

(3)常见的块料柱面有釉面砖柱面、陶瓷锦砖柱面等。

(4)常见的碎拼石材柱面一般为碎拼大理石柱面。

(5)石材、块料与粘接材料的结合面刷防渗材料的种类在防护层材料种类中描述。

(6)柱梁面干挂石材的钢骨架按表 4-34 相应项目编码列项。

3. 工程量计算

石材柱面、块料柱面、拼碎块柱面、石材梁面、块料梁面工程量按镶贴表面积计算。

【例 4-57】　某单位大门砖柱 4 根,砖柱块料面层设计尺寸如图 4-59 所示,面层水泥砂浆贴玻璃锦砖,计算柱面镶贴块料工程量。

【解】　根据上述工程量计算规则:

块料柱面镶贴工程量＝(0.60＋1.00)×

2×2.20×4＝28.16m²

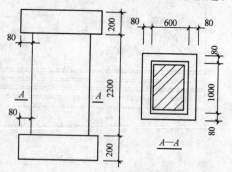

图 4-59　某大门砖柱块料面层尺寸

【例 4-58】 如图 4-60 所示,6 根混凝土柱四面挂贴大理石板,计算大理石柱工程量。

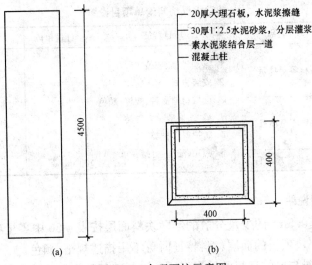

图 4-60 大理石柱示意图

(a)大理石柱立面图;(b)大理石柱平面图

【解】 根据上述工程量计算规则:

大理石柱面工程量=0.40×4×4.50×6=43.20m²

【例 4-59】 如图 4-61 所示为某建筑结构示意图,表面镶贴石材,试计算石材梁面工程量。

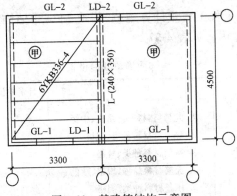

图 4-61 某建筑结构示意图

【解】 根据上述工程量计算规则:

石材梁面工程量=(0.24×4.50)×2+(0.35×4.50)×2+(0.24×0.35)×2

=5.48m²

(七)镶贴零星块料

1. 清单项目设置

《房屋建筑与装饰工程工程量计算规范》附录 M.6 中镶贴零星块料共有 3 个清单

项目。各清单项目设置的具体内容见表 4-36。

表 4-36　　　　　　　　　　　　镶贴零星块料清单项目设置

项目编码	项目名称	项目特征	计量单位	工作内容
011206001	石材零星项目	1. 基层类型、部位 2. 安装方式 3. 面层材料品种、规格、颜色 4. 缝宽、嵌缝材料种类 5. 防护材料种类 6. 磨光、酸洗、打蜡要求	m²	1. 基层清理 2. 砂浆制作、运输 3. 面层安装 4. 嵌缝 5. 刷防护材料 6. 磨光、酸洗、打蜡
011206002	块料零星项目			
011206003	拼碎块零星项目			

2. 清单编制说明

(1)墙柱面≤0.5m² 的少量分散的镶贴块料面层按表 4-36 中零星项目执行。

(2)在描述碎块项目的面层材料特征时可不用描述规格、颜色。

(3)石材、块料与粘结材料的结合面刷防渗材料的种类在防护材料种类中描述。

(4)零星项目干挂石材的钢骨架按表 4-34 相应项目编码列项。

3. 工程量计算

石材零星项目、块料零星项目、拼碎块零星项目工程量按镶贴表面积计算。

(八)墙饰面

1. 清单项目设置

《房屋建筑与装饰工程工程量计算规范》附录 M.7 中墙饰面共有 2 个清单项目。各清单项目设置的具体内容见表 4-37。

表 4-37　　　　　　　　　　　　墙饰面清单项目设置

项目编码	项目名称	项目特征	计量单位	工作内容
011207001	墙面装饰板	1. 龙骨材料种类、规格、中距 2. 隔离层材料种类、规格 3. 基层材料种类、规格 4. 面层材料品种、规格、颜色 5. 压条材料种类、规格	m²	1. 基层清理 2. 龙骨制作、运输、安装 3. 钉隔离层 4. 基层铺钉 5. 面层铺贴
011207002	墙面装饰浮雕	1. 基层类型 2. 浮雕材料种类 3. 浮雕样式		1. 基层清理 2. 材料制作、运输 3. 安装成型

2. 清单编制说明

(1)常用的墙面装饰板有金属饰面板、塑料饰面板、镜面玻璃装饰板等。

(2)常用金属饰面板的产品、规格见表 4-38。

表 4-38　　　　　　　　　　　　　　　　金属饰面板

名　称	说　明
彩色涂层钢板	多以热轧钢板和镀锌钢板为原板，表面层压聚氯乙烯或聚丙烯酸酯、环氧树脂、醇酸树脂等薄膜，亦可涂覆有机、无机或复合涂料。其可用于墙面、屋面板等。 厚度有 0.35mm、0.4mm、0.5mm、0.6mm、0.7mm、0.8mm、0.9mm、1.0mm、1.5mm 和 2.0mm；长度有 1800mm、2000mm；宽度有 450mm、500mm 和 1000mm
彩色不锈钢板	在不锈钢板上进行技术和艺术加工，使其具有多种色彩的不锈钢板，其特点：能耐 200℃的温度；耐盐雾腐蚀性优于一般不锈钢板；弯曲 90°彩色层不损坏；彩色层经久不褪色。适用于高级建筑墙面装饰。 厚度有 0.2mm、0.3mm、0.4mm、0.5mm、0.6mm、0.7mm 和 0.8mm；长度有 1000～2000mm；宽度有 500～1000mm
镜面不锈钢板	用不锈钢板经特殊抛光处理而成。用于高级公用建筑墙面、柱面及门厅装饰。其规格尺寸(mm×mm)：400×400、500×500、600×600、600×1200，厚度为 0.3×0.6(mm)
铝合金板	产品有：铝合金花纹板、铝质浅花纹板、铝及铝合金波纹板、铝及铝合金压型板、铝合金装饰板等
塑铝板	以铝合金片与聚乙烯复合材复合加工而成。其可分为镜面塑铝板、镜纹塑铝板和非镜面塑铝板三种

(3)常用塑料饰面板的产品、规格见表 4-39。

表 4-39　　　　　　　　　　　　　　　　塑料饰面板

名称	说　明	特　性	规格/mm×mm×mm
塑料镜面板	塑料镜面板是由聚丙烯树脂，以大型塑料注射机、真空成型设备等加工而成。表面经特殊工艺，喷镀成金、银镜面效果	无毒无味，可弯曲，质轻，耐化学腐蚀，有金、银等色。表面光亮如镜	(1～2)×1000×1830
塑料彩绘板	塑料彩绘板是以 PS(聚苯乙烯)或 SAN(苯乙烯-丙烯腈)经加工压制而成。表面经特殊工艺印刷成各种彩绘图案	无毒无味，图案美观，颜色鲜艳，强度高，韧性好，耐化学腐蚀，有镭射效果	3×1000×1830
塑料晶晶板	塑料晶晶板是以 PS 或 SAN 树脂通过设备压制加工而成	无毒无味，强度高，硬度高，韧性好，透光不透影，有镭射效果，耐化学腐蚀	(3～8)×1200×1830
塑料晶晶彩绘板	以 PS 或 SAN 树脂通过高级设备压制加工而成，表面经特殊工艺印刷成各种彩绘图案	图案美观，色彩鲜艳，无毒无味，强度高，硬度高，韧性好，透光不透影，有镭射效果，耐化学腐蚀	3×1000×1830

3. 工程量计算

(1)墙面装饰板工程量按设计图示墙净长乘以净高以面积计算。扣除门窗洞口及单个＞0.3m² 的孔洞所占面积。

【例 4-60】　计算如图 4-62 所示的墙面装饰胶合板面层工程量。

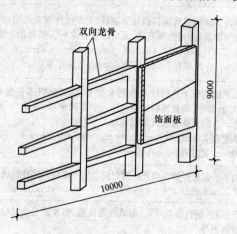

图 4-62　墙面铺龙骨示意图

【解】　根据上述工程量计算规则：

墙面装饰胶合板面层工程量＝10.00×9.00＝90.00m²

(2)墙面装饰浮雕工程量按设计图示尺寸以面积计算。

【例 4-61】　如图 4-63 所示,某办公楼会议厅墙面采用砂岩浮雕,以现代抽象型浮雕样式定制,浮雕尺寸为 1500mm×3500mm,试计算其工程量。

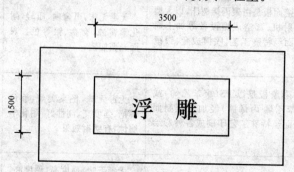

图 4-63　某办公楼会议厅墙面

【解】　根据上述工程量计算规则：

墙面装饰浮雕工程量＝1.50×3.50＝5.25m²

(九)柱(梁)饰面

1. 清单项目设置

《房屋建筑与装饰工程工程量计算规范》附录 M.8 中柱(梁)饰面共有 2 个清单项目。各清单项目设置的具体内容见表 4-40。

表 4-40　　　　　　　　　　　**柱(梁)饰面清单项目设置**

项目编码	项目名称	项目特征	计量单位	工作内容
011208001	柱(梁)面装饰	1. 龙骨材料种类、规格、中距 2. 隔离层材料种类 3. 基层材料种类、规格 4. 面层材料品种、规格、颜色 5. 压条材料种类、规格	m²	1. 清理基层 2. 龙骨制作、运输、安装 3. 钉隔离层 4. 基层铺钉 5. 面层铺贴
011208002	成品装饰柱	1. 柱截面、高度尺寸 2. 柱材质	1. 根 2. m	柱运输、固定、安装

2. 清单编制说明

(1)龙骨是用来支撑造型、固定结构的一种建筑材料。龙骨的种类很多,根据制作材料的不同,可分为木龙骨、轻钢龙骨、铝合金龙骨、钢龙骨等。

(2)装饰柱由柱头、柱体、柱基等部分组成。

3. 工程量计算

(1)柱(梁)面装饰工程量按设计图示饰面外围尺寸以面积计算。柱帽、柱墩并入相应柱饰面工程量内。

【例 4-62】　木龙骨,五合板基层,不锈钢柱面尺寸如图 4-64 所示,共 4 根,龙骨断面 30mm×40mm,间距 250mm,计算柱面装饰工程量。

【解】　根据上述工程量计算规则:

柱面装饰工程量=1.20×3.14×6.00×4=90.43m²

(2)成品装饰柱工程量计算规则如下:

1)以根计量,按设计数量计算。

2)以米计量,按设计长度计算。

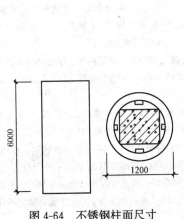

图 4-64　不锈钢柱面尺寸

图 4-65　成品装饰柱

【例 4-63】　某大厅安装 4 根如图 4-65 所示的不锈钢镀锌饰面装饰柱,试计算其工程量。

【解】　根据上述工程量计算规则：

①以根计量,成品装饰柱工程量＝4 根

②以米计量,成品装饰柱工程量＝4.50m

二、幕墙工程

幕墙是建筑物的外墙围护,不承受主体结构荷载,像幕布一样挂上去,故又称为悬挂墙,是现代大型和高层建筑常用的带有装饰效果的轻质墙体。幕墙由结构框架与镶嵌板材组成。

1. 幕墙分类与构造

幕墙的分类及构造见表 4-41。

表 4-41　　　　　　　　　　　　幕墙的分类与构造

序号	类别	类型与构造
1	石材幕墙	石材幕墙干挂法构造分类基本上可分为以下几类:直接干挂式、骨架干挂式、单元干挂式和预制复合板干挂式,前三类多用于混凝土结构基体,后一类多用于钢结构工程。石材幕墙构造如图 4-66~图 4-69 所示。
2	金属幕墙	金属板幕墙一般悬挂在承重骨架的外墙面上,具有典雅庄重、质感丰富以及坚固、耐久、易拆卸等优点,适用于各种工业与民用建筑。 (1)按材料分类。金属板幕墙按材料可分为单一材料板和复合材料板两种。 1)单一材料板。单一材料板为一种质地的材料,如钢板、铝板、铜板、不锈钢板等。 2)复合材料板。复合材料板是由两种或两种以上质地的材料组成的,如铝合金板、搪瓷板、烤漆板、镀锌板、色塑料膜板、金属夹芯板等。 (2)按板面形状分类。金属幕墙按板面形状可分为光面平板、纹面平板、波纹板、压型板、立体盒板等
3	玻璃幕墙	玻璃幕墙是高层建筑时代的显著特征,主要部分由饰面玻璃和固定玻璃的骨架组成。其主要特点是:建筑艺术效果好、自重轻、施工方便、工期短。但玻璃幕墙造价高,抗风、抗震性能较弱,能耗较大,对周围环境可能形成光污染。 玻璃幕墙主要由饰面玻璃、固定玻璃的骨架以及结构与骨架之间的连接和预埋材料三部分构成。玻璃幕墙根据骨架形式的不同,可分为半隐框、全框、挂架式玻璃幕墙。 (1)半隐框玻璃幕墙。 1)竖隐横不隐玻璃幕墙。这种玻璃幕墙只有立柱隐在玻璃后面,玻璃安放在横梁的玻璃镶嵌槽内,镶嵌槽外加盖铝合金压板,盖在玻璃外面,如图 4-70 所示。 2)横隐竖不隐玻璃幕墙。竖边用铝合金压板固定在立柱的玻璃镶嵌槽内,形成从上到下整片玻璃由立柱压板分隔成长条形画面,如图 4-71 所示。 (2)全隐框玻璃幕墙。全隐框玻璃幕墙的构造是在铝合金构件组成的框格上固定玻璃框,玻璃框的上框挂在铝合金整个框格体系的横梁上,其余三边分别用不同方法固定在立柱及横梁上,如图 4-72 所示。 (3)挂架式玻璃幕墙。挂架式玻璃幕墙构造,如图 4-73 所示

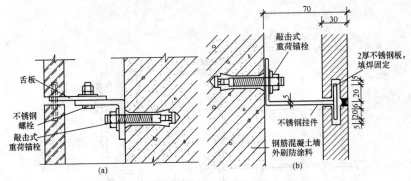

图 4-66 直接干挂式石材幕墙构造

(a)二次直接法；(b)直接做法

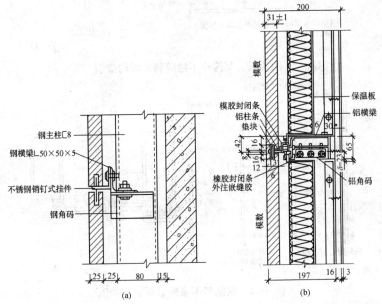

图 4-67 骨架干挂式石材幕墙构造

(a)不设保温层；(b)设保温层

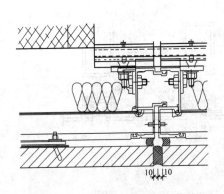

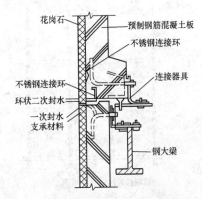

图 4-68 单元干挂式石材幕墙构造　　图 4-69 预制复合板干挂式石材幕墙构造

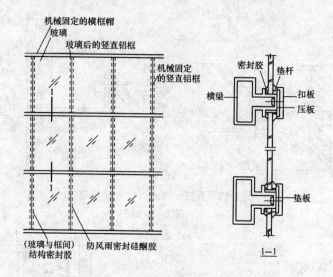

图 4-70　竖隐横不隐玻璃幕墙构造图

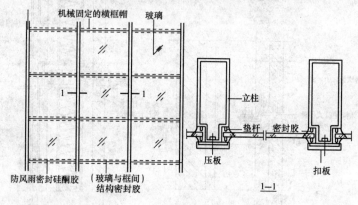

图 4-71　横隐竖不隐玻璃幕墙构造图

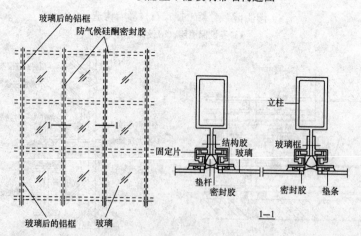

图 4-72　全隐框玻璃幕墙构造图

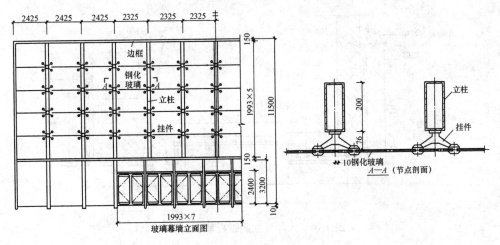

图 4-73　挂架式玻璃幕墙构造图

2. 清单项目设置

《房屋建筑与装饰工程工程量计算规范》附录 M.9 中幕墙工程共有 2 个清单项目。各清单项目设置的具体内容见表 4-42。

表 4-42　　　　　　　　　　幕墙工程清单项目设置

项目编码	项目名称	项目特征	计量单位	工作内容
011209001	带骨架幕墙	1. 骨架材料种类、规格、中距 2. 面层材料品种、规格、颜色 3. 面层固定方式 4. 隔离带、框边封闭材料品种、规格 5. 嵌缝、塞口材料种类	m²	1. 骨架制作、运输、安装 2. 面层安装 3. 隔离带、框边封闭 4. 嵌缝、塞口 5. 清洗
011209002	全玻(无框玻璃)幕墙	1. 玻璃材料品种、规格、颜色 2. 粘结塞口材料种类 3. 固定方式		1. 幕墙安装 2. 嵌缝、塞口 3. 清洗

3. 清单编制说明

幕墙钢骨架按表 4-34 干挂石材钢骨架编码列项。

4. 工程量计算

(1)带骨架幕墙工程量按设计图示框外围尺寸以面积计算。与幕墙同种材质的窗所占面积不扣除。

【例 4-64】　如图 4-74 所示,某大厅外立面为铝板幕墙,高 12m,计算幕墙工程量。

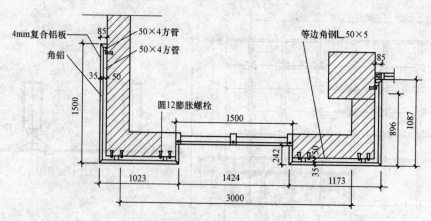

图 4-74　大厅外立面铝板幕墙剖面图

【解】　根据上述工程量计算规则：

幕墙工程量＝(1.50＋1.023＋0.242×2＋1.173＋1.087＋0.085×2)×12.00
　　　　　＝65.24m²

(2)全玻(无框玻璃)幕墙工程量按设计图示尺寸以面积计算。带肋全玻幕墙按展开面积计算。

【例 4-65】　如图 4-75 所示，某办公楼外立面玻璃幕墙，计算玻璃幕墙工程量。

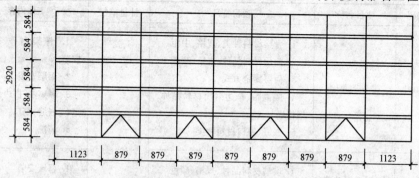

图 4-75　某办公楼外立面玻璃幕墙

【解】　根据上述工程量计算规则：

玻璃幕墙工程量＝2.92×(1.123×2＋0.879×7)＝24.53m²

三、隔断

隔断是指专门作为分隔室内空间的立面，应用灵活，起遮挡作用，一般不做到板下，有的甚至可以移动。按外部形式和构造方式，可以将隔断划分为花格式、屏风式、移动式、帷幕式和家具式等。其中，花格式隔断有木制、金属、混凝土等制品，其形式多种多样，如图 4-76 所示。

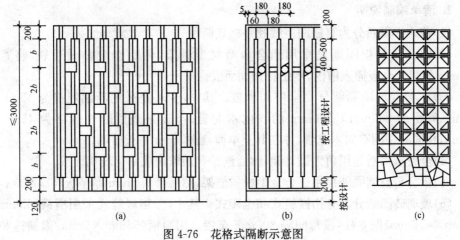

图 4-76 花格式隔断示意图

(a)木花格隔断；(b)金属花格隔断；(c)混凝土制品隔断

1. 清单项目设置

《房屋建筑与装饰工程工程量计算规范》附录 M.10 中隔断共有 6 个清单项目。各清单项目设置的具体内容见表 4-43。

表 4-43　　　　　　　　　　　　　　隔断清单项目设置

项目编码	项目名称	项目特征	计量单位	工作内容
011210001	木隔断	1. 骨架、边框材料种类、规格 2. 隔板材料品种、规格、颜色 3. 嵌缝、塞口材料品种 4. 压条材料种类		1. 骨架及边框制作、运输、安装 2. 隔板制作、运输、安装 3. 嵌缝、塞口 4. 装钉压条
011210002	金属隔断	1. 骨架、边框材料种类、规格 2. 隔板材料品种、规格、颜色 3. 嵌缝、塞口材料品种	m²	1. 骨架及边框制作、运输、安装 2. 隔板制作、运输、安装 3. 嵌缝、塞口
011210003	玻璃隔断	1. 边框材料种类、规格 2. 玻璃品种、规格、颜色 3. 嵌缝、塞口材料品种		1. 边框制作、运输、安装 2. 玻璃制作、运输、安装 3. 嵌缝、塞口
011210004	塑料隔断	1. 边框材料种类、规格 2. 隔板材料品种、规格、颜色 3. 嵌缝、塞口材料品种		1. 骨架及边框制作、运输、安装 2. 隔板制作、运输、安装 3. 嵌缝、塞口
011210005	成品隔断	1. 隔断材料种类、规格、颜色 2. 配件品种、规格	1. m² 2. 间	1. 隔断运输、安装 2. 嵌缝、塞口
011210006	其他隔断	1. 骨架、边框材料种类、规格 2. 隔板材料品种、规格、颜色 3. 嵌缝、塞口材料品种	m²	1. 骨架及边框安装 2. 隔板安装 3. 嵌缝、塞口

2. 清单编制说明

(1)花式木隔断分为直栅漏空式和井格式两种。

(2)铝合金条板隔断是采用铝合金型材做骨架,用铝合金槽做边轨,将宽为100mm的铝合金板插入槽内,用螺钉加固而成。

(3)木骨架玻璃隔断分为全玻和半玻。其中,全玻是采用断面规格为45mm×60mm、间距为800mm×500mm的双向木龙骨;半玻是采用断面规格为45mm×32mm,相同间距的双向木龙骨,并在其上单面镶嵌5mm平板玻璃。

(4)全玻璃隔断是用角钢做骨架,然后嵌贴普通玻璃或钢化玻璃而成。

(5)铝合金玻璃隔断是用铝合金型材做框架,然后镶嵌5mm厚平板玻璃制成。

(6)玻璃砖隔断分为分格嵌缝式和全砖式。其中,分格嵌缝式采用槽钢(65mm×40mm×4.8mm)做立柱,按每间隔800mm布置。用扁钢(65mm×5mm)做横撑和边框,将玻璃砖(190mm×190mm×80mm)用1:2白水泥石子浆夹砌在槽钢的槽口内,在砖缝中用直径3mm的冷拔钢丝进行拉结,最后用白水泥擦缝即可。

3. 工程量计算

(1)木隔断、金属隔断工程量按设计图示框外围尺寸以面积计算。不扣除单个≤0.3m² 的孔洞所占面积;浴厕门的材质与隔断相同时,门的面积并入隔断面积内。

【例 4-66】 根据图 4-77 所示计算厕所木隔断工程量。

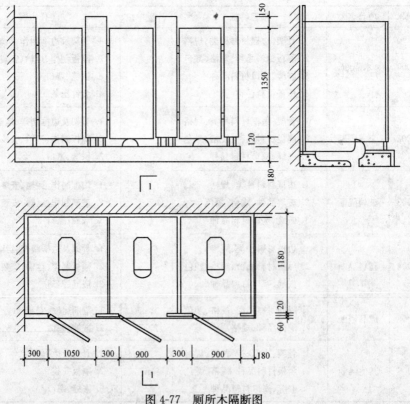

图 4-77　厕所木隔断图

【解】 根据上述工程量计算规则：

厕所木隔断工程量＝(1.35＋0.15)×(0.30×3＋0.18＋1.18×3)＋1.35×0.90×2＋1.35×1.05＝10.78m²

【例 4-67】 如图 4-78 所示，设计要求卫生间做木隔断，试计算其工程量。

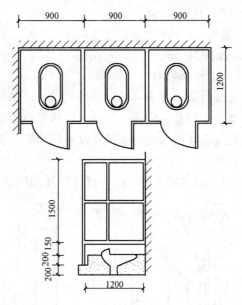

图 4-78 卫生间木隔断示意图

【解】 根据上述工程量计算规则：

木隔断工程量＝(0.90×3＋1.20×3)×1.50＝9.45m²

(2)玻璃隔断、塑料隔断工程量按设计图示框外围尺寸以面积计算。不扣除单个≤0.3m² 的孔洞所占面积。

【例 4-68】 计算如图 4-79 所示卫生间塑料轻质隔断工程量。

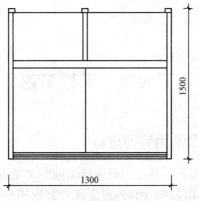

图 4-79 卫生间塑料轻质隔断示意图

【解】 根据上述工程量计算规则：

塑料轻质隔断工程量＝1.30×1.50＝1.95m²

(3)成品隔断工程量计算规则如下：

1)以平方米计量，按设计图示框外围尺寸以面积计算；

2)以间计量，按设计间的数量计算。

【例4-69】 某餐厅设有12个木质雕花成品隔断，每间隔断都是以长方形的样式安放，规格尺寸为3000mm×2400mm×1800mm，试计算其工程量。

【解】 根据上述工程量计算规则：

①以平方米计量，成品隔断工程量＝(3＋2.40)×2×1.80×12＝233.28m²

②以间计量，成品隔断工程量＝12 间

(4)其他隔断工程量按设计图示框外围尺寸以面积计算。不扣除单个≤0.3m²的孔洞所占面积。

【例4-70】 双面折叠隔断如图4-80所示，试计算其工程量。

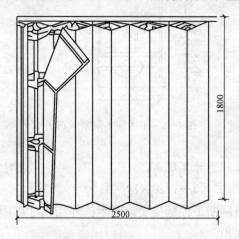

图4-80 双面折叠隔断

【解】 根据上述工程量计算规则：

双面折叠隔断工程量＝2.50×1.80＝4.50m²

第四节　天棚工程

一、天棚构造类型及常用装饰材料

天棚亦称顶棚，在室内是占有人们较大视域的一个空间界面，其装饰处理对于整个室内装饰效果有相当大的影响，同时，对于改善室内物理环境也有显著作用。天棚常用的做法有喷浆、抹灰、涂料吊顶棚等。

1. 天棚构造类型

按天棚表面与结构层的关系分为直接式天棚和悬吊式天棚。

(1)直接式天棚:直接式天棚是直接在结构层底面进行喷浆、抹灰、粘贴壁纸、粘贴面砖、粘贴或钉接石膏板条与其他板材等饰面材料。其由底层、中间层、面层构成,如图 4-81 和图 4-82所示。

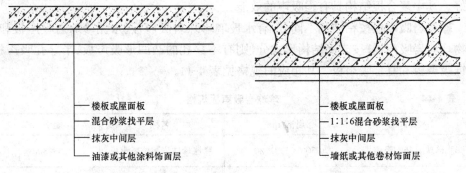

图 4-81　喷刷类天棚构造层次示意　　　　图 4-82　裱糊类天棚构造层次示意

(2)悬吊式天棚:悬吊式天棚是采用悬吊方式支承于屋顶结构房或楼板层的梁板之下的天棚装修构造。吊顶的基本构造包括吊筋、龙骨和面层三部分。吊筋通常用圆钢制作;龙骨可用木、钢和铝合金制作;面层常用纸面石膏板(图 4-83)、夹板、铝合金板、塑料扣板等。

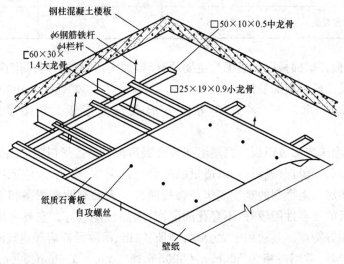

图 4-83　纸面石膏板吊顶

2. 常用天棚材料

天棚材料要求较高,除装饰美观外,还需具备一定的强度,具有防火、质量轻和吸声性能。由于建材的发展,天棚材料品种日益增多,如珍珠岩装饰吸声板、矿棉板、钙塑泡沫装饰板、塑料装饰板等。

(1)珍珠岩装饰吸声板。珍珠岩装饰吸声板是颗粒状膨胀珍珠岩用胶结剂粘合而成的多孔吸声材料。具有质量轻、表面美观、防火、防潮、不易翘曲、变形等优点。板面可以喷涂各种涂料,也可以进行漆化处理(防潮),除用作一般室内天棚吊顶饰面吸声材料外,还可用于影剧场、车间的吸声降噪。用于控制混响时间,对中高频的吸声作用较好。其中复合板结构具有强吸声的效能。

珍珠岩吸声板按粘结剂不同分,有水玻璃珍珠岩吸声板、水泥珍珠岩吸声板和聚合物珍珠岩吸声板;按表面结构形式分,则有不穿孔的凸凹形吸声板、半穿孔吸声板、装饰吸声板和复合吸声板。其相应的规格见表 4-44。

表 4-44　　　　　　　　　　　　　珍珠岩吸声板规格

名称	规格/mm	名称	规格/mm
膨胀珍珠岩装饰吸声板	500×500×20	膨胀珍珠岩装饰吸声板	$300×300×\frac{12}{18}$
J2-1 型珍珠岩高效吸声板	500×500×35	珍珠岩装饰吸声板	400×400×20
J2-2 型珍珠岩高效吸声板	$500×500×\frac{15}{10}$	膨胀珍珠岩装饰吸声板	500×500×23
珍珠岩穿孔板	$500×500×\frac{10}{15}$	珍珠岩吸声板	500×250×35
珍珠岩吸声板	500×500×35	珍珠岩穿孔复合板	500×500×40
珍珠岩穿孔复合板	$500×500×\frac{20}{30}$		

(2)矿棉板。矿棉板以矿渣棉为主要原材料,加入适当粘结剂、防潮剂、防腐剂,经加压烘干而成。矿棉板的规格为(mm):500×500、600×600、600×1000、600×1200、610×610、625×625、625×1250 等正方形或长方形板。常用厚度有 13mm、16mm、20mm。

(3)钙塑泡沫装饰吸声板。钙塑泡沫装饰吸声板以聚乙烯树脂加入无机填料轻质碳酸钙、发泡剂、润滑剂、颜料,再以适量的配合比经混炼、模压、发泡成型而成。其可分为普通板和加入阻燃剂的难燃泡沫装饰板两种。表面有凹凸图案和平板穿孔图案两种。穿孔板的吸声性能较好,不穿孔的隔声、隔热性能较好。它具有质轻、吸声、耐水及施工方便等特点。其适用于大会堂、剧场、宾馆、医院及商店等建筑的室内平顶或墙面装饰吸声等,常用规格为 500mm×500mm、530mm×530mm、300mm×300mm,厚度为2~8mm。

(4)塑料装饰吸声板。塑料装饰吸声板以各种树脂为基料,加入稳定剂、色料等辅助材料,经捏和、混炼、拉片、切粒、挤出成型而成。它的种类较多,均以所用树脂取名,如聚氯乙烯塑料板,即以聚氯乙烯为基料的泡沫塑料板。这些材料具有防水、质轻、吸声、耐腐蚀、导热系数低、色彩鲜艳等特点。其适用于会堂、剧场、商店等建筑的室内吊顶或墙面装饰。因产品种类繁多,规格及生产单位也比较多,依所选产品规格进行计算。

上述这些板材一般不计算拼缝,其用量计算公式为:

$$100m^2\ 用量=\frac{100}{块长\times块宽}\times(1+损耗率)$$

二、天棚抹灰

1. 清单项目设置

《房屋建筑与装饰工程工程量计算规范》附录 N.1 中天棚抹灰共有 1 个清单项目,清单项目设置的具体内容见表 4-45。

表 4-45　　　　　　　　　　　　　　天棚抹灰清单项目设置

项目编码	项目名称	项目特征	计量单位	工作内容
011301001	天棚抹灰	1. 基层类型 2. 抹灰厚度、材料种类 3. 砂浆配合比	m²	1. 基层清理 2. 底层抹灰 3. 抹面层

2. 清单编制说明

(1)天棚抹灰从抹灰级别上可分为普、中、高三个等级。

(2)常用抹灰材料有石灰麻刀灰浆、水泥麻刀砂浆、涂刷涂料等。

(3)天棚基层包括混凝土基层、板条基层和钢丝网基层抹灰等类型。

3. 工程量计算

天棚抹灰工程量按设计图示尺寸以水平投影面积计算。不扣除间壁墙、垛、柱、附墙烟囱、检查口和管道所占的面积,带梁天棚的梁两侧抹灰面积并入天棚面积内,板式楼梯底面抹灰按斜面积计算,锯齿形楼梯底板抹灰按展开面积计算。

【例 4-71】　某工程现浇井字梁天棚如图 4-84 所示,麻刀石灰浆面层,试计算其工程量。

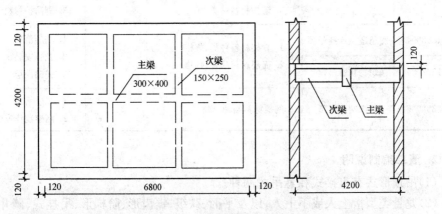

图 4-84　现浇井字梁天棚

【解】 根据上述工程量计算规则：

天棚抹灰工程量＝(6.80－0.24)×(4.20－0.24)＋(0.40－0.12)×(6.80－0.24)×2＋(0.25－0.12)×(4.20－0.24－0.3)×2×2－(0.25－0.12)×0.15×4＝31.48m²

三、天棚吊顶

1. 清单项目设置

《房屋建筑与装饰工程工程量计算规范》附录 N.2 中天棚吊顶共有 6 个清单项目。各清单项目设置的具体内容见表 4-46。

表 4-46　　　　　　　　　吊顶天棚清单项目设置

项目编码	项目名称	项目特征	计量单位	工作内容
011302001	吊顶天棚	1. 吊顶形式、吊杆规格、高度 2. 龙骨材料种类、规格、中距 3. 基层材料种类、规格 4. 面层材料品种、规格 5. 压条材料种类、规格 6. 嵌缝材料种类 7. 防护材料种类	m²	1. 基层清理、吊杆安装 2. 龙骨安装 3. 基层板铺贴 4. 面层铺贴 5. 嵌缝 6. 刷防护材料
011302002	格栅吊顶	1. 龙骨材料种类、规格、中距 2. 基层材料种类、规格 3. 面层材料品种、规格 4. 防护材料种类		1. 基层清理 2. 安装龙骨 3. 基层板铺贴 4. 面层铺贴 5. 刷防护材料
011302003	吊筒吊顶	1. 吊筒形状、规格 2. 吊筒材料种类 3. 防护材料种类		1. 基层清理 2. 吊筒制作安装 3. 刷防护材料
011302004	藤条造型悬挂吊顶	1. 骨架材料种类、规格 2. 面层材料品种、规格		1. 基层清理 2. 龙骨安装 3. 铺贴面层
011302005	织物软雕吊顶			
011302006	装饰网架吊顶	网架材料品种、规格		1. 基层清理 2. 网架制作安装

2. 清单编制说明

(1)吊顶形式有直接式和悬吊式两种。

(2)龙骨类型指上人或不上人，以及平面、跌级、锯齿形、阶梯形、吊挂式、藻井式及矩形、圆弧形、拱形等。

(3)基层材料是指底板或面层背后的加强材料。

(4)龙骨中距是指相邻龙骨中线之间的距离。

(5)格栅吊顶包括木格栅、金属格栅、塑料格栅等。

(6)吊筒吊顶包括木(竹)质吊筒、金属吊筒、塑料吊筒以及圆形、矩形、扁钟形吊筒等。

3. 工程量计算

(1)吊顶天棚工程量按设计图示尺寸以水平投影面积计算。天棚面中的灯槽及跌级、锯齿形、吊挂式、藻井式天棚面积不展开计算。不扣除间壁墙、检查口、附墙烟囱、柱垛和管道所占面积,扣除单个>0.3m² 的孔洞、独立柱及与天棚相连的窗帘盒所占的面积。

【例 4-72】 某三级天棚尺寸如图 4-85 所示,钢筋混凝土板下吊双层楞木,面层为塑料板,计算吊顶天棚工程量。

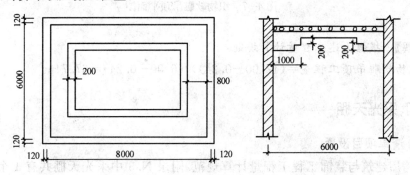

图 4-85　三级天棚尺寸

【解】 根据上述工程量计算规则:

吊顶天棚工程量＝(8.00－0.24)×(6.00－0.24)＝44.70m²

【例 4-73】 某酒吧间吊顶如图 4-86 所示,试计算吊顶工程量。

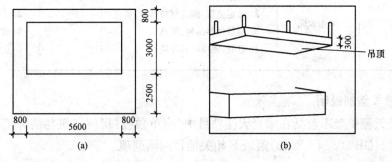

图 4-86　某酒吧间吊顶示意图

(a)平面图;(b)立面图

【解】 根据上述工程量计算规则:

天棚吊顶工程量＝5.60×3.00＝16.80m²

（2）格栅吊顶、吊筒吊顶、藤条造型悬挂吊顶、织物软雕吊顶、装饰网架吊顶工程量按设计图示尺寸以水平投影面积计算。

【例 4-74】　如图 4-87 所示，设计要求做织物软雕吊顶，试计算其工程量。

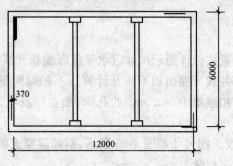

图 4-87　织物软雕吊顶平面图

【解】　根据上述工程量计算规则：

织物软雕吊顶工程量＝（12.00－0.24）×（6.00－0.24）＝67.74m²

四、采光天棚

1. 清单项目设置

《房屋建筑与装饰工程工程量计算规范》附录 N.3 中采光天棚共有 1 个清单项目，清单项目设置的具体内容见表 4-47。

表 4-47　　　　　　　　　　　　采光天棚清单项目设置

项目编码	项目名称	项目特征	计量单位	工作内容
011303001	采光天棚	1. 骨架类型 2. 固定类型、固定材料品种、规格 3. 面层材料品种、规格 4. 嵌缝、塞口材料种类	m²	1. 清理基层 2. 面层制安 3. 嵌缝、塞口 4. 清洗

2. 清单编制说明

采光天棚骨架不包括在采光天棚项目中，应单独按《房屋建筑与装饰工程工程量计算规范》（GB 50854—2013）附录 F 相关项目编码列项。

3. 工程量计算

采光天棚工程量按框外围展开面积计算。

【例 4-75】　如图 4-88 所示，某商场吊顶时，运用采光天棚达到光效应，玻璃镜面采用不锈钢螺丝钉固牢，试计算其工程量。

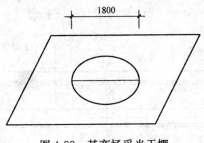

图 4-88　某商场采光天棚

【解】　根据上述工程量计算规则：

采光天棚工程量＝3.14×(1.80/2)²＝2.54m²

五、天棚其他装饰

1. 清单项目设置

《房屋建筑与装饰工程工程量计算规范》附录 N.4 中天棚其他装饰共有 2 个清单项目。各清单项目设置的具体内容见表 4-48。

表 4-48　　　　　　　　　　　　天棚其他装饰清单项目设置

项目编码	项目名称	项目特征	计量单位	工作内容
011304001	灯带(槽)	1. 灯带形式、尺寸 2. 格栅片材料品种、规格 3. 安装固定方式	m²	安装、固定
011304002	送风口、回风口	1. 风口材料品种、规格 2. 安装固定方式 3. 防护材料种类	个	1. 安装、固定 2. 刷防护材料

2. 清单编制说明

(1)灯带是指把 LED 灯用特殊的加工工艺焊接在铜线或者带状柔性线路板上面,再连接上电源发光,因其发光时形状如一条光带而得名。

(2)送风口的布置应根据室内温湿度精度、允许风速并结合建筑物的特点、内部装修、工艺布置、设备散热等因素综合考虑。具体来说,对于一般的空调房间,就是要均匀布置,保证不留死角。一般一个柱网布置 4 个风口。

(3)回风口是将室内污浊空气抽回,一部分通过空调过滤送回室内,一部分通过排风口排出室外。

(4)送风口、回风口材料有金属、塑料、木质风口等。

3. 工程量计算

(1)灯带(槽)工程量按设计图示尺寸以框外围面积计算。

【例4-76】 如图4-89所示,试计算灯带(槽)工程量。

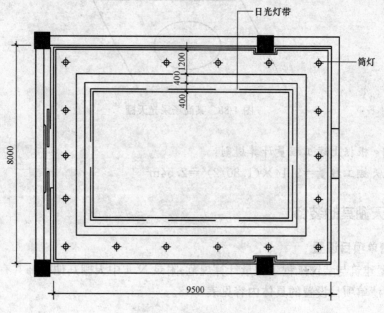

图4-89　室内顶棚平面图

【解】 根据上述工程量计算规则:

灯带(槽)工程量=${[8.00-2×(1.20+0.40+0.20)]×2+[9.50-2×(1.20+0.40+0.20)]×2}×0.40=8.24m^2$

(2)送风口、回风口工程量按设计图示数量计算。

第五节　油漆、涂料、裱糊工程

一、油漆工程

(一)油漆品种及用量计算

1. 油漆品种

油漆是一种能牢固覆盖在物体表面,起保护、装饰、标志和其他特殊用途的化学混合物涂料。

(1)木器漆。

1)硝基清漆。硝基清漆是一种由硝化棉、醇酸树脂、增塑剂及有机溶剂调制而成的透明漆,属挥发性油漆,具有干燥快、光泽柔和等特点。硝基清漆分为亮光、半哑光和哑光三种类型,可根据需要选用。硝基漆的缺点:高湿天气易泛白,丰满度低,硬度低。硝基漆的主要辅助剂:

①天那水。它是由酯、醇、苯、酮类等有机溶剂混合而成的一种具有香蕉气味的无色透明液体,主要起调和硝基漆及固化作用。

②化白水。也叫防白水,学名为乙二醇单丁醚。在潮湿天气施工时,漆膜会有发白现象,适当加入稀释剂量10%～15%的硝基磁化白水即可消除。

2)手扫漆。手扫漆是由硝化棉、各种合成树脂、颜料及有机溶剂调制而成的一种非透明漆。此漆专为人工施工而配制,具有快干特征。

3)聚酯漆。聚酯漆是用聚酯树脂为主要成膜物制成的一种厚质漆。聚酯漆的漆膜丰满,层厚面硬。聚酯漆在施工过程中需要进行固化,固化剂的分量占油漆总分量的1/3。固化剂也称为硬化剂,其主要成分是TDI(甲苯二氰酸酯)。这些处于游离状态的TDI会变黄,不但会使家具漆面变黄,而且会使邻近的墙面变黄,这是聚酯漆的一大缺点。

4)聚氨酯漆。聚氨酯漆即聚氨基甲酸漆。它漆膜强韧,光泽丰满,附着力强,耐水、耐磨、耐腐蚀,被广泛用于高级木器家具,也可用于金属表面。其缺点主要有遇潮起泡、漆膜粉化等,与聚酯漆一样,也存在着变黄的问题。聚氨酯漆的清漆品种称为聚氨酯清漆。

(2)内墙漆。内墙漆主要分为水溶性漆和乳胶漆。一般装修采用的是乳胶漆。乳胶漆是乳液性涂料,按照基材的不同,可分为聚酯酸乙烯乳液和丙烯酸乳液两大类。乳胶漆以水为稀释剂,是一种施工方便、安全、耐水洗、透气性好的漆种,可根据不同的配色方案调配出不同的色泽。乳胶漆主要由水、颜料、乳液、填充剂和各种助剂组成。这些原材料是无毒性的,可能含毒的主要是成膜剂中的乙二醇和防霉剂中的有机汞。

(3)外墙漆。外墙乳胶漆基本性能与内墙乳胶漆差不多,但漆膜较硬,抗水能力更强。外墙乳胶漆一般用于外墙,也可以用于洗手间等高潮湿的地方。

(4)防火漆。防火漆是由成膜剂、阻燃剂、发泡剂等多种材料制造而成的一种阻燃涂料。

(5)其他油漆。除上述木器漆、内墙漆、外墙漆、防火漆,常用的油漆品种还包括镀锌钢材油漆、铝合金油漆、地坪漆及金属氟碳漆。

2. 油漆用量计算

以一般厚漆用量为例,根据遮盖力实验,其遮盖力可按下式计算:

$$X = \frac{G(100-W)}{A} \times 10000 - 37.5$$

式中　X——遮盖力(g/m^2);

A——黑白格板的涂漆面积(cm^2);

G——黑白格板完全遮盖时涂漆质量(g);

W——涂料中含清油质量百分数。

将原漆与清油按3:1比例调匀混合后,经试验可测得以下各色厚漆遮盖力:

象牙色、白色　　　　$\leqslant 220 g/m^2$

红色　　　　　　　　　$\leqslant 220\text{g/m}^2$

黄色　　　　　　　　　$\leqslant 180\text{g/m}^2$

蓝色　　　　　　　　　$\leqslant 120\text{g/m}^2$

黑色　　　　　　　　　$\leqslant 40\text{g/m}^2$

灰色、绿色　　　　　　$\leqslant 80\text{g/m}^2$

铁红色　　　　　　　　$\leqslant 70\text{g/m}^2$

其他各色厚漆遮盖力详见表 4-49。

表 4-49　　　　　　　　　　其他各色厚漆遮盖力表

产品及颜色	遮盖力/(g/m²)	产品及颜色	遮盖力/(g/m²)
(1)各色各类调和漆		红、黄色	$\leqslant 140$
黑色	$\leqslant 40$	(5)各色硝基外用磁漆	
铁红色	$\leqslant 60$	黑色	$\leqslant 20$
绿色	$\leqslant 80$	铝色	$\leqslant 30$
蓝色	$\leqslant 100$	深复色	$\leqslant 40$
红色、黄色	$\leqslant 180$	浅复色	$\leqslant 50$
白色	$\leqslant 200$	正蓝、白色	$\leqslant 60$
(2)各色酯胶磁漆		黄色	$\leqslant 70$
黑色	$\leqslant 40$	红色	$\leqslant 80$
铁红色	$\leqslant 60$	紫红、深蓝色	$\leqslant 100$
蓝色、绿色	$\leqslant 80$	柠檬黄色	$\leqslant 120$
红色、黄色	$\leqslant 160$	(6)各色过氧乙烯外用磁漆	
灰色	$\leqslant 100$	黑色	$\leqslant 20$
(3)各色酚醛磁漆		深复色	$\leqslant 40$
黑色	$\leqslant 40$	浅复色	$\leqslant 50$
铁红色、草绿色	$\leqslant 60$	正蓝、白色	$\leqslant 60$
绿灰色	$\leqslant 70$	红色	$\leqslant 80$
蓝色	$\leqslant 80$	黄色	$\leqslant 90$
浅灰色	$\leqslant 100$	深蓝、紫红色	$\leqslant 100$
红、黄色	$\leqslant 160$	柠檬黄色	$\leqslant 120$
乳白色	$\leqslant 140$	(7)聚氨酯磁漆	
地板漆(棕、红)	$\leqslant 50$	红色	$\leqslant 140$
(4)各色醇酸磁漆		白色	$\leqslant 140$
黑色	$\leqslant 40$	黄色	$\leqslant 150$
灰、绿色	$\leqslant 55$	黑色	$\leqslant 40$
蓝色	$\leqslant 80$	蓝、灰绿色	$\leqslant 80$
白色	$\leqslant 100$	军黄、军绿色	$\leqslant 110$

　　计算涂料用量,首先要计算涂刷面积,然后从涂料产品技术条件中查出这种涂料的遮盖力(g/m^2),两者相乘,再除以 1000,即得涂料(刷一遍)的用量,其计算公式如下:

$$涂料用量=\frac{涂刷面积×遮盖力}{1000}$$

普通木门窗油漆饰面参考用量见表 4-50。

表 4-50　　　　　　　　　　　**普通木门窗油漆饰面用量参考表**

序号	饰面项目	材料用量/(kg/m²)						
		深色调和漆	浅色调和漆	防锈漆	深色厚漆	浅色厚漆	熟桐油	松节油
1	深色普通窗	0.15			0.12		0.08	
2	深色普通门	0.21			0.16			0.05
3	深色木板壁	0.07			0.07			0.04
4	浅色普通窗		0.175			0.25		0.05
5	浅色普通门		0.24			0.33		0.08
6	浅色木板壁		0.08			0.12		0.04
7	旧门重油漆	0.21						0.04
8	旧窗重油漆	0.15						0.04
9	新钢门窗油漆	0.12		0.05				0.04
10	旧钢门窗油漆	0.14		0.1				
11	一般铁窗栅油漆	0.06		0.1				

(二)门油漆

1. 清单项目设置

《房屋建筑与装饰工程工程量计算规范》附录 P.1 中门油漆共有 2 个清单项目。各清单项目设置的具体内容见表 4-51。

表 4-51　　　　　　　　　　　**门油漆清单项目设置**

项目编码	项目名称	项目特征	计量单位	工作内容
011401001	木门油漆	1. 门类型 2. 门代号及洞口尺寸 3. 腻子种类 4. 刮腻子遍数 5. 防护材料种类 6. 油漆品种、刷漆遍数	1. 樘 2. m²	1. 基层清理 2. 刮腻子 3. 刷防护材料、油漆
011401002	金属门油漆			1. 除锈、基层清理 2. 刮腻子 3. 刷防护材料、油漆

2. 清单编制说明

(1)木门油漆应区分木大门、单层木门、双层(一玻一纱、单裁口)木门、全玻自由门、半玻自由门、装饰门及有框门或无框门等项目,分别编码列项。

(2)金属门油漆应区分平开门、推拉门、钢制防火门等项目,分别编码列项。

(3)以平方米计量,项目特征可不必描述洞口尺寸。

3. 工程量计算

木门油漆、金属门油漆工程量计算规则如下:

(1)以樘计量,按设计图示数量计算;

(2)以平方米计量,按设计图示洞口尺寸以面积计算。

【例 4-77】 单层木门如图 4-90 所示,共 50 樘,刷乳胶漆两遍,试计算其工程量。

【解】 根据上述工程量计算规则:

①以樘计量,门油漆工程量=50 樘

②以平方米计量,门油漆工程量=1.80×2.70×50=243.00m²

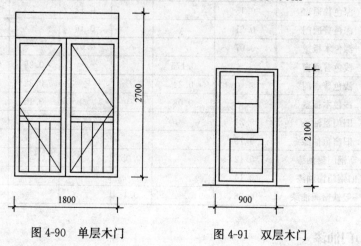

图 4-90　单层木门　　　　　　　图 4-91　双层木门

【例 4-78】 如图 4-91 所示,某工程有双层(一玻一纱)木门 2 樘,油漆底油两遍,刷调和漆两遍,试计算其工程量。

【解】 根据上述工程量计算规则:

①以樘计量,门油漆工程量=2 樘

②以平方米计量,门油漆工程量=0.90×2.10×2=3.78m²

(三)窗油漆

1. 清单项目设置

《房屋建筑与装饰工程工程量计算规范》附录 P.2 中窗油漆共有 2 个清单项目。各清单项目设置的具体内容见表 4-52。

表 4-52　　　　　　　　　　　　窗油漆清单项目设置

项目编码	项目名称	项目特征	计量单位	工作内容
011402001	木窗油漆	1. 窗类型 2. 窗代号及洞口尺寸 3. 腻子种类 4. 刮腻子遍数 5. 防护材料种类 6. 油漆品种、刷漆遍数	1. 樘 2. m²	1. 基层清理 2. 刮腻子 3. 刷防护材料、油漆
011402002	金属窗油漆			1. 除锈、基层清理 2. 刮腻子 3. 刷防护材料、油漆

2. 清单编制说明

(1)木窗油漆应区分单层木窗、双层(一玻一纱)木窗、双层框扇(单裁口)木窗、双层框三层(二玻一纱)木窗、单层组合窗、双层组合窗、木百叶窗、木推拉窗等项目,分别编码列项。

(2)金属窗油漆应区分平开窗、推拉窗、固定窗、组合窗、金属隔栅窗等项目,分别编码列项。

(3)以平方米计量,项目特征可不必描述洞口尺寸。

3. 工程量计算

木窗油漆、金属窗油漆工程量计算规则如下:

(1)以樘计量,按设计图示数量计算;

(2)以平方米计量,按设计图示洞口尺寸以面积计算。

【例 4-79】 如图 4-92 所示为双层(一玻一纱)木窗,洞口尺寸为 1500mm×2100mm,共 11 樘,设计为刷润油粉一遍,刮腻子,刷调和漆一遍,磁漆两遍,计算木窗油漆工程量。

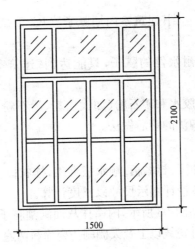

图 4-92　一玻一纱双层木窗

【解】 根据上述工程量计算规则:

①以樘计量,木窗油漆工程量＝11 樘

②以平方米计量,木窗油漆工程量＝1.50×2.10×11＝34.65m²

(四)木扶手及其他板条、线条油漆

1. 清单项目设置

《房屋建筑与装饰工程工程量计算规范》附录 P.3 中木扶手及其他板条、线条油漆共有 5 个清单项目。各清单项目设置的具体内容见表 4-53。

表 4-53　　　　　　　木扶手及其他板条、线条油漆清单项目设置

项目编码	项目名称	项目特征	计量单位	工作内容
011403001	木扶手油漆	1. 断面尺寸 2. 腻子种类 3. 刮腻子遍数 4. 防护材料种类 5. 油漆品种、刷漆遍数	m	1. 基层清理 2. 刮腻子 3. 刷防护材料、油漆
011403002	窗帘盒油漆			
011403003	.封檐板、顺水板油漆			
011403004	挂衣板、黑板框油漆			
011403005	挂镜线、窗帘棍、单独木线油漆			

2. 清单编制说明

（1）木扶手应区分带托板与不带托板，分别编码列项。若是木栏杆带扶手，木扶手不应单独列项，应包含在木栏杆油漆中。

（2）腻子是平整墙体表面的一种必不可少的厚浆状涂料。涂施于底漆上或直接涂施于物体上，用以清除被涂物表面高低不平的缺陷。

（3）一般常用腻子根据不同工程项目、不同用途可分为耐水腻子、821 腻子、掺胶腻子三类。

1）耐水腻子是指可以达到《建筑室内用腻子》（JG/T 298—2010）中"N"型标准的腻子。

2）821 腻子是不具有耐水性的腻子，只能达到《建筑室内用腻子》（JG/T 298—2010）中"Y"型标准。

3）掺胶腻子一般分为胶水和矿石粉（如大白粉、滑石粉等）两个部分，由工人在工地现场拌制而成，属于应淘汰的落后做法。

3. 工程量计算

木扶手油漆，窗帘盒油漆，封檐板、顺水板油漆，挂衣板、黑板框油漆，挂镜线、窗帘棍、单独木线油漆工程量按设计图示尺寸以长度计算。

【例 4-80】 某工程如图 4-93 所示，内墙抹灰面满刮腻子两遍，贴对花墙纸；挂镜线刷底油一遍，调和漆两遍；挂镜线以上及天棚刷仿瓷涂料两遍，计算挂镜线油漆工程量。

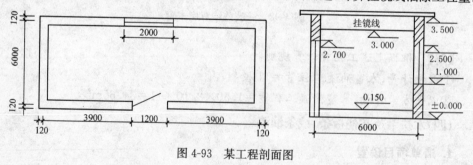

图 4-93　某工程剖面图

【解】 根据上述工程量计算规则：

挂镜线油漆工程量＝（3.90＋1.20＋3.90－0.24＋6.00－0.24）×2＝29.04m

(五)木材面油漆

1. 清单项目设置

《房屋建筑与装饰工程工程量计算规范》附录 P.4 中木材面油漆共有 15 个清单项目。各清单项目设置的具体内容见表 4-54。

表 4-54　　　　　　　　　　　　木材面油漆清单项目设置

项目编码	项目名称	项目特征	计量单位	工作内容
011404001	木护墙、木墙裙油漆	1. 腻子种类 2. 刮腻子遍数 3. 防护材料种类 4. 油漆品种、刷漆遍数	m²	1. 基层清理 2. 刮腻子 3. 刷防护材料、油漆
011404002	窗台板、筒子板、盖板、门窗套、踢脚线油漆			
011404003	清水板条天棚、檐口油漆			
011404004	木方格吊顶天棚油漆			
011404005	吸声板墙面、天棚面油漆			
011404006	暖气罩油漆			
011404007	其他木材面			
011404008	木间壁、木隔断油漆			
011404009	玻璃间壁露明墙筋油漆			
011404010	木栅栏、木栏杆(带扶手)油漆			
011404011	衣柜、壁柜油漆			
011404012	梁柱饰面油漆			
011404013	零星木装修油漆			
011404014	木地板油漆			
011404015	木地板烫硬蜡面	1. 硬蜡品种 2. 面层处理要求		1. 基层清理 2. 烫蜡

2. 清单编制说明

(1)木材面油漆参考用量见表 4-55。

表 4-55　　　　　　　　　　　　木材面油漆用量参考表

序号	油漆名称	应用范围	施工方法	油漆面积/(m²/kg)	序号	油漆名称	应用范围	施工方法	油漆面积/(m²/kg)
1	Y02-1(各色厚漆)	底	刷	6~8	7	F80-1(酚醛地板漆)	面	刷	6~8
2	Y02-2(锌白厚漆)	底	刷	6~8	8	白色醇酸无光磁漆	面	刷或喷	8
3	Y02-13(白厚漆)	底	刷	6~8	9	C04-44 各色醇酸平光磁漆	面	刷或喷	8
4	抄白漆	底	刷	6~8	10	Q01-1 硝基清漆	罩面	喷	8
5	虫胶漆	底	刷	6~8	11	Q22-1 硝基木器漆	面	喷和揩	8
6	F01-1(酚醛清漆)	罩光	刷	8	12	B22-2 丙烯酸木器漆	面	刷或喷	8

(2)硬蜡也称为合成石蜡,用于地蜡达不到要求的特殊场合。

3. 工程量计算

(1)木护墙、木墙裙油漆,窗台板、筒子板、盖板、门窗套、踢脚线油漆,清水板条天棚、檐口油漆,木方格吊顶天棚油漆,吸声板墙面、天棚面油漆,暖气罩油漆,其他木材面工程量按设计图示尺寸以面积计算。

【例 4-81】 试计算图 4-94 所示房间内墙裙油漆工程量。已知墙裙高 1.5m,窗台高 1.0m,窗洞侧油漆宽 100mm。

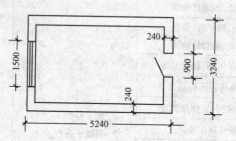

图 4-94　某房间内墙裙油漆面积示意图

【解】 根据上述工程量计算规则:

墙裙油漆工程量=[(5.24-0.24×2)×2+(3.24-0.24×2)×2]×1.50-[1.50×(1.50-1.00)+0.90×1.50]+(1.50-1.00)×0.10×2=20.56m²

(2)木间壁、木隔断油漆,玻璃间壁露明墙筋油漆,木栅栏、木栏杆(带扶手)油漆工程量按设计图示尺寸以单面外围面积计算。

【例 4-82】 如图 4-95 所示为木隔断立面图,计算木隔断刷润油粉、刮腻子、刷聚氨酯漆两遍工程量。

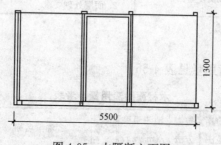

图 4-95　木隔断立面图

【解】 根据上述工程量计算规则:

木隔断油漆工程量=5.50×1.30=7.15m²

(3)衣柜、壁柜油漆,梁柱饰面油漆,零星木装修油漆工程量按设计图示尺寸以油漆部分展开面积计算。

【例 4-83】 衣柜示意图如图 4-96 所示,计算衣柜油漆工程量。

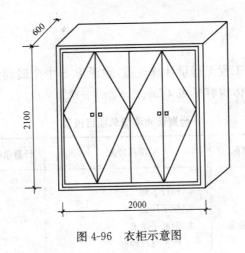

图 4-96　衣柜示意图

【解】　根据上述工程量计算规则：

衣柜油漆工程量＝2.10×2＋2.10×0.60×2＋2×0.60＝7.92m²

(4)木地板油漆、木地板烫硬蜡面工程量按设计图示尺寸以面积计算。空洞、空圈、暖气包槽、壁龛的开口部分并入相应的工程量内。

【例 4-84】　某房屋平面图如图 4-97 所示,地面刷木地板润油粉,一遍油色,两遍清漆,试计算其工程量。

图 4-97　某房屋平面图

【解】　根据上述工程量计算规则：

木地板刷清漆工程量＝(4.50＋2.40－0.24)×(3.90－0.24)＋(2.40－0.24)×(3.00－0.24)＋0.90×0.24＋1.20×0.24＝30.84m²

(六)金属面油漆

1. 清单项目设置

《房屋建筑与装饰工程工程量计算规范》附录 P.5 中金属面油漆共有 1 个清单项目,清单项目设置的具体内容见表 4-56。

表 4-56　　　　　　　　　　　金属面油漆清单项目设置

项目编码	项目名称	项目特征	计量单位	工作内容
011405001	金属面油漆	1. 构件名称 2. 腻子种类 3. 刮腻子要求 4. 防护材料种类 5. 油漆品种、刷漆遍数	1. t 2. m²	1. 基层清理 2. 刮腻子 3. 刷防护材料、油漆

2. 清单编制说明

油漆施工中,金属面一般包括钢门窗、钢屋架及楼梯、栏杆、管子、黑白铁皮制品等一般金属制品。金属面油漆用量参见表 4-57。

表 4-57　　　　　　　　　　　金属面油漆用量参考表

油漆名称	应用范围	施工方法	油漆面积/(m²/kg)	油漆名称	应用范围	施工方法	油漆面积/(m²/kg)
Y53-2 铁红(防锈漆)	底	刷	6~8	C04-48 各色醇酸磁漆	面	刷、喷	8
F03-1 各色酚醛调和漆	面	刷、喷	8	C06-1 铁红醇酸底漆	底	刷	6~8
F04-1 铝粉、金色酚醛磁漆	面	刷、喷	8	Q04-1 各色硝基磁漆	面	刷	8
F06-1 红灰酚醛底漆	底	刷、喷	6~8	H06-2 铁红	底	刷、喷	6~8
F06-9 锌黄、纯酚醛底漆	用于铝合金	刷	6~8	脱漆剂	除旧漆	刷、刮涂	4~6
C01-7 醇酸清漆	罩面	刷	8				

3. 工程量计算

金属面油漆工程量计算规则如下:

(1)以吨计量,按设计图示尺寸以质量计算;

(2)以平方米计量,按设计展开面积计算。

【例 4-85】 某钢直梯如图 4-98 所示,φ28 光圆钢筋线密度为 4.834kg/m,计算钢直梯油漆工程量。

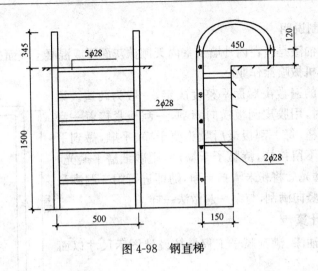

图 4-98 钢直梯

【解】 根据上述工程量计算规则:

钢直梯油漆工程量＝[(1.50＋0.12×2＋0.45×π/2)×2＋(0.50＋0.028)×5＋(0.15－0.014)×4]×4.834＝39.04kg＝0.039t

(七)抹灰面油漆

1. 清单项目设置

《房屋建筑与装饰工程工程量计算规范》附录 P.6 中抹灰面油漆共有 3 个清单项目。各清单项目设置的具体内容见表 4-58。

表 4-58　　　　　　　　　　　　　　抹灰面油漆清单项目设置

项目编码	项目名称	项目特征	计量单位	工作内容
011406001	抹灰面油漆	1. 基层类型 2. 腻子种类 3. 刮腻子遍数 4. 防护材料种类 5. 油漆品种、刷漆遍数 6. 部位	m²	1. 基层清理 2. 刮腻子 3. 刷防护材料、油漆
011406002	抹灰线条油漆	1. 线条宽度、道数 2. 腻子种类 3. 刮腻子遍数 4. 防护材料种类 5. 油漆品种、刷漆遍数	m	
011406003	满刮腻子	1. 基层类型 2. 腻子种类 3. 刮腻子遍数	m²	1. 基层清理 2. 刮腻子

2. 清单编制说明

（1）抹灰面油漆是指在内外墙及室内天棚抹灰面层或混凝土表面进行的油漆刷涂工作，一般采用机械喷涂作业。

（2）刮腻子的遍数由墙面平整度决定，一般为两遍。第一遍满刮腻子时，用胶皮刮板横向满刮，一刮板紧接着一刮板，接头不得留槎，每一刮板最后收头要干净、平顺，做到平整、均匀、光滑、不留接槎，待腻子干燥后，用砂纸磨平磨光，不得有划痕。磨光后将粉末清扫干净，随即进行第二遍满刮腻子，第二遍应竖向满刮，与第一遍做法一样。

3. 工程量计算

（1）抹灰面油漆、满刮腻子工程量按设计图示尺寸以面积计算。

【例 4-86】 计算如图 4-99 所示卧室内墙裙抹灰面油漆工程量。已知墙裙高 1.5m，窗台高 1.0m，窗洞侧油漆宽 100mm。

【解】 根据上述工程量计算规则：

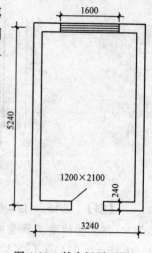

图 4-99　某房间平面图

抹灰面油漆工程量＝(5.24－0.24＋3.24－0.24)×2×1.50－1.60×(1.50－1.00)－1.20×1.50＋(1.50－1.00)×0.10×2＝21.50m²

（2）抹灰线条油漆工程量按设计图示尺寸以长度计算。

二、喷刷涂料

建筑涂料的分类见表 4-59。

表 4-59　　　　　　　　　　　　　　建筑涂料分类

序号	主要产品类型		主要成膜物类型
1	墙面、天棚涂料	合成树脂乳液内墙涂料 合成树脂乳液外墙涂料 溶剂型外墙涂料 其他墙面涂料	丙烯酸酯类及其改性共聚乳液；醋酸乙烯及其改性共聚乳液；聚氨酯、氟碳等树脂；无机粘合剂等
2	地面涂料	水泥基等非木质地面用涂料	聚氨酯、环氧等树脂
3	功能性建筑涂料	防水涂料 防火涂料 防霉（藻）涂料 保温隔热涂料 其他功能性建筑涂料	（1）防水涂料。EVA、丙烯酸酯类乳液；聚氨酯、沥青、PVC 胶泥或油膏、聚丁二烯等树脂。 （2）其他特种涂料。聚氨酯、环氧、丙烯酸酯类、乙烯类、氟碳等树脂

1. 清单项目设置

《房屋建筑与装饰工程工程量计算规范》附录 P. 7 中喷刷涂料共有 6 个清单项目。各清单项目设置的具体内容见表 4-60。

表 4-60　　　　　　　　　　　　　刷喷涂料工程量计算规定

项目编码	项目名称	项目特征	计量单位	工作内容
011407001	墙面喷刷涂料	1. 基层类型 2. 喷刷涂料部位 3. 腻子种类 4. 刮腻子要求 5. 涂料品种、刷漆遍数	m²	1. 基层清理 2. 刮腻子 3. 刷、喷涂料
011407002	天棚喷刷涂料			
011407003	空花格、栏杆刷涂料	1. 腻子种类 2. 刮腻子遍数 3. 涂料品种、刷喷遍数		
011407004	线条刷涂料	1. 基层清理 2. 线条宽度 3. 刮腻子遍数 4. 刷防护材料、油漆	m	
011407005	金属构件刷防火涂料	1. 喷刷防火涂料构件名称 2. 防火等级要求 3. 涂料品种、喷刷遍数	1. m² 2. t	1. 基层清理 2. 刷防护材料、油漆
011407006	木材构件喷刷防火涂料		m²	1. 基层清理 2. 刷防火材料

2. 清单编制说明

(1)喷刷墙面涂料部位要注明是内墙或是外墙。

(2)防火涂料是用于可燃性基材表面,能降低被涂材料表面的可燃性、阻滞火灾的迅速蔓延,用以提高被涂材料耐火极限的一种特种涂料。厚涂型钢结构防火涂料的基本组成是:胶结料(硅酸盐水泥、氯氧化镁或无机高温粘结剂等)、骨料(膨胀蛭石、膨胀珍珠岩、硅酸铝纤维、矿棉、岩棉等)、化学助剂(改性剂、硬化剂、防水剂等)、水。钢结构防火涂料基料的硅酸盐水泥、氯氧化镁水泥和无机粘结剂,常用的无机粘结剂包括碱金属硅酸盐类以及磷酸盐类物质等。防火涂料用量参见表 4-61。

表 4-61　　　　　　　　　　　　　防火涂料用量参考表

名　称	型　号	用量/(kg·m²)	名　称	型　号	用量/(kg·m²)
水性膨胀型防火涂料	ZSBF 型(双组分)	0.5～0.7	LB 钢结构膨胀防火涂料		底层 5 面层 0.5
水性膨胀型防火涂料	ZSBS 型(单组分)	0.5～0.7	木结构防火涂料	B60-2 型	0.5～0.7
改性氨基膨胀防火涂料	A60-1 型	0.5～0.7	混凝土梁防火隔热涂料	106 型	6

（3）常用装饰涂料品种及用量参见表 4-62。

表 4-62　　　　　　　　　　　常用装饰涂料品种及用量参考表

产品名称	适用范围	用量/(m²/kg)
多彩花纹装饰涂料	用于混凝土、砂浆、木材、岩石板、钢、铝等各种基层材料及室内墙、顶面	3～4
乙丙各色乳胶漆（外用）	用于室外墙面装饰涂料	5.7
乙丙各色乳胶漆（内用）	用于室内装饰涂料	5.7
乙-丙乳液厚涂料	用于外墙装饰涂料	2.3～3.3
苯-丙彩砂涂料	用于内、外墙装饰涂料	2～3.3
浮雕涂料	用于内、外墙装饰涂料	0.6～1.25
封底漆	用于内、外墙基体面	10～13
封固底漆	用于内、外墙增加结合力	10～13
各色乙酸乙烯无光乳胶漆	用于室内水泥墙面、天花	5
ST 内墙涂料	水泥砂浆、石灰砂浆等内墙面，贮存为 6 个月	3～6
106 内墙涂料	水泥砂浆、新旧石灰墙面，贮存期为 2 个月	2.5～3.0
JQ-83 耐洗擦内墙涂料	混凝土、水泥砂浆、石棉水泥板、纸面石膏板，贮存期 3 个月	3～4
KFT-831 建筑内墙涂料	室内装饰，贮存期 6 个月	3
LT-31 型Ⅱ型内墙涂料	混凝土、水泥砂浆、石灰砂浆等墙面	6～7
各种苯丙建筑涂料	内外墙、顶	1.5～3.0
高耐磨内墙涂料	内墙面，贮存期一年	5～6
各色丙烯酸有光、无光乳胶漆	混凝土、水泥砂浆等基面，贮存期 8 个月	4～5
各色丙烯酸凹凸乳胶底漆	水泥砂浆、混凝土基层（尤其适用于未干透者）贮存期一年	1.0
8201-4 苯丙内墙乳胶漆	水泥砂浆、石灰砂浆等内墙面，贮存期 6 个月	5～7
B840 水溶性丙烯醇封底漆	内外墙面，贮存期 6 个月	6～10
高级喷磁型外墙涂料	混凝土、水泥砂浆、石棉瓦楞板等基层	2～3

3. 工程量计算

（1）墙面喷刷涂料、天棚喷刷涂料、木材构件喷刷防火涂料工程量按设计图示尺寸以面积计算。

（2）空花格、栏杆刷涂料工程量按设计图示尺寸以单面外围面积计算。

（3）线条刷涂料工程量按设计图示尺寸以长度计算。

（4）金属构件刷防火涂料工程量计算规则如下：

1）以吨计量，按设计图示尺寸以质量计算；

2）以平方米计量，按设计展开面积计算。

三、裱糊

裱糊施工是目前国内外使用较为广泛的施工方法,是在墙面、天棚、梁柱等上作贴面装饰的一种施工方法。壁纸的种类较多,工程中常用的有普通壁纸、塑料壁纸和玻璃纤维壁纸。从其装饰效果看,有仿锦缎、静电植绒、印花、压花、仿木、仿石等壁纸。

1. 清单项目设置

《房屋建筑与装饰工程工程量计算规范》附录 P.8 中裱糊共有 2 个清单项目。各清单项目设置的具体内容见表 4-63。

表 4-63 裱糊工程量计算规定

项目编码	项目名称	项目特征	计量单位	工作内容
011408001	墙纸裱糊	1. 基层类型 2. 裱糊部位 3. 腻子种类 4. 刮腻子遍数 5. 粘结材料种类 6. 防护材料种类 7. 面层材料品种、规格、颜色	m²	1. 基层清理 2. 刮腻子 3. 面层铺粘 4. 刷防护材料
011408002	织锦缎裱糊			

2. 清单编制说明

(1)墙纸裱糊是指将壁纸用胶粘剂裱糊在建筑结构基层的表面上,并对墙壁起到一定的保护作用。墙纸裱糊中常用的材料有普通壁纸、塑料壁纸。

(2)锦缎柔软光滑,极易变形,难以直接裱糊在木质基层面上。裱糊时,应先在锦缎背后上浆,并裱糊一层宣纸,使锦缎挺括,以便于裁剪和裱贴上墙。

3. 工程量计算

墙纸裱糊、织锦缎裱糊工程量按设计图示尺寸以面积计算。

【例 4-87】 如图 4-100 所示为居室平面图,内墙面设计为贴织锦缎,贴织锦缎高 3.3m,室内木墙裙高 0.9m,窗台高 1.2m,试计算贴织锦缎工程量。

图 4-100 某居室平面图

【解】　根据上述工程量计算规则：

贴织锦缎工程量＝[(4.40−0.24)＋(4.40−0.24)]×2×(3.30−0.90)−1.80× (2.70−0.90)−0.90×(2.70−0.90)×2−2.40×1.80＋{[(3.20−0.24)＋(2.20− 0.24)]×2×(3.30−0.90)−0.90×(2.70−0.90)−1.50×1.80}×2＝67.73m²

第六节　其他装饰工程

其他装饰工程包括柜类、货架，压条、装饰线，扶手、栏杆、栏板装饰，暖气罩，浴厕 配件，雨篷、旗杆，招牌、灯箱，美术字等部位的装饰。

一、柜类、货架

1. 清单项目设置

《房屋建筑与装饰工程工程量计算规范》附录 Q.1 中柜类、货架共有 20 个清单项 目。各清单项目设置的具体内容见表 4-64。

表 4-64　　　　　　　　　　　　　柜类、货架清单项目设置

项目编码	项目名称	项目特征	计算单位	工作内容
011501001	柜台			
011501002	酒柜			
011501003	衣柜			
011501004	存包柜			
011501005	鞋柜			
011501006	书柜			
011501007	厨房壁柜			
011501008	木壁柜			
011501009	厨房低柜	1. 台柜规格		
011501010	厨房吊柜	2. 材料种类、规格 3. 五金种类、规格	1. 个 2. m 3. m³	1. 台柜制作、运输、安装（安放） 2. 刷防护材料、油漆 3. 五金件安装
011501011	矮柜	4. 防护材料种类		
011501012	吧台背柜	5. 油漆品种、刷漆遍数		
011501013	酒吧吊柜			
011501014	酒吧台			
011501015	展台			
011501016	收银台			
011501017	试衣间			
011501018	货架			
011501019	书架			
011501020	服务台			

2. 清单编制说明

(1)柜类工程按高度分为高柜(高度 1600mm 以上)、中柜(高度 900～1600mm)、低柜(高度 900mm 以内);按用途分为衣柜、书柜、资料柜、厨房壁柜、厨房吊柜、电视柜、床头柜、收银台等。

(2)货架是指存放各种货物的架子。按规模不同可分为重型托盘货架、中量型货架、轻量型货架、阁楼式货架、特殊货架(包括模具架、油桶架、流利货架、网架、登高车、网隔间六大类);按适用性及外形特点不同可分为高位货架、通廊式货架、横梁式货架。

3. 工程量计算

柜台、酒柜、衣柜、存包柜、鞋柜、书柜、厨房壁柜、木壁柜、厨房低柜、厨房吊柜、矮柜、吧台背柜、酒吧吊柜、酒吧台、展台、收银台、试衣间、货架、书架、服务台工程量计算规则如下:

(1)以个计量,按设计图示数量计算;

(2)以米计量,按设计图示尺寸以延长米计算;

(3)以立方米计量,按设计图示尺寸以体积计算。

【例 4-88】 某货柜示意图如图 4-101 所示,货柜宽为 300mm,试计算其工程量。

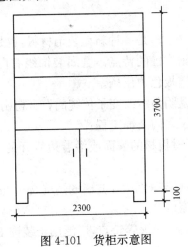

图 4-101　货柜示意图

【解】 根据上述工程量计算规则:

①以个计量,货柜工程量＝1 个

②以米计量,货柜工程量＝2.30m

③以立方米计量,货柜工程量＝2.30×0.30×3.80＝2.622m³

二、压条、装饰线

1. 清单项目设置

《房屋建筑与装饰工程工程量计算规范》附录 Q.2 中压条、装饰线共有 8 个清单项目。各清单项目设置的具体内容见表 4-65。

表 4-65　　　　　　　　　压条、装饰线清单项目设置

项目编码	项目名称	项目特征	计算单位	工作内容
011502001	金属装饰线			
011502002	木质装饰线			
011502003	石材装饰线	1. 基层类型 2. 线条材料品种、规格、颜色 3. 防护材料种类		1. 线条制作、安装 2. 刷防护材料
011502004	石膏装饰线			
011502005	镜面玻璃线			
011502006	铝塑装饰线		m	
011502007	塑料装饰线			
011502008	GRC装饰线条	1. 基层类型 2. 线条规格 3. 线条安装部位 4. 填充材料种类		线条制作安装

2. 清单编制说明

(1)金属装饰线(压条、嵌条)是一种新型装饰材料,也是高级装饰工程中不可缺少的配套材料,具有高强度、耐腐蚀的特点。金属装饰线有白色、金色、青铜色等多种颜色,适用于现代室内装饰、壁板色边压条。

(2)木质装饰线,特别是阴角线改变了传统的石膏粉刷线脚湿作业法,将木材加工成线脚条,便于安装,适用于室内装饰工程。

(3)石材装饰线是在石材板材的表面或沿着边缘开的一个连续凹槽,用来达到装饰目的或突出连接位置。

(4)镜面玻璃线镜面玻璃装配完毕,玻璃的透光部分与被玻璃安装材料覆盖的不透光部分的分界线称为镜面玻璃线。

(5)铝塑装饰线具有防腐、防火等特点,广泛用于装饰工程各平接面、相交面、对接面、层次面的衔接口,交接条的收边封口。

(6)塑料装饰线是选用硬聚氯乙烯树脂为主要原料,加入适量的稳定剂、增塑剂、填料、着色剂等辅助材料,经捏合、选料、挤出成型而制得。塑料装饰线有压角线、压边线、封边线等几种,其外形和规格与木质装饰线相同。除用于天棚与墙体的界面处外,也常用于塑料墙裙、踢脚板的收口处,多与塑料扣板配用。另外,也广泛用于门窗压条。

3. 工程量计算

金属装饰线、木质装饰线、石材装饰线、石膏装饰线、镜面玻璃线、铝塑装饰线、塑料装饰线、GRC装饰线条工程量按设计图示尺寸以长度计算。

【例 4-89】 如图 4-102 所示,某办公楼走廊内安装一块带框镜面玻璃,采用铝合金条槽线形镶饰,长为 1 500mm,宽为 1000mm,试计算其工程量。

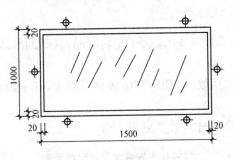

图 4-102　带框镜面玻璃

【解】　根据上述工程量计算规则：

装饰线工程量＝[(1.50－0.02)＋(1.00－0.02)]×2＝4.92m

三、扶手、栏杆、栏板装饰

1. 清单项目设置

《房屋建筑与装饰工程工程量计算规范》附录 Q.3 中扶手、栏杆、栏板装饰共有 8 个清单项目。各清单项目设置的具体内容见表 4-66。

表 4-66　　　　　　　　　扶手、栏杆、栏板装饰清单项目设置

项目编码	项目名称	项目特征	计量单位	工作内容
011503001	金属扶手、栏杆、栏板	1. 扶手材料种类、规格 2. 栏杆材料种类、规格 3. 栏板材料种类、规格、颜色 4. 固定配件种类 5. 防护材料种类	m	1. 制作 2. 运输 3. 安装 4. 刷防护材料
011503002	硬木扶手、栏杆、栏板			
011503003	塑料扶手、栏杆、栏板			
011503004	GRC 栏杆、扶手	1. 栏杆的规格 2. 安装间距 3. 扶手类型规格 4. 填充材料种类		
011503005	金属靠墙扶手	1. 扶手材料种类、规格 2. 固定配件种类 3. 防护材料种类		
011503006	硬木靠墙扶手			
011503007	塑料靠墙扶手			
011503008	玻璃栏板	1. 栏杆玻璃的种类、规格、颜色 2. 固定方式 3. 固定配件种类		

2. 清单编制说明

(1)木栏杆和木扶手是楼梯的主要部件,常用的木材品种有水曲柳、红松、红榉、白

榉、泰柚木等。

（2）塑料扶手（聚氯乙烯扶手）是化工塑料产品，其断面形式、规格尺寸及色彩应按设计要求选用。

（3）靠墙扶手一般采用硬木、塑料和金属材料制作，其中硬木和金属靠墙扶手应用较为普通。

（4）楼梯扶手安装常用材料数量见表 4-67。

表 4-67　　　　　　　　楼梯扶手安装常用材料数量表

材料名称	单位	每 1m 需用数量			材料名称	单位	每 1m 需用数量		
		不锈钢扶手	黄铜扶手	铝合金扶手			不锈钢扶手	黄铜扶手	铝合金扶手
角钢 50mm×50mm×3mm	kg	4.80	4.80	—	铝拉铆钉 φ5	只	—	—	10
方钢 20mm×20mm	kg	—	—	1.60	膨胀螺栓 M8	只	4	4	4
钢板 2mm	kg	0.50	0.50	0.50	钢钉 32mm	只	2	2	2
玻璃胶	支	1.80	1.80	1.80	自攻螺钉 M5	只	—	—	5
不锈钢焊条	kg	0.05	—	—	不锈钢法兰盘座	只	0.50	—	—
铜焊条	kg	—	0.05	—	抛光蜡	盒	0.10	0.10	0.10
电焊条	kg	—	—	0.05					

3. 工程量计算

金属扶手、栏杆、栏板，硬木扶手、栏杆、栏板，塑料扶手、栏杆、栏板，GRC 栏杆、扶手，金属靠墙扶手，硬木靠墙扶手，塑料靠墙扶手，玻璃栏板工程量按设计图示以扶手中心线长度（包括弯头长度）计算。

【例 4-90】　如图 4-103 和图 4-104 所示，计算阳台硬木栏板工程量。

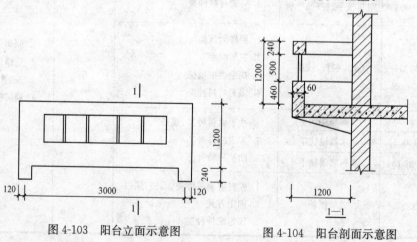

图 4-103　阳台立面示意图　　　　　图 4-104　阳台剖面示意图

【解】　根据上述工程量计算规则：

阳台硬木栏板装饰工程量＝3＋0.12×2＝3.24m

四、暖气罩

1. 清单项目设置

《房屋建筑与装饰工程工程量计算规范》附录 Q.4 中暖气罩共有 3 个清单项目。各清单项目设置的具体内容见表 4-68。

表 4-68　　　　　　　　　　　暖气罩清单项目设置

项目编码	项目名称	项目特征	计算单位	工作内容
011504001	饰面板暖气罩	1. 暖气罩材质 2. 防护材料种类	m²	1. 暖气罩制作、运输、安装 2. 刷防护材料
011504002	塑料板暖气罩			
011504003	金属暖气罩			

2. 清单编制说明

(1)暖气罩的布置通常有窗下式、沿墙式、嵌入式、独立式等形式。

(2)饰面板暖气罩主要是指木制、胶合板暖气罩。饰面板暖气罩采用硬木条、胶合板等做成格片状,也可以采用上下留空的形式。

(3)塑料板暖气罩的材质为 PVC 材料。

(4)金属暖气罩采用钢或铝合金等金属板冲压打孔,或采用格片等方式制成暖气罩。

3. 工程量计算

饰面板暖气罩、塑料板暖气罩、金属暖气罩工程量按设计图示尺寸以垂直投影面积(不展开)计算。

【例 4-91】　平墙式暖气罩尺寸如图 4-105 所示,五合板基层,榉木板面层,机制木花格散热口,共 18 个,试计算其工程量。

【解】　根据上述工程量计算规则:

饰面板暖气罩工程量 = (1.50×0.90−1.10×0.20−0.80×0.25)×18

　　　　　　　　　　 = 16.74m²

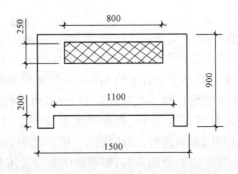

图 4-105　平墙式暖气罩

五、浴厕配件

1. 清单项目设置

《房屋建筑与装饰工程工程量计算规范》附录 Q.5 中浴厕配件共有 11 个清单项目。各清单项目设置的具体内容见表 4-69。

表 4-69　　　　　　　　　　　　　　浴厕配件清单项目设置

项目编码	项目名称	项目特征	计算单位	工作内容
011505001	洗漱台	1. 材料品种、规格、颜色 2. 支架、配件品种、规格	1. m² 2. 个	1. 台面及支架运输、安装 2. 杆、环、盒、配件安装 3. 刷油漆
011505002	晒衣架	1. 材料品种、规格、颜色 2. 支架、配件品种、规格	个	
011505003	帘子杆			
011505004	浴缸拉手			
011505005	卫生间扶手			
011505006	毛巾杆(架)		套	1. 台面及支架制作、运输、安装 2. 杆、环、盒、配件安装 3. 刷油漆
011505007	毛巾环		副	
011505008	卫生纸盒		个	
011505009	肥皂盒			
011505010	镜面玻璃	1. 镜面玻璃品种、规格 2. 框材质、断面尺寸 3. 基层材料种类 4. 防护材料种类	m²	1. 基层安装 2. 玻璃及框制作、运输、安装
011505011	镜箱	1. 箱体材质、规格 2. 玻璃品种、规格 3. 基层材料种类 4. 防护材料种类 5. 油漆品种、刷漆遍数	个	1. 基层安装 2. 箱体制作、运输、安装 3. 玻璃安装 4. 刷防护材料、油漆

2. 清单编制说明

(1)洗漱台是卫生间中用于支承台式洗脸盆,搁放洗漱、卫生用品,同时起装饰卫生间的作用。洗漱台一般用纹理颜色具有较强装饰性的云石和花岗石光面板材经磨边、开孔制作而成。台面一般厚 20cm,宽约 570mm,长度视卫生间大小和台上洗脸盆数量而定。一般单个面盆台面长有 1m、1.2m、1.5m;双面盆台面长则在 1.5m 以上。

(2)镜面玻璃选用的材料规格、品种、颜色或图案等均应符合设计要求,不得随意改动。在同一墙面安装相同玻璃镜时,应选用同一批产品,以防止因镜面色泽不一而影响装饰效果。对于重要部位的镜面安装,要求做防潮层及木筋和木砖采取防腐措施时,必须按照设计要求处理。

（3）晒衣架指的是晾晒衣物时使用的架子,形状一般为 V 形或一字形,还有收缩活动形。

（4）帘子杆为市场采购成品,仅需在墙上埋入胀管,用木螺钉固定即可。

（5）浴缸拉手为市场采购成品,仅需在墙上埋入胀管,用木螺钉固定即可。

（6）毛巾杆(架)为市场采购成品,仅需在墙上埋入胀管,用木螺钉固定即可。

（7）毛巾环为一种浴室配件。

（8）卫生纸盒为市场采购成品,仅需在墙上埋入胀管,用木螺钉固定即可。

（9）肥皂盒为市场采购成品,仅需在墙上埋入胀管,用木螺钉固定即可。

（10）镜箱是指用于盛装浴室用具的箱子。

3. 工程量计算

（1）洗漱台工程量计算规则如下:

1）按设计图示尺寸以台面外接矩形面积计算。不扣除孔洞、挖弯、削角所占面积,挡板、吊沿板面积并入台面面积内。

2）按设计图示数量计算。

【例 4-92】　如图 4-106 所示的云石洗漱台,试计算其工程量。

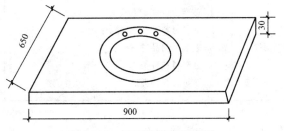

图 4-106　云石洗漱台示意图

【解】　根据上述工程量计算规则:

①以平方米计量,洗漱台工程量＝0.65×0.90＝0.59m²

②以个计量,洗漱台工程量＝1 个

（2）晒衣架、帘子杆、浴缸拉手、卫生间扶手、毛巾杆(架)、毛巾环、卫生纸盒、肥皂盒、镜箱工程量按设计图示数量计算。

【例 4-93】　如图 4-107 所示为某浴室镜箱示意图,试计算其工程量。

【解】　根据上述工程量计算规则:

镜箱工程量＝1 个

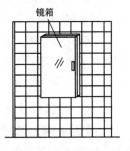

图 4-107　某浴室
镜箱示意图

（3）镜面玻璃工程量按设计图示尺寸以边框外围面积计算。

六、雨篷、旗杆

1. 清单项目设置

《房屋建筑与装饰工程工程量计算规范》附录 Q.6 中雨篷、旗杆共有 3 个清单项目。各清单项目设置的具体内容见表4-70。

表 4-70 雨篷、旗杆清单项目设置

项目编码	项目名称	项目特征	计算单位	工作内容
011506001	雨篷吊挂饰面	1. 基层类型 2. 龙骨材料种类、规格、中距 3. 面层材料品种、规格 4. 吊顶(天棚)材料、品种、规格 5. 嵌缝材料种类 6. 防护材料种类	m²	1. 底层抹灰 2. 龙骨基层安装 3. 面层安装 4. 刷防护材料、油漆
011506002	金属旗杆	1. 旗杆材料、种类、规格 2. 旗杆高度 3. 基础材料种类 4. 基座材料种类 5. 基座面层材料、种类、规格	根	1. 土石挖、填、运 2. 基础混凝土浇筑 3. 旗杆制作、安装 4. 旗杆台座制作、饰面
011506003	玻璃雨篷	1. 玻璃雨篷固定方式 2. 龙骨材料种类、规格、中距 3. 玻璃材料品种、规格 4. 嵌缝材料种类 5. 防护材料种类	m²	1. 龙骨基层安装 2. 面层安装 3. 刷防护材料、油漆

2. 清单编制说明

(1)雨篷指的是设置在建筑物入口处和顶层阳台上部用以遮挡雨水和保护外门免受雨水浸蚀的水平构件。

(2)雨篷的形式包括小型雨篷(如:悬挑式雨篷、悬挂式雨篷)、大型雨篷(如:墙或柱支承式雨篷,一般可分为玻璃钢结构和全钢结构)及新型组装式雨篷。

3. 工程量计算

(1)雨篷吊挂饰面、玻璃雨棚工程量按设计图示尺寸以水平投影面积计算。

【例4-94】 如图4-108所示,某商店的店门前的雨篷吊挂饰面采用金属压型板,高400mm,长3000mm,宽600mm,试计算其工程量。

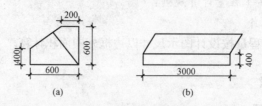

图 4-108 某商店雨篷
(a)侧立面;(b)平面图

【解】 根据上述工程量计算规则：

雨篷吊挂饰面工程量＝3.00×0.60＝1.80m²

（2）金属旗杆工程量按设计图示数量计算。

【例4-95】 某企业厂区大门入口处,有2根铝合金旗杆,高13m(图4-109),试计算其工程量。

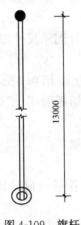

13000

图4-109 旗杆

【解】 根据上述工程量计算规则：

金属旗杆工程量＝2根

七、招牌、灯箱

1. 清单项目设置

《房屋建筑与装饰工程工程量计算规范》附录Q.7中招牌、灯箱共有4个清单项目。各清单项目设置的具体内容见表4-71。

表4-71 招牌、灯箱清单项目设置

项目编码	项目名称	项目特征	计算单位	工作内容
011507001	平面、箱式招牌	1. 箱体规格 2. 基层材料种类 3. 面层材料种类 4. 防护材料种类	m²	1. 基层安装 2. 箱体及支架制作、运输、安装 3. 面层制作、安装 4. 刷防护材料、油漆
011507002	竖式标箱			
011507003	灯箱			
011507004	信报箱	1. 箱体规格 2. 基层材料种类 3. 面层材料种类 4. 防护材料种类 5. 户数	个	

2. 清单编制说明

(1)招牌分平面、箱式招牌和竖式标箱。平面、箱式招牌是一种广告招牌形式,主要强调平面感,描绘精致,多用于墙面。竖式标箱是指六面体悬挑在墙体外的一种招牌形式。

(2)灯箱主要用作户外广告,常用的方法有悬吊、悬挑和附贴等。

3. 工程量计算

(1)平面、箱式招牌工程量按设计图示尺寸以正立面边框外围面积计算。复杂形的凸凹造型部分不增加面积。

【例 4-96】 某店面檐口上方设招牌,长 28m,高 1.5m,钢结构龙骨,九夹板基层,塑铝板面层,试计算招牌工程量。

【解】 根据上述工程量计算规则:

招牌工程量$=28\times1.5=42m^2$

(2)竖式标箱、灯箱、信报箱工程量按设计图示数量计算。

【例 4-97】 某宾馆门口设如图 4-110 所示的竖式标箱 1 个,试计算其工程量。

【解】 根据上述工程量计算规则:

竖式标箱工程量$=1$ 个

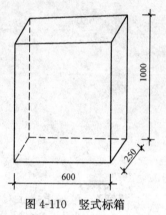

图 4-110 竖式标箱

八、美术字

1. 清单项目设置

《房屋建筑与装饰工程工程量计算规范》附录 Q.8 中美术字共有 5 个清单项目。各清单项目设置的具体内容见表 4-72。

表 4-72　　　　　　　　　　　　美术字清单项目设置

项目编码	项目名称	项目特征	计算单位	工作内容
011508001	泡沫塑料字	1. 基层类型 2. 镂字材料品种、颜色 3. 字体规格 4. 固定方式 5. 油漆品种、刷漆遍数	个	1. 字制作、运输、安装 2. 刷油漆
011508002	有机玻璃字			
011508003	木质字			
011508004	金属字			
011508005	吸塑字			

2. 清单编制说明

(1)美术字是指制作广告牌时所用的一种装饰字。

(2)木质字牌一般以红木、檀木、柞木等优质木材雕刻而成。

(3)现有的金属字主要包括以下几种：铜字、合金铜字、不锈钢字、铁皮字。

(4)吸塑字是一种塑料加工工艺，主要原理是将平展的塑料硬片材加热变软后，采用真空吸附于模具表面，冷却后成型，广泛用于塑料包装、灯饰、广告、装饰等行业。

3. 工程量计算

泡沫塑料字、有机玻璃字、木质字、金属字、吸塑字工程量按设计图示数量计算。

【例 4-98】　如图 4-111 所示为某商店红色金属招牌，试计算金属字工程量。

図 4-111　某商店招牌示意图

【解】　根据上述工程量计算规则：

红色金属招牌字工程量＝4 个

第七节　拆除工程

一、拆除工程分类

随着我国城市现代化建设的加快，旧建筑拆除工程也日益增多。拆除物的结构也从砖木结构发展到了混合结构、框架结构、板式结构等，从房屋拆除发展到烟囱、水塔、桥梁、码头等建筑物或构筑物的拆除。因而，建（构）筑物的拆除施工近年来已形成一种行业的趋势。

拆除工程是指对已经建成或部分建成的建筑物进行拆除的工程。

(1)按拆除的标的物分，有民用建筑的拆除、工业厂房的拆除、地基基础的拆除、机械设备的拆除、工业管道的拆除、电气线路的拆除、施工设施的拆除等。

(2)按拆除的程度，可分为全部拆除和部分拆除（或叫局部拆除）。

(3)按拆下来的建筑构件和材料的利用程度不同，分为毁坏性拆除和拆卸。

(4)按拆除建筑物和拆除物的空间位置不同，又有地上拆除和地下拆除之分。

二、砖砌体拆除

1. 清单项目设置

《房屋建筑与装饰工程工程量计算规范》附录 R.1 中砖砌体拆除共有 1 个清单项目，清单项目设置的具体内容见表 4-73。

表 4-73　　　　　　　　　　　　砖砌体拆除清单项目设置

项目编码	项目名称	项目特征	计量单位	工作内容
011601001	砖砌体拆除	1. 砌体名称 2. 砌体材质 3. 拆除高度 4. 拆除砌体的截面尺寸 5. 砌体表面的附着物种类	1. m³ 2. m	1. 拆除 2. 控制扬尘 3. 清理 4. 建渣场内、外运输

2. 清单编制说明

(1)砌体名称指墙、柱、水池等。

(2)砌体表面附着物种类指抹灰层、块料层、龙骨及装饰面层等。

(3)以米计量,如砖地沟、砖明沟等必须描述拆除部位的截面尺寸;以立方米计量,截面尺寸则不必描述。

3. 工程量计算

砖砌体拆除工程量计算规则如下:

(1)以立方米计量,按拆除的体积计算;

(2)以米计量,按拆除的延长米计算。

三、混凝土及钢筋混凝土构件拆除

1. 清单项目设置

《房屋建筑与装饰工程工程量计算规范》附录 R. 2 中混凝土及钢筋混凝土构件拆除共有 2 个清单项目。各清单项目设置的具体内容见表 4-74。

表 4-74　　　　　　　　混凝土及钢筋混凝土构件拆除清单项目设置

项目编码	项目名称	项目特征	计量单位	工作内容
011602001	混凝土构件拆除	1. 构件名称 2. 拆除构件的厚度或规格尺寸 3. 构件表面的附着物种类	1. m³ 2. m² 3. m	1. 拆除 2. 控制扬尘 3. 清理 4. 建渣场内、外运输
011602002	钢筋混凝土 构件拆除			

2. 清单编制说明

(1)以立方米作为计量单位时,可不描述构件的规格尺寸;以平方米作为计量单位时,则应描述构件的厚度;以米作为计量单位时,则必须描述构件的规格尺寸。

(2)构件表面的附着物种类指抹灰层、块料层、龙骨及装饰面层等。

3. 工程量计算

混凝土构件拆除、钢筋混凝土构件拆除工程量计算规则如下:

(1)以立方米计量,按拆除构件的混凝土体积计算;

(2)以平方米计量,按拆除部位的面积计算;

(3)以米计量,按拆除部位的延长米计算。

四、木构件拆除

1. 清单项目设置

《房屋建筑与装饰工程工程量计算规范》附录 R.3 中木构件拆除共有 1 个清单项目,清单项目设置的具体内容见表 4-75。

表 4-75　　　　　　　　木构件拆除清单项目设置

项目编码	项目名称	项目特征	计量单位	工作内容
011603001	木构件拆除	1. 构件名称 2. 拆除构件的厚度或规格尺寸 3. 构件表面的附着物种类	1. m³ 2. m² 3. m	1. 拆除 2. 控制扬尘 3. 清理 4. 建渣场内、外运输

2. 清单编制说明

(1)拆除木构件应按木梁、木柱、木楼梯、木屋架、承重木楼板等分别在构件名称中描述。

(2)以立方米作为计量单位时,可不描述构件的规格尺寸;以平方米作为计量单位时,则应描述构件的厚度;以米作为计量单位时,则必须描述构件的规格尺寸。

(3)构件表面的附着物种类指抹灰层、块料层、龙骨及装饰面层等。

3. 工程量计算

木构件拆除工程量计算规则如下:

(1)以立方米计量,按拆除构件的体积计算;

(2)以平方米计量,按拆除面积计算;

(3)以米计量,按拆除延长米计算。

五、抹灰层拆除

1. 清单项目设置

《房屋建筑与装饰工程工程量计算规范》附录 R.4 中抹灰层拆除共有 3 个清单项目。各清单项目设置的具体内容见表 4-76。

表 4-76　　　　　　　　抹灰拆除清单项目设置

项目编码	项目名称	项目特征	计量单位	工作内容
011604001	平面抹灰层拆除	1. 拆除部位 2. 抹灰层种类	m²	1. 拆除 2. 控制扬尘 3. 清理 4. 建渣场内、外运输
011604002	立面抹灰层拆除			
011604003	天棚抹灰面拆除			

2. 清单编制说明

(1)单独拆除抹灰层应按表 4-76 中的项目编码列项。

(2)抹灰层种类可描述为一般抹灰或装饰抹灰。

3. 工程量计算

平面抹灰层拆除、立面抹灰层拆除、天棚抹灰面拆除工程量按拆除部位的面积计算。

【例 4-99】　某院内围墙全长 25m,宽 0.37m,预拆除该砖墙顶面抹灰层,试计算其工程量。

【解】　根据上述工程量计算规则:

砖墙平面抹灰层拆除工程量=25.00×0.37=9.25m²

六、块料面层拆除

1. 清单项目设置

《房屋建筑与装饰工程工程量计算规范》附录 R. 5 中块料面层拆除共有 2 个清单项目。各清单项目设置的具体内容见表 4-77。

表 4-77　　　　　　　　　　块料面层拆除清单项目设置

项目编码	项目名称	项目特征	计量单位	工作内容
011605001	平面块料拆除	1. 拆除的基层类型 2. 饰面材料种类	m²	1. 拆除 2. 控制扬尘 3. 清理 4. 建渣场内、外运输
011605002	立面块料拆除			

2. 清单编制说明

(1)如仅拆除块料层,拆除的基层类型不用描述。

(2)拆除的基层类型的描述指砂浆层、防水层、干挂或挂贴所采用的钢骨架层等。

3. 工程量计算

平面块料拆除、立面块料拆除工程量按拆除面积计算。

七、龙骨及饰面拆除

1. 清单项目设置

《房屋建筑与装饰工程工程量计算规范》附录 R. 6 中龙骨及饰面拆除共有 3 个清单项目。各清单项目设置的具体内容见表 4-78。

表 4-78　　　　　　　　　　　　　　龙骨及饰面拆除清单项目设置

项目编码	项目名称	项目特征	计量单位	工作内容
011606001	楼地面龙骨及饰面拆除	1. 拆除的基层类型 2. 龙骨及饰面种类	m²	1. 拆除 2. 控制扬尘 3. 清理 4. 建渣场内、外运输
011606002	墙柱面龙骨及饰面拆除			
011606003	天棚面龙骨及饰面拆除			

2. 清单编制说明

(1)基层类型的描述指砂浆层、防水层等。

(2)如仅拆除龙骨及饰面,拆除的基层类型不用描述。

(3)如只拆除饰面,不用描述龙骨材料种类。

3. 工程量计算

楼地面龙骨及饰面拆除、墙柱面龙骨及饰面拆除、天棚面龙骨及饰面拆除工程量按拆除面积计算。

八、屋面拆除

1. 清单项目设置

《房屋建筑与装饰工程工程量计算规范》附录 R.7 中屋面拆除共有 2 个清单项目。各清单项目设置的具体内容见表 4-79。

表 4-79　　　　　　　　　　　　　　屋面拆除清单项目设置

项目编码	项目名称	项目特征	计量单位	工作内容
011607001	刚性层拆除	刚性层厚度	m²	1. 铲除 2. 控制扬尘 3. 清理 4. 建渣场内、外运输
011607002	防水层拆除	防水层种类		

2. 清单编制说明

刚性层指的是采用较高强度和无延伸防水材料,如防水砂浆、防水混凝土所构成的防水层。

3. 工程量计算

刚性层拆除、防水层拆除工程量按铲除部位的面积计算。

九、铲除油漆涂料裱糊面

1. 清单项目设置

《房屋建筑与装饰工程工程量计算规范》附录 R.8 中铲除油漆涂料裱糊面共有

3 个清单项目。各清单项目设置的具体内容见表 4-80。

表 4-80　　　　　　　　　铲除油漆涂料裱糊面清单项目设置

项目编码	项目名称	项目特征	计量单位	工作内容
011608001	铲除油漆面			1. 铲除
011608002	铲除涂料面	1. 铲除部位的名称 2. 铲除部位的截面尺寸	1. m² 2. m	2. 控制扬尘 3. 清理
011608003	铲除裱糊面			4. 建渣场内、外运输

2. 清单编制说明

(1)单独铲除油漆涂料裱糊面的工程按表 4-80 中项目编码列项。

(2)铲除部位名称的描述指墙面、柱面、天棚、门窗等。

(3)按米计量,必须描述铲除部位的截面尺寸;以平方米计量时,则不用描述铲除部位的截面尺寸。

3. 工程量计算

铲除油漆面、铲除涂料面、铲除裱糊面工程量计算规则如下:

(1)以平方米计量,按铲除部位的面积计算;

(2)以米计量,按铲除部位的延长米计算。

十、栏杆栏板、轻质隔断隔墙拆除

1. 清单项目设置

《房屋建筑与装饰工程工程量计算规范》附录 R.9 中栏杆栏板、轻质隔断隔墙拆除共有 2 个清单项目。各清单项目设置的具体内容见表 4-81。

表 4-81　　　　　　　栏杆栏板、轻质隔断隔墙拆除清单项目设置

项目编码	项目名称	项目特征	计量单位	工作内容
011609001	栏杆、栏板拆除	1. 栏杆(板)的高度 2. 栏杆、栏板种类	1. m² 2. m	1. 拆除 2. 控制扬尘
011609002	隔断隔墙拆除	1. 拆除隔墙的骨架种类 2. 拆除隔墙的饰面种类	m²	3. 清理 4. 建渣场内、外运输

2. 清单编制说明

以平方米计量,不用描述栏杆(板)的高度。

3. 工程量计算

(1)栏杆、栏板拆除工程量计算规则如下:

1)以平方米计量,按拆除部位的面积计算;

2)以米计量,按拆除的延长米计算。

(2)隔断隔墙拆除工程量按拆除部位的面积计算。

十一、门窗拆除

1. 清单项目设置

《房屋建筑与装饰工程工程量计算规范》附录 R.10 中门窗拆除共有 2 个清单项目。各清单项目设置的具体内容见表 4-82。

表 4-82　　　　　　　　　　门窗拆除清单项目设置

项目编码	项目名称	项目特征	计量单位	工作内容
011610001	木门窗拆除	1. 室内高度 2. 门窗洞口尺寸	1. m² 2. 樘	1. 拆除 2. 控制扬尘 3. 清理 4. 建渣场内、外运输
011610002	金属门窗拆除			

2. 清单编制说明

门窗拆除以平方米计量,不用描述门窗的洞口尺寸。室内高度指室内楼地面至门窗的上边框。

3. 工程量计算

木门窗拆除、金属门窗拆除工程量计算规则如下:

(1)以平方米计量,按拆除面积计算;

(2)以樘计量,按拆除樘数计算。

十二、金属构件拆除

1. 清单项目设置

《房屋建筑与装饰工程工程量计算规范》附录 R.11 中金属构件拆除共有 5 个清单项目。各清单项目设置的具体内容见表 4-83。

表 4-83　　　　　　　　　　金属构件拆除清单项目设置

项目编码	项目名称	项目特征	计量单位	工作内容
011611001	钢梁拆除	1. 构件名称 2. 拆除构件的规格、尺寸	1. t 2. m	1. 拆除 2. 控制扬尘 3. 清理 4. 建渣场内、外运输
011611002	钢柱拆除			
011611003	钢网架拆除		t	
011611004	钢支撑、钢墙架拆除		1. t 2. m	
011611005	其他金属构件拆除			

2. 清单编制说明

其他金属构件主要指除钢梁、钢柱、钢网架、钢支撑、钢墙架外的构件,包括防风架、拉杆栏杆、盖板、檩条等金属构件。

3. 工程量计算

(1)钢梁拆除,钢柱拆除,钢支撑、钢墙架拆除,其他金属构件拆除工程量计算规则如下:

1)以吨计量,按拆除构件的质量计算;

2)以米计量,按拆除延长米计算。

(2)钢网架拆除工程量按拆除构件的质量计算。

十三、管道及卫生洁具拆除

1. 清单项目设置

《房屋建筑与装饰工程工程量计算规范》附录 R. 12 中管道及卫生洁具拆除共有 2 个清单项目。各清单项目设置的具体内容见表 4-84。

表 4-84   管道及卫生洁具拆除清单项目设置

项目编码	项目名称	项目特征	计量单位	工作内容
011612001	管道拆除	1. 管道种类、材质 2. 管道上的附着物种类	m	1. 拆除 2. 控制扬尘
011612002	卫生洁具拆除	卫生洁具种类	1. 套 2. 个	3. 清理 4. 建渣场内、外运输

2. 清单编制说明

(1)管道种类主要包括铜管、铝塑复合管、不锈钢复合管、PP 管、镀锌铁管、PVC 管、不锈钢管等。

(2)卫生洁具的种类丰富,但面盆、马桶、淋浴拉门是卫生洁具不可缺少的必需品。

3. 工程量计算

(1)管道拆除工程量按拆除管道的延长米计算。

(2)卫生洁具拆除工程量按拆除的数量计算。

十四、灯具、玻璃拆除

1. 清单项目设置

《房屋建筑与装饰工程工程量计算规范》附录 R. 13 中灯具、玻璃拆除共有 2 个清单项目。各清单项目设置的具体内容见表 4-85。

表 4-85   灯具、玻璃拆除清单项目设置

项目编码	项目名称	项目特征	计量单位	工作内容
011613001	灯具拆除	1. 拆除灯具高度 2. 灯具种类	套	1. 拆除 2. 控制扬尘
011613002	玻璃拆除	1. 玻璃厚度 2. 拆除部位	m²	3. 清理 4. 建渣场内、外运输

2. 清单编制说明

拆除部位的描述指门窗玻璃、隔断玻璃、墙玻璃、家具玻璃等。

3. 工程量计算

(1)灯具拆除工程量按拆除的数量计算。

(2)玻璃拆除工程量按拆除的面积计算。

十五、其他构件拆除

1. 清单项目设置

《房屋建筑与装饰工程工程量计算规范》附录 R.14 中其他构件拆除共有 6 个清单项目。各清单项目设置的具体内容见表 4-86。

表 4-86　　　　　　　　　　　其他构件拆除清单项目设置

项目编码	项目名称	项目特征	计量单位	工作内容
011614001	暖气罩拆除	暖气罩材质	1. 个 2. m	1. 拆除 2. 控制扬尘 3. 清理 4. 建渣场内、外运输
011614002	柜体拆除	1. 柜体材质 2. 柜体尺寸:长、宽、高		
011614003	窗台板拆除	窗台板平面尺寸	1. 块 2. m	
011614004	筒子板拆除	筒子板的平面尺寸		
011614005	窗帘盒拆除	窗帘盒的平面尺寸	m	
011614006	窗帘轨拆除	窗帘轨的材质		

2. 清单编制说明

编制双轨窗帘轨拆除工程量清单时,按双轨长度分别计算工程量。

3. 工程量计算

(1)暖气罩拆除、柜体拆除工程量计算规则如下:

1)以个为单位计量,按拆除个数计算;

2)以米为单位计量,按拆除延长米计算。

(2)窗台板拆除、筒子板拆除工程量计算规则如下:

1)以块计量,按拆除数量计算;

2)以米计量,按拆除的延长米计算。

(3)窗帘盒拆除、窗帘轨拆除工程量按拆除的延长米计算。

十六、开孔(打洞)

1. 清单项目设置

《房屋建筑与装饰工程工程量计算规范》附录 R.15 中开孔(打洞)共有 1 个清单项目,清单项目设置的具体内容见表 4-87。

表 4-87　　　　　　　　　　　　开孔(打洞)清单项目设置

项目编码	项目名称	项目特征	计量单位	工作内容
011615001	开孔(打洞)	1. 部位 2. 打洞部位材质 3. 洞尺寸	个	1. 拆除 2. 控制扬尘 3. 清理 4. 建渣场内、外运输

2. 清单编制说明

(1)部位可描述为墙面或楼板。

(2)打洞部位材质可描述为页岩砖或空心砖或钢筋混凝土等。

3. 工程量计算

开孔(打洞)工程量按数量计算。

第八节　措施项目

一、脚手架工程

1. 清单项目设置

《房屋建筑与装饰工程工程量计算规范》附录 S.1 中脚手架工程共有 8 个清单项目。各清单项目设置的具体内容见表 4-88。

表 4-88　　　　　　　　　　　　脚手架工程清单项目设置

项目编码	项目名称	项目特征	计量单位	工作内容
011701001	综合脚手架	1. 建筑结构形式 2. 檐口高度	m²	1. 场内、场外材料搬运 2. 搭、拆脚手架、斜道、上料平台 3. 安全网的铺设 4. 选择附墙点与主体连接 5. 测试电动装置、安全锁等 6. 拆除脚手架后材料的堆放
011701002	外脚手架	1. 搭设方式 2. 搭设高度 3. 脚手架材质	m²	1. 场内、场外材料搬运 2. 搭、拆脚手架、斜道、上料平台 3. 安全网的铺设 4. 拆除脚手架后材料的堆放
011701003	里脚手架			
011701004	悬空脚手架	1. 搭设方式 2. 悬挑高度 3. 脚手架材质	m	
011701005	挑脚手架			
011701006	满堂脚手架	1. 搭设方式 2. 搭设高度 3. 脚手架材质	m²	

续表

项目编码	项目名称	项目特征	计量单位	工作内容
011701007	整体提升架	1. 搭设方式及启动装置 2. 搭设高度	m²	1. 场内、场外材料搬运 2. 搭、拆脚手架、斜道、上料平台 3. 安全网的铺设 4. 选择附墙点与主体连接 5. 测试电动装置、安全锁等 6. 拆除脚手架后材料的堆放
011701008	外装饰吊篮	1. 升降方式及启动装置 2. 搭设高度及吊篮		1. 场内、场外材料搬运 2. 吊篮的安装 3. 测试电动装置、安全锁、平衡控制器等 4. 吊篮的拆卸

2. 清单编制说明

(1)使用综合脚手架时,不再使用外脚手架、里脚手架等单项脚手架。综合脚手架适用于能够按"建筑面积计算规则"计算建筑面积的建筑工程脚手架,不适用于房屋加层、构筑物及附属工程脚手架。

(2)同一建筑物有不同檐高时,按建筑物竖向切面分别按不同檐高编列清单项目。

(3)整体提升架已包括 2m 高的防护架体设施。

(4)脚手架材质可以不描述,但应注明由投标人根据工程实际情况按照国家现行标准《建筑施工扣件式钢管脚手架安全技术规范》(JGJ 130—2011)、《建筑施工附着升降脚手架管理暂行规定》(建[2000]230 号)等规范自行确定。

3. 工程量计算

(1)综合脚手架工程量按建筑面积计算。

【例 4-100】 图 4-112 所示单层建筑物高度为 4.2m,单层建筑物脚手架按综合脚手架考虑,试计算其脚手架工程量。

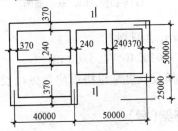

图 4-112 某单层建筑平面图

【解】 根据上述工程量计算规则:

综合脚手架工程量＝(40.00＋0.25×2)×(25.00＋50.00＋0.25×2)＋50.00×(50.00＋0.25×2)＝5582.75m²

(2)外脚手架、里脚手架、整体提升架、外装饰吊篮工程量按服务对象的垂直投影面积计算。

【例 4-101】 某工程外墙平面尺寸如图 4-113 所示,已知该工程设计室外地坪标高为−0.500m,女儿墙顶面标高＋15.200m,外封面贴面砖及墙面勾缝时搭设钢管扣件式脚手架,试计算该钢管外脚手架工程量。

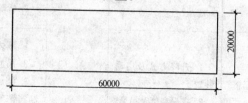

图 4-113　某工程外墙平面图

【解】 根据上述工程量计算规则:

外脚手架工程量＝(60.00＋20.00)×2×(15.20＋0.50)＝2512.00m²

(3)悬空脚手架、满堂脚手架工程量按搭设的水平投影面积计算。

【例 4-102】 某厂房构造如图 4-114 所示,计算其室内采用满堂脚手架工程量。

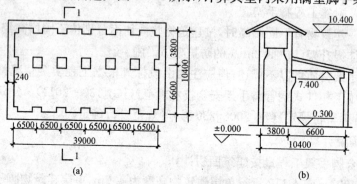

(a)　　　　　　　　　　　　　　(b)

图 4-114　某厂房示意图

(a)平面图;(b)1—1 剖面图

【解】 根据上述工程量计算规则:

满堂脚手架工程量＝39×10.40＝405.60 m²

(4)挑脚手架工程量按搭设长度乘以搭设层数以延长米计算。

二、混凝土模板及支架(撑)

1. 清单项目设置

《房屋建筑与装饰工程工程量计算规范》附录 S.2 中混凝土模板及支架(撑)共有 32 个清单项目。各清单项目设置的具体内容见表 4-89。

表 4-89　　　　　　　　**混凝土模板及支架(撑)清单项目设置**

项目编码	项目名称	项目特征	计量单位	工作内容
011702001	基础	基础类型		
011702002	矩形柱			
011702003	构造柱			
011702004	异形柱	柱截面形状		
011702005	基础梁	梁截面形状		
011702006	矩形梁	支撑高度		
011702007	异形梁	1. 梁截面形状 2. 支撑高度		
011702008	圈梁			
011702009	过梁			
011702010	弧形、拱形梁	1. 梁截面形状 2. 支撑高度		
011702011	直形墙			
011702012	弧形墙			
011702013	短肢剪力墙、电梯井壁			
011702014	有梁板			
011702015	无梁板			
011702016	平板		m²	1. 模板制作 2. 模板安装、拆除、整理堆放及场内外运输 3. 清理模板粘结物及模内杂物、刷隔离剂等
011702017	拱板	支撑高度		
011702018	薄壳板			
011702019	空心板			
011702020	其他板			
011702021	栏板			
011702022	天沟、檐沟	构件类型		
011702023	雨篷、悬挑板、阳台板	1. 构件类型 2. 板厚度		
011702024	楼梯	类型		
011702025	其他现浇构件	构件类型		
011702026	电缆沟、地沟	1. 沟类型 2. 沟截面		
011702027	台阶	台阶踏步宽		
011702028	扶手	扶手断面尺寸		
011702029	散水			
011702030	后浇带	后浇带部位		
011702031	化粪池	1. 化粪池部位 2. 化粪池规格		
011702032	检查井	1. 检查井部位 2. 检查井规格		

2. 清单编制说明

(1)原槽浇灌的混凝土基础,不计算模板。

(2)混凝土模板及支撑(架)项目,只适用于以平方米计量,按模板与混凝土构件的接触面积计算。以立方米计量的模板及支撑(支架),按混凝土及钢筋混凝土实体项目执行,其综合单价中应包含模板及支撑(支架)。

(3)采用清水模板时,应在特征中注明。

(4)若现浇混凝土梁、板支撑高度超过3.6m时,项目特征应描述支撑高度。

3. 工程量计算

(1)基础、矩形柱、构造柱、异形柱、基础梁、矩形梁、异形梁、圈梁、过梁、弧形、拱形梁、直形墙、弧形墙、短肢剪力墙、电梯井壁、有梁板、无梁板、平板、拱板、薄壳板、空心板、其他板、栏板的工程量按模板与现浇混凝土构件的接触面积计算。

1)现浇混凝土墙、板单孔面积≤0.3m² 的孔洞不予扣除,洞侧壁模板亦不增加;单孔面积>0.3m² 时应予扣除,洞侧壁模板面积并入墙、板工程量内计算。

2)现浇框架分别按梁、板、柱有关规定计算;附墙柱、暗梁、暗柱并入墙内工程量内计算。

3)柱、梁、墙、板相互连接的重叠部分均不计算模板面积。

4)构造柱按图示外露部分计算模板面积。

【例4-103】 计算如图4-115所示独立柱基模板工程量。

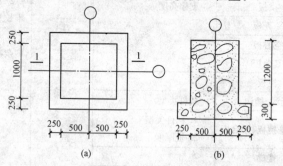

图4-115　现浇毛石混凝土独立柱

(a)平面图;(b)1—1剖面图

【解】 根据上述工程量计算规则:

独立柱基模板工程量$=1.50\times4\times0.30+1.00\times4\times1.20=6.60m^2$

(2)天沟、檐沟、其他现浇构件工程量按模板与现浇混凝土构件的接触面积计算。

【例4-104】 计算如图4-116所示现浇钢筋混凝土挑檐沟模板工程量(挑檐洞长度按50m考虑)。

【解】 根据上述工程量计算规则:

挑檐沟模板工程量$=50.00\times(0.60+0.06+0.40\times2+0.08+0.16)=85.00m^2$

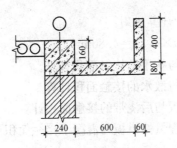

图 4-116　挑檐沟模板示意图

(3)雨篷、悬挑板、阳台板工程量按图示外挑部分尺寸的水平投影面积计算,挑出墙外的悬臂梁及板边不另计算。

【例 4-105】　计算如图 4-117 所示阳台板工程量。

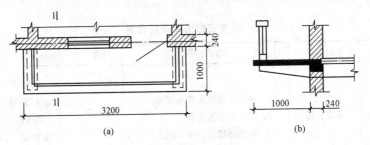

图 4-117　阳台板模板示意图

(a)平面图;(b)剖面图

【解】　根据上述工程量计算规则:

阳台板模板工程量＝3.20×1.00＝3.20m²

(4)楼梯工程量按楼梯(包括休息平台、平台梁、斜梁和楼层板的连接梁)的水平投影面积计算,不扣除宽度≤500mm 的楼梯井所占面积,楼梯踏步、踏步板、平台梁等侧面模板不另计算,伸入墙内部分亦不增加。

(5)电缆沟、地沟工程量按模板与电缆沟、地沟接触的面积计算。

(6)台阶工程量按图示台阶水平投影面积计算,台阶端头两侧不另计算模板面积。架空式混凝土台阶,按现浇楼梯计算。

【例 4-106】　计算如图 4-118 所示现浇混凝土台阶模板工程量。

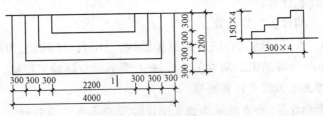

图 4-118　钢筋混凝土台阶

【解】 根据上述工程量计算规则：

台阶模板工程量＝4.00×1.20＝4.80m²

(7)扶手工程量按模板与扶手的接触面积计算。

(8)散水工程量按模板与散水的接触面积计算。

(9)后浇带工程量按模板与后浇带的接触面积计算。

(10)化粪池、检查井工程量按模板与混凝土接触面积计算。

三、垂直运输

1. 清单项目设置

《房屋建筑与装饰工程工程量计算规范》附录 S.3 中垂直运输共有 1 个清单项目，清单项目设置的具体内容见表 4-90。

表 4-90　　　　　　　　　　　　垂直运输清单项目设置

项目编码	项目名称	项目特征	计量单位	工作内容
011703001	垂直运输	1. 建筑物建筑类型及结构形式 2. 地下室建筑面积 3. 建筑物檐口高度、层数	1. m² 2. 天	1. 垂直运输机械的固定装置、基础制作、安装 2. 行走式垂直运输机械轨道的铺设、拆除、摊销

2. 清单编制说明

(1)垂直运输指施工工程在合理工期内所需垂直运输机械。

(2)建筑物的檐口高度是指设计室外地坪至檐口滴水的高度(平屋顶是指屋面板底高度)，突出主体建筑物屋顶的电梯机房、楼梯出口间、水箱间、瞭望塔、排烟机房等不计入檐口高度。

(3)同一建筑物有不同檐高时，按建筑物的不同檐高做纵向分割，分别计算建筑面积，以不同檐高分别编码列项。

3. 工程量计算

垂直运输工程量计算规则如下：

(1)按建筑面积计算；

(2)按施工工期日历天数计算。

【例 4-107】 某五层建筑物底层为框架结构，二层及二层以上为砖混结构，每层建筑面积 1200m²，合理施工工期为 165 天，试计算其垂直运输工程量。

【解】 根据上述工程量计算规则：

①以建筑面积计算，垂直运输工程量＝1200.00×5＝6000.00m²

②以日历天数计算，垂直运输工程量＝165 天

四、超高施工增加

1. 清单项目设置

《房屋建筑与装饰工程工程量计算规范》附录 S.4 中超高施工增加共有 1 个清单项目,清单项目设置的具体内容见表 4-91。

表 4-91　　　　　　　　超高施工增加清单项目设置

项目编码	项目名称	项目特征	计量单位	工作内容
011704001	超高施工增加	1. 建筑物建筑类型及结构形式 2. 建筑物檐口高度、层数 3. 单层建筑物檐口高度超过 20m,多层建筑物超过 6 层部分的建筑面积	m²	1. 建筑物超高引起的人工工效降低以及由于人工工效降低引起的机械降效 2. 高层施工用水加压水泵的安装、拆除及工作台班 3. 通信联络设备的使用及摊销

2. 清单编制说明

(1)单层建筑物檐口高度超过 20m,多层建筑物超过 6 层时,可按超高部分的建筑面积计算超高施工增加。计算层数时,地下室不计入层数。

(2)同一建筑物有不同檐高时,可按不同高度的建筑面积分别计算建筑面积,以不同檐高分别编码列项。

3. 工程量计算

超高施工增加工程量按建筑物超高部分的建筑面积计算。

【例 4-108】 某高层建筑如图 4-119 所示,框剪结构,共 11 层,采用自升式塔式起重机及单笼施工电梯,试计算超高施工增加工程量。

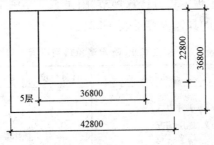

图 4-119　某高层建筑示意图

【解】 根据上述工程量计算规则:

超高施工增加工程量=36.80×22.80×(11-6)=4195.20m²

五、大型机械设备进出场及安拆

1. 清单项目设置

《房屋建筑与装饰工程工程量计算规范》附录 S.5 中大型机械设备进出场及安拆共有 1 个清单项目,清单项目设置的具体内容见表 4-92。

表 4-92　　　　　　　　　大型机械设备进出场及安拆清单项目设置

项目编码	项目名称	项目特征	计量单位	工作内容
011705001	大型机械设备进出场及安拆	1. 机械设备名称 2. 机械设备规格型号	台次	1. 安拆费包括施工机械、设备在现场进行安装拆卸所需人工、材料、机械和试运转费用以及机械辅助设施的折旧、搭设、拆除等费用 2. 进出场费包括施工机械、设备整体或分体自停放地点运至施工现场或由一施工地点运至另一施工地点所发生的运输、装卸、辅助材料等费用

2. 清单编制说明

大型机械设备主要指起重机械、水平运输机械、垂直运输机械等。大型机械设备通常是拆成零件进行载运的,到了目的地后再进行组装。

3. 工程量计算

大型机械设备进出场及安拆工程量按使用机械设备的数量计算。

六、施工排水、降水

1. 清单项目设置

《房屋建筑与装饰工程工程量计算规范》附录 S.6 中施工排水、降水共有 2 个清单项目。各清单项目设置的具体内容见表 4-93。

表 4-93　　　　　　　　　施工排水、降水清单项目设置

项目编码	项目名称	项目特征	计量单位	工作内容
011706001	成井	1. 成井方式 2. 地层情况 3. 成井直径 4. 井(滤)管类型、直径	m	1. 准备钻孔机械、埋设护筒、钻机就位;泥浆制作、固壁;成孔、出渣、清孔等 2. 对接上、下井管(滤管),焊接,安放,下滤料,洗井,连接试抽等
011706002	排水、降水	1. 机械规格型号 2. 降排水管规格	昼夜	1. 管道安装、拆除,场内搬运等 2. 抽水、值班、降水设备维修等

2. 清单编制说明

(1)地层情况按表 4-94 和表 4-95 的规定描述。

表 4-94　　　　　　　　　　　**土壤分类表**

土壤分类	土壤名称	开挖方法
一、二类土	粉土、砂土(粉砂、细砂、中砂、粗砂、砾砂)、粉质黏土、弱中盐渍土、软土(淤泥质土、泥炭、泥炭质土)、软塑红黏土、冲填土	用锹、少许用镐、条锄开挖。机械能全部直接铲挖满载者
三类土	黏土、碎石土(圆砾、角砾)、混合土、可塑红黏土、硬塑红黏土、强盐渍土、素填土、压实填土	主要用镐、条锄、少许用锹开挖。机械需部分刨松方能铲挖满载者或可直接铲挖但不能满载者
四类土	碎石土(卵石、碎石、漂石、块石)、坚硬红黏土、超盐渍土、杂填土	全部用镐、条锄挖掘、少许用撬棍挖掘。机械须普遍刨松方能铲挖满载者

表 4-95　　　　　　　　　　　**岩石分类表**

岩石分类		代表性岩石	开挖方法
极软岩		1. 全风化的各种岩石 2. 各种半成岩	部分用手凿工具、部分用爆破法开挖
软质岩	软岩	1. 强风化的坚硬岩或较硬岩 2. 中等风化—强风化的较软岩 3. 未风化—微风化的页岩、泥岩、泥质砂岩等	用风镐和爆破法开挖
	较软岩	1. 中等风化—强风化的坚硬岩或较硬岩 2. 未风化—微风化的凝灰岩、千枚岩、泥灰岩、砂质泥岩等	用爆破法开挖
硬质岩	较硬岩	1. 微风化的坚硬岩 2. 未风化—微风化的大理岩、板岩、石灰岩、白云岩、钙质砂岩等	用爆破法开挖
	坚硬岩	未风化—微风化的花岗岩、闪长岩、辉绿岩、玄武岩、安山岩、片麻岩、石英岩、石英砂岩、硅质砾岩、硅质石灰岩等	用爆破法开挖

(2)编制工程量清单时,对于相应专项设计不具备的,可按暂估量计算工程量。

3. 工程量计算

(1)成井工程量按设计图示尺寸以钻孔深度计算。

(2)排水、降水工程量按排、降水日历天数计算。

七、安全文明施工及其他措施项目

1. 清单项目设置

《房屋建筑与装饰工程工程量计算规范》附录 S. 7 中安全文明施工及其他措施项目共有 7 个清单项目。各清单项目设置的具体内容见表 4-96。

表 4-96 安全文明施工及其他措施清单项目设置

项目编码	项目名称	工作内容及包含范围
011707001	安全文明施工	1. 环境保护：现场施工机械设备降低噪声、防扰民措施；水泥和其他易飞扬细颗粒建筑材料密闭存放或采取覆盖措施等；工程防扬尘洒水；土石方、建渣外运车辆防护措施等；现场污染源的控制、生活垃圾清理外运、场地排水排污措施；其他环境保护措施 2. 文明施工："五牌一图"；现场围挡的墙面美化（包括内外粉刷、刷白、标语等）、压顶装饰；现场厕所便槽刷白、贴面砖，水泥砂浆地面或地砖，建筑物内临时便溺设施；其他施工现场临时设施的装饰装修、美化措施；现场生活卫生设施；符合卫生要求的饮水设备、淋浴、消毒等设施；生活用洁净燃料；防煤气中毒、防蚊虫叮咬等措施；施工现场操作场地的硬化；现场绿化、治安综合治理；现场配备医药保健器材、物品和急救人员培训；现场工人的防暑降温、电风扇、空调等设备及用电；其他文明施工措施 3. 安全施工：安全资料、特殊作业专项方案的编制，安全施工标志的购置及安全宣传；"三宝"（安全帽、安全带、安全网）、"四口"（楼梯口、电梯井口、通道口、预留洞口）、"五临边"（阳台围边、楼板围边、屋面围边、槽坑围边、卸料平台两侧），水平防护架、垂直防护架、外架封闭等防护；施工安全用电，包括配电箱三级配电、两级保护装置要求、外电防护措施；起重机、塔吊等起重设备（含井架、门架）及外用电梯的安全防护措施（含警示标志）及卸料平台的临边防护、层间安全门、防护棚等设施；建筑工地起重机械的检验、检测；施工机具防护棚及其围栏的安全保护设施；施工安全防护通道；工人的安全防护用品、用具购置；消防设施与消防器材的配置；电气保护、安全照明设施；其他安全防护措施 4. 临时设施：施工现场采用彩色、定型钢板，砖、混凝土砌块等围挡的安砌、维修、拆除；施工现场临时建筑物、构筑物的搭设、维修、拆除，如临时宿舍、办公室、食堂、厨房、厕所、诊疗所、临时文化福利用房、临时仓库、加工场、搅拌台、临时简易水塔、水池等；施工现场临时设施的搭设、维修、拆除，如临时供水管道、临时供电管线、小型临时设施等；施工现场规定范围内临时简易道路铺设，临时排水沟、排水设施安砌、维修、拆除；其他临时设施的搭设、维修、拆除
011707002	夜间施工	1. 夜间固定照明灯具和临时可移动照明灯具的设置、拆除 2. 夜间施工时，施工现场交通标志、安全标牌、警示灯等的设置、移动、拆除 3. 包括夜间照明设备及照明用电、施工人员夜班补助、夜间施工劳动效率降低等
011707003	非夜间施工照明	为保证工程施工正常进行，在地下室等特殊施工部位施工时所采用的照明设备的安拆、维护及照明用电等
011707004	二次搬运	由于施工场地条件限制而发生的材料、成品、半成品等一次运输不能到达堆放地点，必须进行的二次或多次搬运

续表

项目编码	项目名称	工作内容及包含范围
011707005	冬雨季施工	1. 冬雨(风)季施工时增加的临时设施(防寒保温、防雨、防风设施)的搭设、拆除 2. 冬雨(风)季施工时,对砌体、混凝土等采用的特殊加温、保温和养护措施 3. 冬雨(风)季施工时,施工现场的防滑处理、对影响施工的雨雪的清除 4. 包括冬雨(风)季施工时增加的临时设施、施工人员的劳动保护用品、冬雨(风)季施工劳动效率降低等
011707006	地上、地下设施、建筑物的临时保护设施	在工程施工过程中,对已建成的地上、地下设施和建筑物进行的覆盖、封闭、隔离等必要保护措施
011707007	已完工程及设备保护	对已完工程及设备采取的覆盖、包裹、封闭、隔离等必要保护措施

2. 清单编制说明

表 4-96 所述的安全文明施工,夜间施工,非夜间施工照明,二次搬运,冬雨季施工,地上、地下设施、建筑物的临时保护设施,已完工程及设备保护项目应根据工程实际情况计算措施项目费用,需分摊的应合理计算摊销费用。

第九节　典型分部分项工程工程量清单编制实例

【实例 1】　请根据图 4-120 和表 4-97 列出门窗项目分部分项工程量清单。

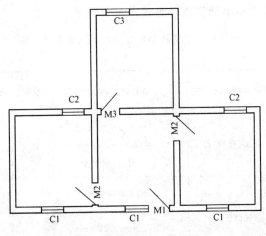

图 4-120　门窗工程示意图

表4-97   门窗明细表

门窗	材料	规格	数量
M1	铝合金	900×2600	1
M2	彩板	550×2100	2
M3	彩板	750×2100	1
C1	铝合金	1200×1700	3
C2	钢窗	1000×1700	2
C3	钢窗	1000×1000	1

【解】 (1)工程量计算。根据《房屋建筑与装饰工程工程量计算规范》(GB 50854—2013)附录 H 的相关工程量计算规则:

1)铝合金门工程量＝0.90×2.60＝2.34m²

2)彩板门工程量＝0.55×2.10×2＋0.75×2.10＝3.89m²

3)铝合金窗工程量＝1.20×1.70×3＝6.12m²

4)钢窗工程量＝1×1.70×2＋1×1×1＝4.40m²

工程量计算结果见表4-98。

表4-98   工程量计算表

工程名称:某工程

序号	项目编码	项目名称	工程量	计量单位
1	010802001001	金属(塑钢)门	2.34	m²
2	010802002001	彩板门	3.89	m²
3	010807001001	金属(塑钢、断桥)窗	6.12	m²
4	010807001002	金属(塑钢、断桥)窗	4.40	m²

(2)分部分项工程和单价措施项目清单编制见表4-99。

表4-99   分部分项工程和单价措施项目清单与计价表

工程名称:某工程

序号	项目编码	项目名称	项目特征描述	计量单位	工程量	金额/元	
						综合单价	合价
1	010802001001	金属(塑钢)门	1. 门代号及洞口尺寸: M1(900mm×2600mm) 2. 框扇材质:铝合金	m²	2.34		
2	010802002001	彩板门	1. 门代号及洞口尺寸: M2(550mm×2100mm)、 M3(750mm×2100mm) 2. 框扇材质:彩板	m²	3.89		

序号	项目编码	项目名称	项目特征描述	计量单位	工程量	金额/元	
						综合单价	合价
3	010807001001	金属（塑钢、断桥）窗	1. 窗代号及洞口尺寸：C1(1200mm×1700mm) 2. 框扇材质：铝合金	m²	6.12		
4	010807001002	金属（塑钢、断桥）窗	1. 窗代号及洞口尺寸：C2(1000mm×1700mm)、C3(1000mm×1000mm) 2. 框扇材质：钢质	m²	4.40		

【**实例 2**】　某工程某户居室门窗布置如图 4-121 所示，分户门为成品钢质防盗门，室内门为成品实木门带套，⑥轴上Ⓑ轴至Ⓒ轴间为成品塑钢门带窗（无门套）；①轴上Ⓒ轴至Ⓔ轴间为塑钢门，框边安装成品门套，展开宽度为 350mm；所有窗为成品塑钢窗，具体尺寸详见表 4-100。试列出该户居室的门窗、门窗套的分部分项工程量清单。

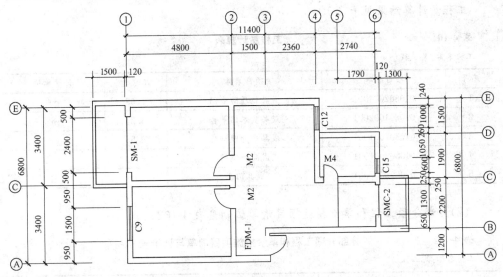

图 4-121　某户居室门窗平面布置图

表 4-100　　　　　　　　　　　　　　**某户居室门窗表**

名称	代号	洞口尺寸/mm	备注
成品钢质防盗门	FDM-1	800×2100	含锁、五金
成品实木门带套	M2	800×2100	含锁、普通五金
	M4	700×2100	

名称	代号	洞口尺寸/mm	备注
成品平开塑钢窗	C9	1500×1500	夹胶玻璃(6+2.5+6),型材为钢塑90系列,普通五金
	C12	1000×1500	
	C15	600×1500	
成品塑钢门带窗	SMC-2	门(700×2100)、窗(600×1500)	
成品塑钢门	SM-1	2400×2100	

【解】　(1)工程量计算。根据《房屋建筑与装饰工程工程量计算规范》(GB 50854—2013)附录 H 的相关工程量计算规则:

1)成品钢质防盗门工程量＝0.80×2.10＝1.68m²

2)成品实木门套工程量＝0.80×2.10×2+0.70×2.10×1＝4.83m²

3)成品平开塑钢窗工程量＝1.50×1.50+1×1.50+0.60×1.50×2＝5.55m²

4)成品塑钢门工程量＝0.70×2.10+2.40×2.10＝6.51m²

5)成品门套工程量＝1 樘

工程量计算结果见表 4-101。

表 4-101　　　　　　　　　　工程量计算表

工程名称:某工程

序号	项目编码	项目名称	工程量	计量单位
1	010802004001	成品钢质防盗门	1.68	m²
2	010801002001	成品实木门带套	4.83	m²
3	010807001001	成品平开塑钢窗	5.55	m²
4	010802001001	成品塑钢门	6.51	m²
5	010808007001	成品门套	1	樘

(2)分部分项工程和单价措施项目清单编制见表 4-102。

表 4-102　　　　　　　分部分项工程和单价措施项目清单与计价表

工程名称:某工程

序号	项目编码	项目名称	项目特征描述	计量单位	工程量	金额/元 综合单价	合价
1	010802004001	成品钢质防盗门	1. 门代号及洞口尺寸:FDM-1(800mm×2100mm) 2. 框扇材质:钢质	m²	1.68		
2	010801002001	成品实木门带套	门代号及洞口尺寸:M2(800mm×2100mm)、M4(700mm×2100mm)	m²	4.83		

续表

序号	项目编码	项目名称	项目特征描述	计量单位	工程量	金额/元	
						综合单价	合价
3	010807001001	成品平开塑钢窗	1. 窗代号及洞口尺寸： C9(1500mm×1500mm)、 C12(1000mm×1500mm) C15(600mm×1500mm) SMC-2(窗 600mm×1500mm) 2. 框扇材质：塑钢90系列 3. 玻璃品种、厚度：夹胶玻璃(6+2.5+6)	m²	5.55		
4	010802001001	成品塑钢门	1. 门代号及洞口尺寸： SM-1(2400mm×2100mm)、 SMC-2(门 700mm×2100mm) 2. 框扇材质：塑钢90系列 3. 玻璃品种、厚度：夹胶玻璃(6+2.5+6)	m²	6.51		
5	010808007001	成品门套	1. 门代号及洞口尺寸： SM-1(2400mm×2100mm) 2. 门套展开宽度：350mm 3. 门套材料品种：成品实木门套	樘	1		

【实例3】 某房间通往阳台的门为铝合金连窗门,如图4-122所示,均为双层里外开启,试列出该房间铝合金门、窗项目的分部分项工程量清单。

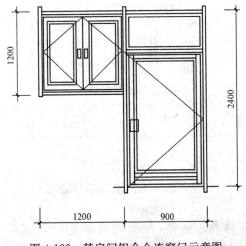

图 4-122 某房间铝合金连窗门示意图

【解】 (1)工程量计算。根据《房屋建筑与装饰工程工程量计算规范》(GB 50854—2013)附录 H 的相关工程量计算规则:

1)门工程量＝0.90×2.40×2＝4.32m²

2)窗工程量＝1.20×1.20×2＝2.88m²

工程量计算结果见表4-103。

表4-103　　　　　　　　　　　　工程量计算表

工程名称:某装饰工程

序号	项目编码	项目名称	工程量	计量单位
1	010802001001	金属(塑钢)门	4.32	m²
2	010807001001	金属(塑钢、断桥)窗	2.88	m²

(2)分部分项工程和单价措施项目清单编制见表4-104。

表4-104　　　　　　　分部分项工程和单价措施项目清单与计价表

工程名称:某装饰工程

序号	项目编码	项目名称	项目特征描述	计量单位	工程量	金额/元	
						综合单价	合价
1	010802001001	金属(塑钢)门	铝合金门	m²	4.32		
2	010807001001	金属(塑钢、断桥)窗	铝合金窗	m²	2.88		

【实例4】 某房间一侧立面如图4-123所示,其窗做木贴脸板、木筒子板及木窗台板,墙角做木压条,其中,窗台板宽150mm,筒子板宽120mm,试列出该房间贴脸板、筒子板、窗台板及木压条项目的分部分项工程量清单。

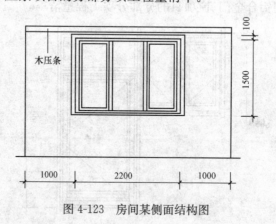

图 4-123　房间某侧面结构图

【解】 (1)工程量计算。根据《房屋建筑与装饰工程工程量计算规范》(GB 50854—2013)附录 H 的相关工程量计算规则:

1)木贴脸工程量＝(1.50＋0.10×2)×2＋2.20＋0.10×2＝5.8m²

2)木筒子板工程量＝(2.20＋1.50×2)×0.12＝0.62m²

3)木窗台板工程量＝2.20×0.15＝0.33m²

4)木压条工程量＝4.20m

工程量计算结果见表4-105。

表 4-105　　　　　　　　　　　**工程量计算表**

工程名称:某装饰工程

序号	项目编码	项目名称	工程量	计量单位
1	010808006001	门窗木贴脸	5.8	m
2	010808002001	木筒子板	0.62	m²
3	010809001001	木窗台板	0.33	m²
4	011502002001	木质装饰线	4.20	m

（2）分部分项工程和单价措施项目清单编制（表4-106）。

表 4-106　　　　　　**分部分项工程和单价措施项目清单与计价表**

工程名称:某装饰工程

序号	项目编码	项目名称	项目特征描述	计量单位	工程量	金额/元	
						综合单价	合价
1	010808006001	门窗木贴脸	洞口尺寸:2200mm×1500mm,木贴脸版宽100mm	m	5.8		
2	010808002001	木筒子板	筒子板宽120mm	m²	0.62		
3	010809001001	木窗台板	木窗台板宽150mm	m²	0.33		
4	011502002001	木质装饰线	木压条	m	4.20		

【实例5】　某装饰工程地面、墙面、天棚的装饰工程如图4-124～图4-127所示,房间外墙厚度240mm,中到中尺寸为15000mm×21000mm,800mm×800mm独立柱4根,墙体抹灰厚度20mm(门窗洞口总面积80m²,门窗洞口侧壁抹灰15m²,柱垛展开面积11m²),吊顶高度3600mm(窗帘盒面积7m²)。做法:地面20mm厚1:3水泥砂浆找平、20mm厚1:2干性水泥砂浆粘贴800mm×800mm玻化砖,玻化砖踢脚线,高度150mm(门洞宽度合计4m),乳胶漆一底两面,天棚轻钢龙骨石膏板面刮成品腻子面罩乳胶漆一底两面。柱面挂贴30mm厚花岗石板,花岗石板和柱结构面之间空隙填灌50mm厚的1:3水泥砂浆。试列出该装饰工程地面、墙面、天棚等项目的分部分项工程量清单。

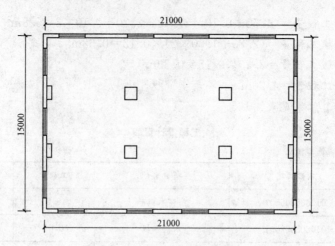

图 4-124　某工程地面示意图

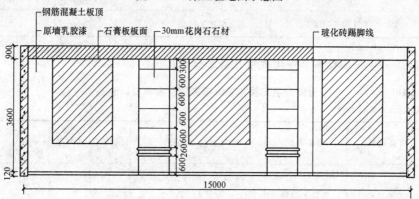

立面剖面图 1：40

注：图中尺寸为设计尺寸(以实际放样为准)

图 4-125　某工程大厅立面图

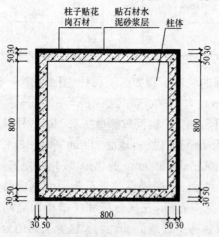

图 4-126　某工程大厅立柱剖面图

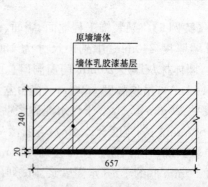

图 4-127　某工程墙体抹灰剖面图

【解】　(1)工程量计算。根据《房屋建筑与装饰工程工程量计算规范》(GB 50854—2013)附录 L、M、N、P 的相关工程量计算规则：

1)玻化砖地面工程量＝(15.00−0.24−0.04)×(21.00−0.24−0.04)−0.80× 0.80×4＝302.44m²

2)玻化砖踢脚线工程量＝{[(15.00−0.24−0.04)+(21.00−0.24−0.04)]×2− 4}×0.15＝10.03m²

3)墙面混合砂浆抹灰工程量＝[(15.00−0.24)+(21.00−0.24)]×2×3.60−80+ 11＝186.74m²

4)花岗石柱面工程量＝[0.80+(0.05+0.03)×2]×4×3.60×4＝55.30m²

5)轻钢龙骨石膏板吊顶天棚工程量＝(15.00−0.24−0.04)×(21.00−0.24− 0.04)−0.80×0.80×4−7＝295.44m²

6)墙面喷刷乳胶漆工程量＝[(15.00−0.24)+(21.00−0.24)]×2×3.60−80+ 11+15＝201.74m²

7)天棚喷刷乳胶漆工程量＝(15.00−0.24−0.04)×(21.00−0.24−0.04)− (0.80+0.05×2+0.03×2)×(0.80+0.05×2+0.03×2)×4−7＝294.31m²

工程量计算结果见表 4-107。

表 4-107　　　　　　　　　　**工程量计算表**

工程名称：某装饰工程

序号	项目编码	项目名称	工程量	计量单位
1	011102001001	玻化砖地面	302.44	m²
2	011105003001	玻化砖踢脚线	10.03	m²
3	011201001001	墙面混合砂浆抹灰	186.74	m²
4	011205001001	花岗石柱面	55.30	m²
5	011302001001	轻钢龙骨石膏板吊顶天棚	295.44	m²
6	011407001001	墙面喷刷乳胶漆	201.74	m²
7	011407002001	天棚喷刷乳胶漆	294.31	m²

(2)分部分项工程和单价措施项目清单编制见表 4-108。

表 4-108　　　　　**分部分项工程和单价措施项目清单与计价表**

工程名称：某装饰工程

序号	项目编码	项目名称	项目特征描述	计量单位	工程量	综合单价	合价
						金额/元	
1	011102001001	玻化砖地面	1. 找平层厚度、砂浆配合比：20厚 1：3 水泥砂浆 2. 结合层厚度、砂浆配合比：20厚 1：2 干硬性水泥砂浆 3. 面层品种、规格、颜色：米色玻化砖	m²	302.44		

续表

序号	项目编码	项目名称	项目特征描述	计量单位	工程量	金额/元	
						综合单价	合价
2	011105003001	玻化砖踢脚线	1. 踢脚线高度:150mm 2. 粘结层厚度、材料种类:4厚纯水泥浆(42.5级水泥中掺20%白乳胶) 3. 面层材料种类:玻化砖面层,白水泥擦缝	m²	10.03		
3	011201001001	墙面混合砂浆抹灰	1. 墙体类型:综合 2. 底层厚度、砂浆配合比:9厚1:1:6混合砂浆打底、7厚1:1:6混合砂浆垫层 3. 面层厚度、砂浆配合比:5厚1:0.3:2.5混合砂浆	m²	186.74		
4	011205001001	花岗石柱面	1. 柱截面类型、尺寸:800mm×800mm矩形柱 2. 安装方式:挂贴,石材与柱结构面之间50mm的空隙灌填1:3水泥砂浆 3. 缝宽、嵌缝材料种类:密缝,白水泥擦缝	m²	55.30		
5	011302001001	轻钢龙骨石膏板吊顶天棚	1. 吊顶形式、吊杆规格、高度:φ6.5吊杆,高度900mm 2. 龙骨材料种类、规格、中距:轻钢龙骨,规格、中距详见设计图纸 3. 面层材料种类、规格:厚纸面石膏板1200mm×2400mm×12mm	m²	295.44		
6	011407001001	墙面喷刷乳胶漆	1. 基层类型:抹灰面 2. 喷刷涂料部位:内墙面 3. 腻子种类:成品腻子 4. 刮腻子要求:符合施工及验收规范的平整度 5. 涂料品种、喷刷遍数:乳胶漆底漆一遍、面漆两遍	m²	201.74		

序号	项目编码	项目名称	项目特征描述	计量单位	工程量	金额/元	
						综合单价	合价
7	011407002001	天棚喷刷乳胶漆	1. 基层类型:石膏板面 2. 喷刷涂料部位:天棚 3. 腻子种类:成品腻子 4. 刮腻子要求:符合施工及验收规范的平整度 5. 涂料品种、喷刷遍数:乳胶漆底漆一遍、面漆两遍	m²	294.31		

【实例6】 (1)图4-128为某工程框架结构建筑物某层现浇混凝土及钢筋混凝土柱梁板结构,层高3.0m,其中板厚为120mm,梁、板顶标高为+6.00m,柱的区域部分为(+0.3~+6.00m)。

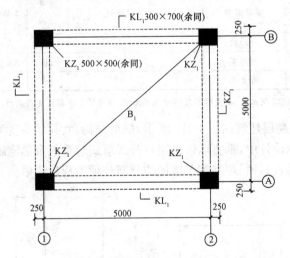

图4-128　某工程现浇钢筋混凝土柱梁板结构示意图

(2)某工程在招标文件中要求模板单列不计入混凝土实体项目综合单价,不采用清水模板。

试列出该层现浇混凝土柱、梁、板、模板工程的分部分项工程量清单。

【解】 (1)工程量计算。根据《房屋建筑与装饰工程工程量计算规范》(GB 50854—2013)附录S的相关工程量计算规则:

1)矩形柱模板工程量=4×[3×0.50×4−0.30×0.70×2−(0.50−0.30)×0.12×2]=22.13m²

2)矩形梁模板工程量=[(5.00−0.50)×(0.70×2+0.30)−(5.00−4.50)×0.12]×4=28.44m²

3)有梁板模板工程量＝(5.50－2×0.30)×(5.50－2×0.30)－(0.50－0.30)×(0.50－0.30)×4＝23.85m²

工程量计算结果见表4-109。

表 4-109　　　　　　　　　　**工程量计算表**

工程名称：某工程

序号	项目编码	项目名称	工程量	计量单位
1	011702002001	矩形柱	22.13	m²
2	011702006001	矩形梁	28.44	m²
3	011702014001	有梁板	23.85	m²

（2）分部分项工程和单价措施项目清单编制见表4-110。

表 4-110　　　　　　　**分部分项工程和单价措施项目清单与计价表**

工程名称：某工程

序号	项目编码	项目名称	项目特征描述	计量单位	工程量	金额/元	
						综合单价	合价
1	011702002001	矩形柱		m²	22.13		
2	011702006001	矩形梁		m²	28.44		
3	011702014001	有梁板		m²	23.85		

注：根据规定，若现浇混凝土梁、板支撑高度超过3.6m时，项目特征要描述支撑高度，否则不描述。

【实例7】　某高层建筑如图4-129所示，框剪结构，女儿墙高度为2.0m，在由某公司承包的施工组织设计中，垂直运输采用自升式塔式起重机及单笼施工电梯。试列出该高层建筑物的垂直运输、超高施工增加的分部分项工程量清单。

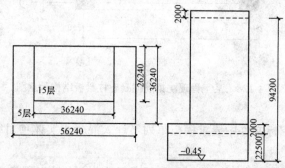

图 4-129　某高层建筑示意图

【解】　（1）工程量计算。根据《房屋建筑与装饰工程工程量计算规范》(GB 50854—2013)附录S的相关工程量计算规则：

1)垂直运输(檐高94.20m以内)工程量＝26.24×36.24×5＋36.24×26.24×15＝19018.75m²

2)垂直运输(檐高22.50m以内)工程量＝(56.24×36.24－36.24×26.24)×5

$=5436.00m^2$

3)超高施工增加工程量$=36.24×26.24×14=13313.13m^2$

工程量计算结果见表4-111。

表4-111 　　　　　　　　　　　　**工程量计算表**

工程名称:某工程

序号	项目编码	项目名称	工程量	计量单位
1	011703001001	垂直运输(檐高94.20m以内)	19018.75	m²
2	011703001002	垂直运输(檐高22.50m以内)	5436.00	m²
3	011704001001	超高施工增加	13313.13	m²

(2)分部分项工程和单价措施项目清单编制(表4-112)。

表4-112 　　　　　　　**分部分项工程和单价措施项目清单与计价表**

工程名称:某工程

序号	项目编码	项目名称	项目特征描述	计量单位	工程量	金额/元	
						综合单价	合价
1	011703001001	垂直运输(檐高94.20m以内)	1. 建筑物建筑类型及结构形式:现浇框架结构 2. 建筑物檐口高度、层数:94.20m、20层	m²	19018.75		
2	011703001002	垂直运输(檐高22.50m以内)	1. 建筑物建筑类型及结构形式:现浇框架结构 2. 建筑物檐口高度、层数:22.50m、5层	m²	5436.00		
3	011704001001	超高施工增加	1. 建筑物建筑类型及结构形式:现浇框架结构 2. 建筑物檐口高度、层数:94.20m、20层	m²	13313.13		

【实例8】 某建筑物施工图如图4-130和图4-131所示,要求:

(1)地面、踢脚线铺贴花岗岩面层,踢脚线高150mm;

(2)内墙面做中级抹灰;

(3)外墙面普通水泥白石子水刷石;

(4)独立柱镶贴大理石面层;

(5)门窗尺寸规格:C1:1500mm×2100mm、C2:2400mm×2100mm,均为双层的空腹钢窗;

　　　　M1:1500mm×3100mm,为平开有亮玻璃门;

　　　　M2:1000mm×3100mm,为半玻璃镶板门。

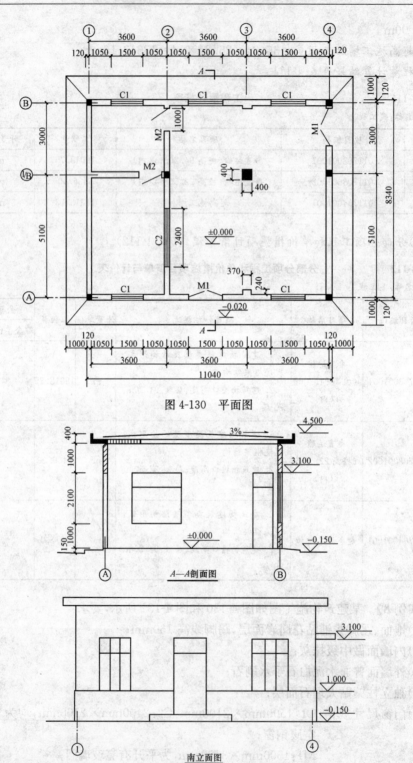

图 4-130　平面图

A—A剖面图

南立面图

图 4-131　建筑施工图

试列出该工程地面、墙面、柱等分部分项工程量清单。

【解】　(1)工程量计算。根据《房屋建筑与装饰工程工程量计算规范》(GB 50854—2013)附录 L、M 的相关工程量计算规则:

1)地面花岗岩面层工程量=室内净面积+门洞开口部分面积=(7.20-0.24)×(8.10-0.24)+(3.60-0.24)×(3.00-0.24)+(3.60-0.24)×(5.10-0.24)+(2×1.50+2×1)×0.24=81.51m²

2)踢脚线工程量=(8.10+7.20-2×0.24+3.00+3.60-2×0.24+5.10+3.60-2×0.24)×2×0.15=8.75m²

3)内墙抹灰工程量=内墙面积-门窗洞口面积+附墙垛两侧面积=[(8.10-0.24+7.20-0.24+3.00-0.24+3.60-0.24+5.10-0.24+3.60-0.24)×2×4.10]-(1.50×2.10×5+2.40×2.10×2+1.50×3.10×2+1×3.10×4)+(0.24×4.10×4)=195.52m²

4)外墙水刷石工程量=外墙面积-门窗洞口面积=[(11.04+8.34)×2×(4.50+0.15)]-(1.50×2.10×5+1.50×3.10×2)=155.18m²

5)独立柱镶贴大理石面层工程量=4.10×0.40×4=6.56m²

工程量计算结果见表4-113。

表4-113　　　　　　　　　　工程量计算表

工程名称:某高校实习工厂

序号	项目编码	项目名称	工程量	计量单位
1	011102003001	块料楼地面	81.51	m²
2	011105003001	块料踢脚线	8.75	m²
3	011201001001	墙面一般抹灰	195.52	m²
4	011201002001	墙面装饰抹灰	155.18	m²
5	011205002001	块料柱面	6.56	m²

(2)分部分项工程和单价措施项目清单编制见表4-114。

表4-114　　　　　分部分项工程和单价措施项目清单与计价表

工程名称:某高校实习工厂

序号	项目编码	项目名称	项目特征描述	计量单位	工程量	金额/元	
						综合单价	合价
1	011102003001	块料楼地面	面层材料:花岗岩面层	m²	81.51		
2	011105003001	块料踢脚线	1. 踢脚线高度:150mm 2. 面层材料:花岗岩面层	m²	8.75		

续表

序号	项目编码	项目名称	项目特征描述	计量单位	工程量	金额/元	
						综合单价	合价
3	011201001001	墙面一般抹灰	1. 墙体类型:内墙 2. 装饰面材料种类:中级抹灰	m²	195.52		
4	011201002001	墙面装饰抹灰	1. 墙体类型:外墙 2. 装饰面材料种类:普通水泥白石子水刷石	m²	155.18		
5	011205002001	块料柱面	独立柱镶贴大理石面层	m²	6.56		

第五章 工程量清单计价

第一节 工程量清单计价一般规定

一、计价方式

(1)使用国有资金投资的建设工程发承包,必须采用工程量清单计价。

(2)非国有资金投资的建设工程,宜采用工程量清单计价。

(3)不采用工程量清单计价的建设工程,应执行《建设工程工程量清单计价规范》(GB 50500—2013)中除工程量清单等专门性规定外的其他规定。

(4)工程量清单应采用综合单价计价。

(5)措施项目中的安全文明施工费必须按国家或省级、行业建设主管部门的规定计算,不得作为竞争性费用。

(6)规费和税金必须按国家或省级、行业建设主管部门的规定计算,不得作为竞争性费用。

二、计价风险

(1)建设工程发承包,必须在招标文件、合同中明确计价中的风险内容及其范围,不得采用无限风险、所有风险或类似语句规定计价中的风险内容及范围。

(2)由于下列因素出现,影响合同价款调整的,应由发包人承担:

1)国家法律、法规、规章和政策发生变化;

2)省级或行业建设主管部门发布的人工费调整,但承包人对人工费或人工单价的报价高于发布的除外;

3)对政府定价或政府指导价管理的原材料等价格进行了调整。

(3)因承包人原因导致工期延误的,应按下列规定执行:

1)招标工程以投标截止日前 28 天、非招标工程以合同签订前 28 天为基准日,其后因国家的法律、法规、规章和政策发生变化引起工程造价增减变化的,应在合同工程原定竣工时间之后,合同价款调增的不予调整,合同价款调减的予以调整。

2)因非承包人原因导致工期延误的,计划进度日期后续工程的价格,应采用计划进度日期与实际进度日期两者的较高者。

3)因承包人原因导致工期延误的,计划进度日期后续工程的价格,应采用计划进度日期与实际进度日期两者的较低者。

（4）由于市场物价波动影响合同价款的，应由发承包双方合理分摊；当合同中没有约定，发承包双方发生争议时，应按后述第六章的相关规定调整合同价款。

（5）由于承包人使用机械设备、施工技术以及组织管理水平等自身原因造成施工费用增加的，应由承包人全部承担。

（6）当不可抗力发生，影响合同价款时，应按后述第六章的相关规定执行。

第二节　工程量清单计价费用的确定

一、综合单价的确定

综合单价是指"完成工程量清单中一个规定的计量单位项目所需的人工费、材料费、机械费、管理费和利润，并考虑风险"的单价，是试计算分部分项工程费及措施项目费的基础。

1. 人工费的计算

公式1：

$$人工费 = \sum （工日消耗量 \times 日工资单价） \tag{5-1}$$

$$日工资单价 = \frac{生产工人平均月工资（计时、计件）+平均月（奖金+津贴补贴+特殊情况下支付的工资）}{年平均每月法定工作日} \tag{5-2}$$

注：公式1主要适用于施工企业投标报价时自主确定人工费，也是工程造价管理机构编制计价定额确定定额人工单价或发布人工成本信息的参考依据。

公式2：

$$人工费 = \sum （工程工日消耗量 \times 日工资单价） \tag{5-3}$$

注：公式2适用于工程造价管理机构编制计价定额时确定定额人工费，是施工企业投标报价的参考依据。

人工费计算公式中的日工资单价是指施工企业平均技术熟练程度的生产工人在每工作日（国家法定工作时间内）按规定从事施工作业应得的日工资总额。工程造价管理机构确定日工资单价应通过市场调查，根据工程项目的技术要求，参考实物工程量人工单价综合分析确定，最低日工资单价不得低于工程所在地人力资源和社会保障部门所发布的最低工资标准的：普工1.3倍、一般技工2倍、高级技工3倍。

工程计价定额不可只列一个综合工日单价，应根据工程项目技术要求和工种差别适当划分多种日人工单价，确保各分部工程人工费的合理构成。

2. 材料费的计算

（1）材料费。

$$材料费 = \sum （材料消耗量 \times 材料单价） \tag{5-4}$$

$$材料单价=[(材料原价+运杂费)×〔1+运输损耗率(\%)〕]× \\ [1+采购保管费率(\%)] \tag{5-5}$$

(2)工程设备费。

$$工程设备费=\sum(工程设备量×工程设备单价) \tag{5-6}$$

$$工程设备单价=(设备原价+运杂费)×[1+采购保管费率(\%)] \tag{5-7}$$

3. 施工机具使用费的计算

(1)施工机械使用费。

$$施工机械使用费=\sum(施工机械台班消耗量×机械台班单价) \tag{5-8}$$

$$机械台班单价=台班折旧费+台班大修费+台班经常修理费+台班安拆费 \\ 及场外运费+台班人工费+台班燃料动力费+台班车船税费 \tag{5-9}$$

注:工程造价管理机构在确定计价定额中的施工机械使用费时,应根据《建筑施工机械台班费用计算规则》结合市场调查编制施工机械台班单价。施工企业可以参考工程造价管理机构发布的台班单价,自主确定施工机械使用费的报价,如租赁施工机械,公式为:施工机械使用费=∑(施工机械台班消耗量×机械台班租赁单价)

(2)仪器仪表使用费。

$$仪器仪表使用费=工程使用的仪器仪表摊销费+维修费 \tag{5-10}$$

4. 企业管理费的费率计算

(1)以分部分项工程费为计算基础。

$$企业管理费费率(\%)=\frac{生产工人年平均管理费}{年有效施工天数×人工单价}× \\ 人工费占分部分项工程费比例(\%) \tag{5-11}$$

(2)以人工费和机械费合计为计算基础。

$$企业管理费费率(\%)=\frac{生产工人年平均管理费}{年有效施工天数×(人工单价+每一工日机械使用费)}×100\% \tag{5-12}$$

(3)以人工费为计算基础。

$$企业管理费费率(\%)=\frac{生产工人年平均管理费}{年有效施工天数×人工单价}×100\% \tag{5-13}$$

注:上述公式适用于施工企业投标报价时自主确定管理费,是工程造价管理机构编制计价定额确定企业管理费的参考依据。

工程造价管理机构在确定计价定额中企业管理费时,应以定额人工费或(定额人工费+定额机械费)作为计算基数,其费率根据历年工程造价积累的资料,辅以调查数据确定,列入分部分项工程和措施项目中。

5. 利润

利润的报价应符合下列规定:

（1）施工企业根据企业自身需求并结合建筑市场实际自主确定，列入报价中。

（2）工程造价管理机构在确定计价定额中的利润时，应以定额人工费或（定额人工费＋定额机械费）作为计算基数，其费率根据历年工程造价积累的资料，并结合建筑市场实际确定，以单位（单项）工程测算，利润在税前建筑安装工程费的比重可按不低于5％且不高于7％的费率计算。利润应列入分部分项工程和措施项目中。

二、工程量清单项目费用的确定

1. 分部分项工程费的确定

分部分项工程费的计算公式如下：

$$分部分项工程费 = \sum（分部分项工程量 \times 综合单价） \qquad (5\text{-}14)$$

式中：综合单价包括人工费、材料费、施工机具使用费、企业管理费和利润以及一定范围的风险费用。

2. 措施项目费的确定

（1）国家计量规范规定应予计量的措施项目，其计算公式为：

$$措施项目费 = \sum（措施项目工程量 \times 综合单价） \qquad (5\text{-}15)$$

（2）国家计量规范规定不应计量的措施项目计算方法如下：

1）安全文明施工费。

$$安全文明施工费 = 计算基数 \times 安全文明施工费费率（\%） \qquad (5\text{-}16)$$

式中：计算基数应为定额基价（定额分部分项工程费＋定额中可以计量的措施项目费）、定额人工费或（定额人工费＋定额机械费），其费率由工程造价管理机构根据各专业工程的特点综合确定。

2）夜间施工增加费。

$$夜间施工增加费 = 计算基数 \times 夜间施工增加费费率（\%） \qquad (5\text{-}17)$$

3）二次搬运费。

$$二次搬运费 = 计算基数 \times 二次搬运费费率（\%） \qquad (5\text{-}18)$$

4）冬雨季施工增加费。

$$冬雨季施工增加费 = 计算基数 \times 冬雨季施工增加费费率（\%） \qquad (5\text{-}19)$$

5）已完工程及设备保护费。

$$已完工程及设备保护费 = 计算基数 \times 已完工程及设备保护费费率（\%） \qquad (5\text{-}20)$$

上述 2）～5）项措施项目的计费基数应为定额人工费或（定额人工费＋定额机械费），其费率由工程造价管理机构根据各专业工程特点和调查资料综合分析后确定。

3. 其他项目费报价的规定

（1）暂列金额。暂列金额由建设单位根据工程特点，按有关计价规定估算，施工过程中由建设单位掌握使用,扣除合同价款调整后如有余额,归建设单位。

(2)计日工由建设单位和施工企业按施工过程中的签证计价。

(3)总承包服务费由建设单位在招标控制价中根据总包服务范围和有关计价规定编制,施工企业投标时自主报价,施工过程中按签约合同价执行。

4. 规费报价的规定

规费包括社会保险费、住房公积金及工程排污费。

社会保险费和住房公积金应以定额人工费为计算基础,根据工程所在地省、自治区、直辖市或行业建设主管部门规定费率计算。其计算公式如下:

$$社会保险费和住房公积金 = \sum(工程定额人工费 \times$$
$$社会保险费和住房公积金费率) \qquad (5-21)$$

式中,社会保险费和住房公积金费率可以每万元发承包价的生产工人人工费和管理人员工资含量与工程所在地规定的缴纳标准综合分析取定。

工程排污费等其他应列而未列入的规费应按工程所在地环境保护等部门规定的标准缴纳,按实计取列入。

5. 税金报价的规定

税金的计算公式如下:

$$税金 = 税前造价 \times 综合税率(\%) \qquad (5-22)$$

综合税率的计算应符合下列规定:

(1)纳税地点在市区的企业:

$$综合税率(\%) = \frac{1}{1-3\%-3\%\times7\%-3\%\times3\%-3\%\times2\%} - 1 \qquad (5-23)$$

(2)纳税地点在县城、镇的企业:

$$综合税率(\%) = \frac{1}{1-3\%-3\%\times5\%-3\%\times3\%-3\%\times2\%} - 1 \qquad (5-24)$$

(3)纳税地点不在市区、县城、镇的企业:

$$综合税率(\%) = \frac{1}{1-3\%-3\%\times1\%-3\%\times3\%-3\%\times2\%} - 1 \qquad (5-25)$$

(4)实行营业税改增值税的,按纳税地点现行税率计算。

第三节　工程量清单计价程序

一、工程招标控制价计价程序

建设单位工程招标控制价计价程序见表5-1。

表 5-1　　　　　　　　　　建设单位工程招标控制价计价程序

工程名称：　　　　　　　　　　　　　　标段：

序号	内　容	计算方法	金额/元
1	分部分项工程费	按计价规定计算	
1.1			
1.2			
1.3			
1.4			
1.5			
2	措施项目费	按计价规定计算	
2.1	其中:安全文明施工费	按规定标准计算	
3	其他项目费		
3.1	其中:暂列金额	按计价规定估算	
3.2	其中:专业工程暂估价	按计价规定估算	
3.3	其中:计日工	按计价规定估算	
3.4	其中:总承包服务费	按计价规定估算	
4	规费	按规定标准计算	
5	税金(扣除不列入计税范围的工程设备金额)	(1+2+3+4)×规定税率	

招标控制价合计＝1+2+3+4+5

二、工程投标报价计价程序

施工企业工程投标报价计价程序见表 5-2。

表 5-2　　　　　　　　　　施工企业工程投标报价计价程序

工程名称：　　　　　　　　　　　　　　标段：

序号	内　容	计算方法	金额/元
1	分部分项工程费	自主报价	
1.1			
1.2			
1.3			
1.4			
1.5			
2	措施项目费	自主报价	
2.1	其中:安全文明施工费	按规定标准计算	
3	其他项目费		
3.1	其中:暂列金额	按招标文件提供金额计列	
3.2	其中:专业工程暂估价	按招标文件提供金额计列	
3.3	其中:计日工	自主报价	
3.4	其中:总承包服务费	自主报价	
4	规费	按规定标准计算	
5	税金(扣除不列入计税范围的工程设备金额)	(1+2+3+4)×规定税率	

投标报价合计＝1+2+3+4+5

三、工程竣工结算计价程序

工程竣工结算计价程序见表 5-3。

表 5-3　　　　　　　　　　　　　**工程竣工结算计价程序**

工程名称：　　　　　　　　　　　　　　标段：

序号	汇总内容	计算方法	金额/元
1	分部分项工程费	按合同约定计算	
1.1			
1.2			
1.3			
1.4			
1.5			
2	措施项目	按合同约定计算	
2.1	其中：安全文明施工费	按规定标准计算	
3	其他项目		
3.1	其中：专业工程结算价	按合同约定计算	
3.2	其中：计日工	按计日工签证计算	
3.3	其中：总承包服务费	按合同约定计算	
3.4	索赔与现场签证	按发承包双方确认数额计算	
4	规费	按规定标准计算	
5	税金（扣除不列入计税范围的工程设备金额）	（1+2+3+4）×规定税率	

竣工结算总价合计＝1+2+3+4+5

第四节　招标控制价编制

一、招标控制价作用

（1）我国对国有资金投资项目的投资控制实行的是投资概算审批制度，国有资金投资的工程原则上不能超过批准的投资概算。因此，在工程招标发包时，当编制的招标控制价超过批准的概算，招标人应当将其报原概算审批部门重新审核。

（2）国有资金投资的工程进行招标，根据《中华人民共和国招标投标法》的规定，招标人可以设标底。当招标人不设标底时，为有利于客观、合理地评审投标报价和避免哄抬标价，造成国有资产流失，招标人必须编制招标控制价。

（3）国有资金投资的工程，招标人编制并公布的招标控制价相当于招标人的采购预算，同时要求其不能超过批准的概算，因此，招标控制价是招标人在工程招标时能接受投标人报价的最高限价。

二、招标控制价编制人员

招标控制价应由具有编制能力的招标人编制，当招标人不具有编制招标控制价的能力时,可委托具有相应资质的工程造价咨询人编制。工程造价咨询人已接受招标人委托编制招标控制价的,不得再就同一工程接受投标人委托编制投标报价。

所谓具有相应工程造价咨询资质的工程造价咨询人是指根据《工程造价咨询企业管理办法》(建设部令第 149 号)的规定,依法取得工程造价咨询企业资质,并在其资质许可的范围内接受招标人的委托,编制招标控制价的工程造价咨询企业。即取得甲级工程造价咨询资质的咨询人可承担各类建设项目的招标控制价编制,取得乙级(包括乙级暂定)工程造价咨询资质的咨询人,则只能承担 5000 万元以下的招标控制价的编制。

三、招标控制价编制依据

(1)《建设工程工程量清单计价规范》(GB 50500—2013);

(2)国家或省级、行业建设主管部门颁发的计价定额和计价办法;

(3)建设工程设计文件及相关资料;

(4)拟定的招标文件及招标工程量清单;

(5)与建设项目相关的标准、规范、技术资料;

(6)施工现场情况、工程特点及常规施工方案;

(7)工程造价管理机构发布的工程造价信息,当工程造价信息没有发布时,参照市场价;

(8)其他的相关资料。

四、招标控制价编制与复核要求

招标控制价的作用决定了招标控制价不同于标底,无须保密。为体现招标的公平、公正,防止招标人有意抬高或压低工程造价,招标人应在招标文件中如实公布招标控制价,不得对所编制的招标控制价进行上浮或下调。招标人在招标文件中公布招标控制价时,应公布招标控制价各组成部分的详细内容,不得只公布招标控制价总价。

招标控制价是招标人根据国家或省级、行业建设主管部门颁发的有关计价依据和办法,是按设计施工图纸计算的,对招标工程限定的最高工程造价。国有资金投资的工程建设项目必须实行工程量清单招标,并必须编制招标控制价。

招标人应将招标控制价及有关资料报送工程所在地或有该工程管辖权的行业管理部门工程造价管理机构备查。

(1)综合单价中应包括招标文件中划分的应由投标人承担的风险范围及其费用。招标文件中没有明确的,如是工程造价咨询人编制,应提请招标人明确;如是招标人编制,应予明确。

(2)分部分项工程和措施项目中的单价项目,应根据拟定的招标文件和招标工程量清单项目中的特征描述及有关要求确定综合单价计算。招标文件中提供了暂估单价的材料,按暂估的单价计入综合单价。

(3)措施项目中的总价项目应根据拟定的招标文件和常规施工方案采用综合单价计价。措施项目中的安全文明施工费必须按国家或省级、行业建设主管部门的规定计算,不得作为竞争性费用。

(4)其他项目费应按下列规定计价:

1)暂列金额。暂列金额应按招标工程量清单中列出的金额填写。

2)暂估价。暂估价包括材料暂估单价、工程设备暂估单价和专业工程暂估价。暂估价中的材料、工程设备单价应根据招标工程量清单列出的单价计入综合单价。

3)计日工。计日工包括计日工人工、材料和施工机械。在编制招标控制价时,对计日工中的人工单价和施工机械台班单价应按省级、行业建设主管部门或其授权的工程造价管理机构公布的单价计算;材料应按工程造价管理机构发布的工程造价信息中的材料单价计算,工程造价信息未发布材料单价的材料,其价格应按市场调查确定的单价计算。

4)总承包服务费。招标人编制招标控制价时,总承包服务费应根据招标文件中列出的内容和向总承包人提出的要求,按照省级或行业建设主管部门的规定或参照下列标准计算:

①招标人仅要求对分包的专业工程进行总承包管理和协调时,按分包的专业工程估算造价的 1.5% 计算;

②招标人要求对分包的专业工程进行总承包管理和协调,并同时要求提供配合服务时,应根据招标文件中列出的配合服务内容和提出的要求,按分包的专业工程估算造价的 3%～5% 计算;

③招标人自行供应材料的,按招标人供应材料价值的 1% 计算。

(5)招标控制价的规费和税金必须按国家或省级、行业建设主管部门的规定计算。

五、招标控制价编制内容

根据《建设工程工程量清单计价规范》(GB 50500—2013)的相关规定,招标控制价宜采用统一的格式。各省、自治区、直辖市建设行政主管部门和行业建设主管部门可根据本地区、本行业的实际情况,在《建设工程工程量清单计价规范》(GB 50500—2013)附录 B 至附录 L 的基础上补充完善。

招标控制价编制内容如下:

(1)招标控制价使用的表格包括:招标控制价封面,招标控制价扉页,工程计价总说明,建设项目招标控制价汇总表,单项工程招标控制价汇总表,单位工程招标控制价汇总表,分部分项工程和单价措施项目清单与计价表,综合单价分析表,总价措施项目清单与计价表,其他项目清单与计价汇总表,暂列金额明细表,材料(工程设备)暂估单价及调整表,专业工程暂估价及结算价表,计日工表,总承包服务费计价表,规费、税金项目计价表,发包人提供材料和工程设备一览表,承包人提供主要材料和工程设备一览表,具体格式参见《建设工程工程量清单计价规范》(GB 50500—2013)附录 B 至附录 L 相关内容。

(2)扉页应按规定的内容填写、签字、盖章,受委托编制的招标控制价,由造价员编制的应由负责审核的造价工程师签字、盖章以及工程造价咨询人盖章。

（3）总说明应按下列内容填写：

1）工程概况：建设规模、工程特征、计划工期、合同工期、实际工期、施工现场及变化情况、施工组织设计的特点、自然地理条件、环境保护要求等。

2）编制依据等。

六、编制招标控制价注意事项

（1）使用的计价标准、计价政策应是国家或省、自治区、直辖市建设行政主管部门或行业建设主管部门颁布的计价定额和计价方法；

（2）采用的材料价格应是工程造价管理机构通过工程造价信息发布的材料单价，工程造价信息未发布材料单价的材料，其材料价格应通过市场调查确定；

（3）国家或省、自治区、直辖市建设行政主管部门或行业建设主管部门对工程造价计价中费用或费用标准有规定的，应按规定执行。

七、投诉与处理

投标人经复核认为招标人公布的招标控制价未按照《建设工程工程量清单计价规范》（GB 50500—2013）的规定进行编制的，应在招标控制价公布后 5 天内向招投标监督机构和工程造价管理机构投诉。

投诉人不得进行虚假、恶意投诉，阻碍招投标活动的正常进行。投诉人投诉时，应当提交由单位盖章和法定代表人或其委托人签名或盖章的书面投诉书。

1. 投诉书内容

（1）投诉人与被投诉人的名称、地址及有效联系方式；

（2）投诉的招标工程名称、具体事项及理由；

（3）投诉依据及有关证明材料；

（4）相关的请求及主张。

2. 投诉审查与处理

（1）工程造价管理机构在接到投诉书后应在 2 个工作日内进行审查，对有下列情况之一的，不予受理：

1）投诉人不是所投诉招标工程招标文件的收受人；

2）投诉书提交的时间不符合规定的；

3）投诉书不符合规定的；

4）投诉事项已进入行政复议或行政诉讼程序的。

（2）工程造价管理机构应在不迟于结束审查的次日将是否受理投诉的决定书面通知投诉人、被投诉人以及负责该工程招投标监督的招投标管理机构。

（3）工程造价管理机构受理投诉后，应立即对招标控制价进行复查，组织投诉人、被投诉人或其委托的招标控制价编制人等单位人员对投诉问题逐一核对。有关当事人应当予以配合，并应保证所提供资料的真实性。

（4）工程造价管理机构应当在受理投诉的 10 天内完成复查，特殊情况下可适当延长，并做出书面结论通知投诉人、被投诉人及负责该工程招投标监督的招投标管理机构。

（5）当招标控制价复查结论与原公布的招标控制价误差大于±3％时，应当责成招标人改正。

（6）招标人根据招标控制价复查结论需要重新公布招标控制价的，其最终公布的时间至招标文件要求提交投标文件截止时间不足 15 天的，应相应延长投标文件的截止时间。

第五节　投标报价编制

一、投标报价编制依据

（1）《建设工程工程量清单计价规范》（GB 50500—2013）；

（2）国家或省级、行业建设主管部门颁发的计价办法；

（3）企业定额，国家或省级、行业建设主管部门颁发的计价定额和计价办法；

（4）招标文件、招标工程量清单及其补充通知、答疑纪要；

（5）建设工程设计文件及相关资料；

（6）施工现场情况、工程特点及投标时拟定的施工组织设计或施工方案；

（7）与建设项目相关的标准、规范等技术资料；

（8）市场价格信息或工程造价管理机构发布的工程造价信息；

（9）其他的相关资料。

二、投标报价编制与复核要求

投标价应由投标人或受其委托具有相应资质的工程造价咨询人编制，编制要求如下：

（1）投标报价不低于工程成本。

（2）投标人必须按照招标人工程量清单填报价格。项目编码、项目名称、项目特征、计量单位、工程量必须与招标工程量清单一致。

（3）投标人的投标报价高于招标控制价的应予废标。

（4）综合单价中应包括招标文件中划分的应由投标人承担的风险范围及其费用，招标文件中没有明确的，应提请招标人明确。

（5）分部分项工程和措施项目中的单价项目，应根据招标文件和招标工程量清单项目中的特征描述确定综合单价计算。

（6）投标人可根据工程实际情况并结合施工组织设计，对招标人所列的措施项目进行增补。由于各投标人拥有的施工装备、技术水平和采用的施工方法有所差异，招标人提出的措施项目清单是根据一般情况确定的，没有考虑不同投标人的"个性"，投标人投标时应根据自身编制的投标施工组织设计或施工方案确定措施项目，对招标人提供的措施项目进行调整。投标人根据投标施工组织设计或施工方案调整和确定的措施项目应通过评标委员会的评审。

措施项目中的总价项目应采用综合单价计价。其中安全文明施工费应按国家或省级、行业建设主管部门的规定确定,且不得作为竞争性费用。

(7)其他项目应按下列规定报价:

1)暂列金额应按招标工程量清单中列出的金额填写,不得变动;

2)材料、工程设备暂估价应按招标工程量清单中列出的单价计入综合单价,不得变动和更改;

3)专业工程暂估价应按招标工程量清单中列出的金额填写,不得变动和更改;

4)计日工应按招标工程量清单中列出的项目和数量,自主确定综合单价并计算计日工金额;

5)总承包服务费应依据招标工程量清单中列出的专业工程暂估价内容和供应材料、设备情况,按照招标人提出协调、配合与服务要求和施工现场管理自主确定。

(8)规费和税金应按国家或省级、行业建设主管部门的规定计算,不得作为竞争性费用。规费和税金的计取标准是依据有关法律、法规和政策规定制定的,具有强制性。投标人是法律、法规和政策的执行者,不能改变,更不能制定,而必须按照法律、法规、政策的有关规定执行。

(9)招标工程量清单与计价表中列明的所有需要填写单价和合价的项目,投标人均应填写且只允许有一个报价。未填写单价和合价的项目,可视为此项费用已包含在已标价工程量清单中其他项目的单价和合价之中。当竣工结算时,此项目不得重新组价予以调整。

(10)实行工程量清单招标,投标人的投标总价应当与组成已标价工程量清单的分部分项工程费、措施项目费、其他项目费和规费、税金的合计金额相一致,即投标人在投标报价时,不能进行投标总价优惠(或降价、让利),投标人对招标人的任何优惠(或降价、让利)均应反映在相应清单项目的综合单价中。

三、投标报价编制内容

根据《建设工程工程量清单计价规范》(GB 50500—2013)的相关规定,投标报价宜采用统一的格式。各省、自治区、直辖市建设行政主管部门和行业建设主管部门可根据本地区、本行业的实际情况,在《建设工程工程量清单计价规范》(GB 50500—2013)附录 B 至附录 L 的基础上补充完善。

投标报价编制内容如下:

(1)投标报价使用的表格包括:投标总价封面,投标总价扉页,工程计价总说明,建设项目投标报价汇总表,单项工程投标报价汇总表,单位工程投标报价汇总表,分部分项工程和单价措施项目清单与计价表,综合单价分析表,总价措施项目清单与计价表,其他项目清单与计价汇总表,暂列金额明细表,材料(工程设备)暂估单价及调整表,专业工程暂估价及结算价表,计日工表,总承包服务费计价表,规费、税金项目计价表,总价项目进度款支付分解表及招标文件提供的发包人提供材料和工程设备一览表,承包人提供主要材料和工程设备一览表,具体格式参见《建设工程工程量清单计价规范》(GB 50500—2013)附录 B 至附录 L 相关内容。

(2)扉页应按规定的内容填写、签字、盖章,除承包人自行编制的投标报价外,受委托编制的投标报价,由造价员编制的应由负责审核的造价工程师签字、盖章以及工程造价咨询人盖章。

(3)总说明应按下列内容填写:

1)工程概况:建设规模、工程特征、计划工期、合同工期、实际工期、施工现场及变化情况、施工组织设计的特点、自然地理条件、环境保护要求等。

2)编制依据等。

四、投标报价编制实例

××住宅楼装饰装修工程投标报价编制实例如下(表 5-4～表 5-19):

表 5-4　　　　　　　　　　投标总价封面

<u>　　　　××住宅楼装饰装修　　　　</u>工程

投标总价

投　标　人:<u>　　　　　××　　　　　</u>
（单位盖章）

××年×月×日

表 5-5　　　　　　　　　　　　　投标总价扉页

投 标 总 价

招　　标　　人：_____ ××

工　程　名　称：_____ ××住宅楼装饰装修工程

投标总价(小写)：_____ 232203.24

　　　　(大写)：_____ 贰拾叁万贰仟贰佰零叁元贰角肆分

投　　标　　人：_____ ××

　　　　　　　　　　　　(单位盖章)

法定代表人

或其授权人：_____ ××

　　　　　　　　　　　　(签字或盖章)

编　　制　　人：_____ ××

　　　　　　　　　　　(造价人员签字盖专用章)

编 制 时 间：××年×月×日

表 5-6 　　　　　　　　 总 说 明

工程名称：××住宅楼装饰装修工程　　　　　　　　　　　　　　　第 页 共 页

1. 编制依据：

1.1 建设方提供的××楼土建施工图、招标邀请书等一系列招标文件。

2. 编制说明：

2.1 经核算建设方招标书中发布的"工程量清单"中的工程数量基本无误。

2.2 经我公司实际进行市场调查后，建筑材料市场价格确定如下：

2.2.1 砂、石材料因该工程在远郊，且工程附近 100m 处有一砂石场，故砂、石材料报价在标底价上下浮 10%。

2.2.2 其他所有材料均在×市建设工程造价主管部门发布的市场材料价格上下浮 3%。

2.2.3 按我公司目前资金和技术能力、该工程各项施工费率值取定如下：（略）

2.2.4 税金按 3.413%计取。

表-01

表 5-7 　　　　　　　 建设项目投标报价汇总表

工程名称：××住宅楼装饰装修工程　　　　　　　　　　　　　　　第 页 共 页

序号	单项工程名称	金额/元	其中:/元		
			暂估价	安全文明施工费	规费
1	××住宅楼装饰装修工程	232203.24	4800.00	12714.17	14494.15
	合　计	232203.24	4800.00	12714.17	14494.15

注：本表适用于建设项目招标控制价或投标报价的汇总。

表-02

表 5-8　　　　　　　　　　　　**单项工程投标报价汇总表**

工程名称:××住宅楼装饰装修工程　　　　　　　　　　　　　　　　　　第　页　共　页

序号	单位工程名称	金额/元	其中:/元		
			暂估价	安全文明施工费	规费
1	××住宅楼装饰装修工程	232203.24	4800.00	12714.17	14494.15
	合　计	232203.24	4800.00	12714.17	14494.15

注:本表适用于单项工程招标控制价或投标报价的汇总。暂估价包括分部分项工程中的暂估价和专业工程暂估价。

表-03

表 5-9　　　　　　　　　　　　**单位工程投标报价汇总表**

工程名称:　　　　　　　　　　　　标段:　　　　　　　　　　　　第　页　共　页

序号	汇总内容	金额/元	其中:暂估价/元
1	分部分项工程	145304.81	4800.00
0111	楼地面装饰工程	46668.02	4400.00
0112	墙、柱面装饰与隔断、幕墙工程	26793.85	
0113	天棚工程	11710.35	400.00
0108	门窗工程	50163.63	
0114	油漆、涂料、裱糊工程	1942.09	
0115	其他装饰工程	8026.87	
2	措施项目	26899.89	
0117	其中:安全文明施工费	12714.17	—
3	其他项目	37840.85	
3.1	其中:暂列金额	10000.00	
3.2	其中:专业工程暂估价	20000.00	
3.3	其中:计日工	6402.45	
3.4	其中:总承包服务费	1438.40	
4	规费	14494.15	—
5	税金	7663.54	—
	投标报价合计=1+2+3+4+5	232203.24	4800.00

注:本表适用于单位工程招标控制价或投标报价的汇总,如无单位工程划分,单项工程也使用本表汇总。

表-04

表 5-10　　　　　　　**分部分项工程和单价措施项目清单与计价表**

工程名称:××住宅楼装饰装修工程　　　　　　标段:　　　　　　　　第　页　共　页

序号	项目编码	项目名称	项目特征描述	计量单位	工程量	金额/元		
						综合单价	合价	其中 暂估价
			0111　楼地面装饰工程					
1	011101001001	水泥砂浆楼地面	1:2水泥砂浆,厚20mm	m²	10.68	8.62	92.06	
2	011102001001	石材楼地面	一层营业大理石地面,混凝土垫层C10砾40,0.08m,0.8m×0.8m大理石面层	m²	83.25	203.75	16962.19	
3	011102003001	块料楼地面	混凝土垫层C10砾40,0.10m×0.40m地面砖面层	m²	45.34	64.88	2941.66	
4	011102003002	块料楼地面	卫生间防滑地砖地面,混凝土垫层C10砾40,厚0.08m,C20砾10混凝土找坡0.5%,1:2水泥砂浆找平	m²	8.27	145.28	1201.47	
5	011102003003	块料楼地面	地砖楼面,结合层25mm厚,1:4干硬性混凝土0.40m×0.40m地面砖	m²	237.89	47.25	11240.30	
6	011102003004	块料楼地面	卫生间防滑地砖地面,C20砾10,混凝土找坡0.5%,1:2水泥砂浆找平	m²	16.29	134.56	2191.98	
7	011105002001	石材踢脚线	高150mm,15mm厚1:3水泥砂浆,10mm厚大理石板	m²	5.51	235.49	1297.55	
8	011105003001	块料踢脚线	高150mm,17mm厚2:1:8水泥、石灰砂浆,3~4mm厚1:1水泥砂浆加20%108胶	m²	37.32	52.49	1958.93	
9	011106002001	块料楼梯面层	20mm厚1:3水泥砂浆,0.40mm×0.40mm×0.10mm面砖	m²	18.42	99.02	1823.95	
10	011107001001	石材台阶面	1:3:6石灰、砂、碎石垫层20mm厚,C15砾40混凝土垫层10mm厚,花岗岩面层	m²	22.00	316.27	6957.94	4400.00
			分部小计				46668.02	4400.00

续表

序号	项目编码	项目名称	项目特征描述	计量单位	工程量	综合单价	合价	其中 暂估价
			0112　墙、柱面装饰与隔断、幕墙工程					
11	011201001001	墙面一般抹灰	混合砂浆 15mm 厚,888 涂料三遍	m²	926.15	13.28	12299.27	
12	011201001002	墙面一般抹灰	外墙抹混合砂浆及外墙漆,1∶2 水泥砂浆 20mm 厚	m²	534.63	21.45	11467.81	
13	011201001003	墙面一般抹灰	女儿墙内侧抹灰水泥砂浆,1∶2 水泥砂浆 20mm 厚	m²	67.25	8.66	582.39	
14	011203001001	零星项目一般抹灰	女儿墙压顶抹灰水泥砂浆,1∶2 水泥砂浆 21mm 厚	m²	12.13	20.48	248.42	
15	011203001002	零星项目一般抹灰	出入孔内侧四周粉水泥砂浆,1∶2 水泥砂浆 20mm 厚	m²	1.25	21.02	26.28	
16	011203001003	零星项目一般抹灰	雨篷装饰,上部、四周抹1∶2水泥砂浆,涂外墙漆,底部抹混合砂浆,888 涂料三遍	m²	20.83	80.22	1670.98	
17	011203001004	零星项目一般抹灰	水箱外粉水泥砂浆立面,1∶2 水泥砂浆 20mm 厚	m²	13.71	9.04	123.94	
18	011204003001	块料墙面	墙砖面层,17mm 厚1∶3 水泥砂浆	m²	13.71	8.56	117.36	
19	011206002001	块料零星项目	污水池,混凝土面层,17mm 厚 1∶3 水泥砂浆,3~4mm 厚 1∶1 水泥砂浆加 20%108 胶	m²	6.24	41.25	257.40	
			分部小计				26793.85	
			0113　天棚工程					
20	011301001001	天棚抹灰	天棚抹灰(现浇板底),7mm 厚 1∶1∶4 水泥、石灰砂浆,5mm 厚 1∶0.5∶3 水泥砂浆,888 涂料三遍	m²	123.61	13.30	1644.01	
21	011301001002	天棚抹灰	天棚抹灰(预制板底),7mm 厚 1∶1∶4 水泥、石灰砂浆,5mm 厚 1∶0.5∶3 水泥砂浆,888 涂料三遍	m²	134.41	13.55	1780.61	

续表

序号	项目编码	项目名称	项目特征描述	计量单位	工程量	金额/元		
						综合单价	合价	其中
								暂估价
22	011301001003	天棚抹灰	天棚抹灰(楼梯抹灰),7mm 厚 1:1:4 水泥、石灰砂浆,5mm 厚 1:0.5:3 水泥砂浆,888 涂料三遍	m²	18.08	12.58	227.45	
23	01130202001	格栅吊顶	不上人 U 形轻钢龙骨 600×600 间距,600mm×600mm 石膏板面层	m²	162.40	49.62	8058.29	400.00
			分部小计				11710.35	50.00
			0108　门窗工程					
24	010801001001	木质门	上人孔盖板,杉木板 0.02m 厚,上钉镀锌铁皮 1.5mm 厚	m²	2	125.34	250.65	
25	010801001002	木质门	胶合板门 M2,杉木框钉 5mm 胶合板,面层 3mm 厚榉木板,聚氨酯 5 遍,门碰、执手锁 11 个	m²	13	427.50	5557.50	
26	010802001001	金属门	M1,铝合金框 70 系列,四扇四开,白玻璃 6mm 厚	m²	1	2316.25	2316.25	
27	010802001002	金属门	M3,塑钢门窗,不带亮,平开,白玻璃 5mm 厚	m²	10	310.56	3105.60	
28	010802004001	防盗门	M4,两面 1.5mm 厚铁板,上涂深灰聚氨酯面漆	m²	1	1235.50	1235.50	
29	010803001001	金属卷闸门	网状铝合金卷闸门 M5,网状钢丝 φ10,电动装置 1 套	m²	1	11122.72	11122.72	
30	010807001001	金属窗	C2,铝合金 1.2mm 厚,90 系列 5mm 厚白玻璃	m²	9	698.27	6284.43	
31	010807001002	金属窗	C5,铝合金 1.2mm 厚,90 系列 5mm 厚白玻璃	m²	4	596.24	2384.96	
32	010807001003	金属窗	C4,铝合金 1.2mm 厚,90 系列 5mm 厚白玻璃	m²	6	1310.24	7861.44	

续表

序号	项目编码	项目名称	项目特征描述	计量单位	工程量	金额/元		其中
						综合单价	合价	暂估价
33	010807001004	金属窗	铝合金平开窗,铝合金1.2mm 厚,50 系列 5mm 厚白玻璃	m²	8	276.22	2209.76	
34	010807001005	金属窗	铝合金固定窗 C1,四周无铝合金框,用 SPS 胶	m²	4	1214.56	4858.24	
35	010807001006	金属窗	C2,不锈钢圆管 φ18@100,四周扁管 20mm×20mm	m²	4	175.23	700.92	
36	010807001007	金属窗	C3,不锈钢圆管 φ18@100,四周扁管 20mm×20mm	m²	4	56.25	225.00	
37	010808001001	木门窗套	20mm×20mm@200 杉木枋上钉 5mm 厚胶合板,面层 3mm 厚榉木板	m²	35.21	58.24	2050.63	
			分部小计				50163.63	
		0114　油漆、涂料、裱糊工程						
38	011406001001	抹灰面油漆	外墙门窗套外墙漆,水泥砂浆面上刷外墙漆	m²	42.82	45.36	1942.09	
			分部小计				1942.09	
		0115　其他装饰工程						
39	011503001001	金属扶手、栏杆、栏板	不锈钢栏杆 φ25,不锈钢扶手 φ70	m	17.65	454.78	8026.87	
			分部小计				8026.87	
		措施项目						
40	011701001001	综合脚手架	多层建筑物（层高在3.6m 以内）檐口高度在20m 以内	m²	500	7.89	3945.00	
			（其他略）					
			分部小计				5834.32	
			合计				151139.13	4450.00

注:为计取规费等使用,可在表中增设其中:"定额人工费"。

表-08

表 5-11　　　　　　　　　　　　　　　综合单价分析表

工程名称：××住宅楼装饰装修工程工程　　　　　　标段：　　　　　　　　第　页　共　页

项目编码	011406001001		项目名称	抹灰面油漆		计量单位	m²	工程量	42.85

清单综合单价组成明细

定额编号	定额项目名称	定额单位	数量	单价				人工费	材料费	机械费	管理费和利润
				人工费	材料费	机械费	管理费和利润				
BE0267	抹灰面满刮耐水腻子	100m²	0.01	360.00	2550.00		110.00	3.60	25.50		1.10
BE0267	外墙乳胶漆一遍底面漆二遍	100m²	0.01	320.00	900.00		102.00	3.20	9.00		1.02
人工单价		小　　计						6.80	34.5		2.12
41.8元/工日		未计价材料费									
清单项目综合单价									43.42		

材料费明细	主要材料名称、规格、型号	单位	数量	单价/元	合价/元	暂估单价/元	暂估合价/元
	耐水成品腻子	kg	2.50	9.90	24.75		
	××牌乳胶漆面漆	kg	0.353	19.50	6.88		
	××牌乳胶漆底漆	kg	0.136	16.60	2.26		
	其他材料费			—	0.61	—	
	材料费小计			—	34.50	—	

注：1. 如不使用省级或行业建设主管部门发布的计价依据，可不填定额编号、名称等。

　　2. 招标文件提供了暂估单价的材料，按暂估的单价填入表内"暂估单价"栏及"暂估合价"栏。

表-09

表 5-12　　　　　　　　　　　总价措施项目清单与计价表

工程名称：××住宅楼装饰装修工程　　　　　　标段：　　　　　　　　第　页　共　页

序号	项目编码	项目名称	计算基础	费率/(%)	金额/元	调整费率/(%)	调整后金额/元	备注
1	011707001001	安全文明施工	定额人工费	25	12714.17			
2	011707002001	夜间施工费	定额人工费	3	1525.70			
3	011707004001	二次搬运费	定额人工费	2	1017.13			
4	011707005001	冬雨季施工	定额人工费	1	508.57			
5	011707007001	已完工程及设备保护			5300.00			
		合　　计			21065.57			

编制人(造价人员)：　　　　　　　　　　　复核人(造价工程师)：

注：1. "计算基础"中安全文明施工费可为"定额基价"、"定额人工费"或"定额人工费＋定额机械费"，其他项目可为"定额人工费"或"定额人工费＋定额机械费"。

　　2. 按施工方案计算的措施费，若无"计算基础"和"费率"的数值，也可只填"金额"数值，但应在备注栏说明施工方案出处或计算方法。

表-11

表 5-13　　　　　　　　　　　　　**其他项目清单与计价汇总表**

工程名称：××住宅楼装饰装修工程　　　　　　标段：　　　　　　　　第　页　共　页

序号	项目名称	金额/元	结算金额/元	备注
1	暂列金额	10000.00		明细见表-12-1
2	暂估价	20000.00		
2.1	材料(工程设备)暂估价	—		明细见表-12-2
2.2	专业工程暂估价	20000.00		明细见表-12-3
3	计日工	6402.45		明细见表-12-4
4	总承包服务费	1438.40		明细见表-12-5
	合计	37840.85		—

注：材料(工程设备)暂估单价计入清单项目综合单价，此处不汇总。

表-12

表 5-14　　　　　　　　　　　　　　**暂列金额明细表**

工程名称：××住宅楼装饰装修工程　　　　　　标段：　　　　　　　　第　页　共　页

序号	项目名称	计量单位	暂列金额/元	备注
1	政策性调整和材料价格风险	项	5000.00	
2	工程量清单中工程量变更和设计变更	项	4000.00	
3	其他	项	1000.00	
	合　计		10000.00	—

注：此表由招标人填写，如不能详列，也可只列暂定金额总额，投标人应将上述暂列金额计入投标总价中。

表-12-1

表 5-15　　　　　　　**材料(工程设备)暂估单价及调整表**

工程名称:××住宅楼装饰装修工程　　　　　　　标段:　　　　　　第　页　共　页

序号	材料(工程设备)名称、规格、型号	计量单位	数量		暂估/元		确认/元		差额±/元		备注
			暂估	确认	单价	合价	单价	合价	单价	合价	
1	台阶花岗石	m²	22		200.00	4400.00					用在台阶装饰工程中
2	U形轻龙骨 大龙骨 h=45mm	m	80		5.00	400.00					用在格栅吊顶工程中
	合　计					4800.00					

注:此表由招标人填写"暂估单价",并在备注栏说明暂估单价的材料、工程设备拟用在哪些清单项目上,投标人应将上述材料、工程设备暂估单价计入工程量清单综合单价报价中。

表-12-2

表 5-16　　　　　　　**专业工程暂估价及结算价表**

工程名称:××住宅楼装饰装修工程　　　　　　　标段:　　　　　　第　页　共　页

序号	工程名称	工程内容	暂估金额/元	结算金额/元	差额±/元	备注
1	入户防盗门	安装	20000.00			
	合　计		20000.00			

注:此表"暂估金额"由招标人填写,招标人应将"暂估金额"计入投标总价中。结算时按合同约定结算金额填写。

表-12-3

表 5-17   计日工表

工程名称:××住宅楼装饰装修工程   标段: 第 页 共 页

编号	项目名称	单位	暂定数量	实际数量	综合单价	合价/元 暂定	实际
一	人工						
1	技工	工日	15		68.50	1027.50	
	人 工 小 计					1027.50	
二	材料						
1	水泥 42.5	t	2.0		600.00	1200.00	
2	中砂	m³	6.0		80.00	480.00	
3	砾石(5～40mm)	m³	5.0		42.00	210.00	
4	钢筋(规格、型号综合)	t	0.2		4000.00	800.00	
	材 料 小 计					2690.00	
三	施工机械						
1	灰浆搅拌机(400L)	台班	5.0		500.00	2500.00	
	机 械 小 计					2500.00	
四、企业管理费和利润 按人工费18%计						184.95	
	总 计					6402.45	

注:此表项目名称、暂定数量由招标人填写,编制招标控制价时,单价由招标人按有关规定确定;投标时,单价由投标人自主确定,按暂定数量计算合价计入投标总价中;结算时,按发承包双方确定的实际数量计算合价。

表-12-4

表 5-18   总承包服务费计价表

工程名称:××住宅楼装饰装修工程   标段: 第 页 共 页

序号	项目名称	项目价值/元	服务内容	计算基础	费率/(%)	金额/元
1	发包人发包专业工程	20000.00	(1)按专业工程承包人的要求提供施工并对施工现场统一管理,对竣工资料统一汇总整理。 (2)为专业工程承包人提供垂直运输机械和焊接电源拉入点,并承担运输费和电费。 (3)为防盗门安装后进行修补和找平并承担相应的费用	项目价值	7	1400.00
2	发包人提供材料	4800.00	对发包人供应的材料进行验收及保管和使用发放	项目价值	0.8	38.40
	合计	—			—	1438.40

注:此表项目名称、服务内容由招标人填写,编制招标控制价时,费率及金额由招标人按有关计价规定确定;投标时,费率及金额由投标人自主报价,计入投标总价中。

表-12-5

表5-19　　　　　　　　　　　规费、税金项目计价表

工程名称：××住宅楼装饰装修工程　　　　　标段：　　　　　　　　第　页　共　页

序号	项目名称	计算基础	计算基数	计算费率/(%)	金额/元
1	规费	定额人工费			14494.15
1.1	社会保险费	定额人工费	(1)+…+(5)		11442.75
(1)	养老保险费	定额人工费		14	7119.94
(2)	失业保险费	定额人工费		2	1017.13
(3)	医疗保险费	定额人工费		6	3051.40
(4)	工伤保险费	定额人工费		0.25	127.14
(5)	生育保险费	定额人工费		0.25	127.14
1.2	住房公积金	定额人工费		6	3051.40
1.3	工程排污费	按工程所在地环保部门收取标准，按实计入			
2	税金	分部分项工程费＋措施项目费＋其他项目费＋规费－按规定不计税的工程设备金额		3.413	7663.54
	合计				22157.69

编制人(造价人员)：　　　　　　　　　　　　　复核人(造价工程师)：

表-13

第六节　竣工结算编制

工程完工后，发承包双方必须在合同约定时间内办理工程竣工结算。合同中没有约定或约定不清的，按《建设工程工程量清单计价规范》(GB 50500—2013)中有关规定处理。

一、竣工结算编制依据

工程竣工结算应由承包人或受其委托具有相应资质的工程造价咨询人编制，并应由发包人或受其委托具有相应资质的工程造价咨询人核对。实行总承包的工程，由总承包人对竣工结算的编制负总责。

工程竣工结算应根据下列依据编制和复核：

(1)《建设工程工程量清单计价规范》(GB 50500—2013)；

(2)工程合同；

(3)发承包双方实施过程中已确认的工程量及其结算的合同价款；

(4)发承包双方实施过程中已确认调整后追加(减)的合同价款；

(5)建设工程设计文件及相关资料；

(6)投标文件；

(7)其他依据。

二、竣工结算编制与复核要求

(1)分部分项工程和措施项目中的单价项目应依据发承包双方确认的工程量与已标价工程量清单的综合单价计算；发生调整的，应以发承包双方确认调整的综合单价计算。

(2)措施项目中的总价项目应依据已标价工程量清单的项目和金额计算；发生调整的，应以发承包双方确认调整的金额计算，其中安全文明施工费应按照国家或省级、行业建设主管部门的规定计算。施工过程中，国家或省级、行业建设主管部门对安全文明施工费进行了调整的，措施项目费和安全文明施工费应作相应调整。

(3)办理竣工结算时，其他项目费的计算应按以下要求进行计价：

1)计日工的费用应按发包人实际签证确认的数量和合同约定的相应项目综合单价计算。

2)当暂估价中的材料、工程设备是招标采购的，其单价按中标价在综合单价中调整。当暂估价中的材料、设备为非招标采购的，其单价按发承包双方最终确认的单价在综合单价中调整。当暂估价中的专业工程是招标发包的，其专业工程费按中标价计算。当暂估价中的专业工程为非招标发包的，其专业工程费按发承包双方与分包人最终确认的金额计算。

3)总承包服务费应依据已标价工程量清单金额计算，发承包双方依据合同约定对总承包服务进行了调整的，应按调整后的金额计算。

4)索赔事件产生的费用在办理竣工结算时应在其他项目费中反映。索赔费用的金额应依据发承包双方确认的索赔事项和金额计算。

5)现场签证发生的费用在办理竣工结算时应在其他项目费中反映。现场签证费用金额依据发承包双方签证资料确认的金额计算。

6)合同价款中的暂列金额在用于各项价款调整、索赔与现场签证后，若有余额，则余额归发包人，若出现差额，则由发包人补足并反映在相应的工程价款中。

(4)规费和税金应按国家或省级、行业建设主管部门对规费和税金的计取标准计算。规费中的工程排污费应按工程所在地环境保护部门规定的标准缴纳后按实列入。

(5)由于竣工结算与合同工程实施过程中的工程计量及其价款结算、进度款支付、合同价款调整等具有内在联系，因此，发承包双方在合同工程实施过程中已经确认的工程计量结果和合同价款，在竣工结算办理中应直接进入结算，从而简化结算流程。

三、竣工结算编制内容

根据《建设工程工程量清单计价规范》(GB 50500—2013)的相关规定，竣工结算编制表格宜采用统一的格式。各省、自治区、直辖市建设行政主管部门和行业建设主管部门可根据本地区、本行业的实际情况,在《建设工程工程量清单计价规范》(GB 50500—2013)附录 B 至附录 L 的基础上补充完善。

竣工结算编制内容如下:

(1)竣工结算使用的表格包括:竣工结算书封面,竣工结算总价扉页,工程计价总说明,建设项目竣工结算汇总表,单项工程竣工结算汇总表,单位工程竣工结算汇总表,分部分项工程和单价措施项目清单与计价表,综合单价分析表,综合单价调整表,总价措施项目清单与计价表,其他项目清单与计价汇总表,暂列金额明细表,材料(工程设备)暂估单价及调整表,专业工程暂估价及结算价表,计日工表,总承包服务费计价表,索赔与现场签证计价汇总表,费用索赔申请(核准)表,现场签证表,规费、税金项目计价表,工程计量申请(核准)表,预付款支付申请(核准)表,总价项目进度款支付分解表,进度款支付申请(核准)表,竣工结算款支付申请(核准)表,最终结清支付申请(核准表)及发包人提供材料和工程设备一览表,承包人提供主要材料和工程设备一览表,具体格式参见《建设工程工程量清单计价规范》(GB 50500—2013)附录 B 至附录 L 相关内容。

(2)扉页应按规定的内容填写、签字、盖章,除承包人自行编制的竣工结算外,受委托编制的竣工结算,由造价员编制的应由负责审核的造价工程师签字、盖章以及工程造价咨询人盖章。

(3)总说明应按下列内容填写:

1)工程概况:建设规模、工程特征、计划工期、合同工期、实际工期、施工现场及变化情况、施工组织设计的特点、自然地理条件、环境保护要求等。

2)编制依据等。

四、竣工结算文件提交与核对

竣工结算的编制与核对是工程造价计价中发、承包双方应共同完成的重要工作。按照交易的一般原则,任何交易结束,都应做到钱、货两清,工程建设也不例外。工程施工的发承包活动作为为期货交易行为,当工程竣工验收合格后,承包人将工程移交给发包人时,发承包双方应将工程价款结算清楚,即竣工结算办理完毕。

(1)合同工程完工后,承包人应在经发承包双方确认的合同工程期中价款结算的基础上汇总编制完成竣工结算文件,应在提交竣工验收申请的同时向发包人提交竣工结算文件。

承包人未在合同约定的时间内提交竣工结算文件,经发包人催告后 14 天内仍未提交或没有明确答复的,发包人有权根据已有资料编制竣工结算文件,作为办理竣工结算和支付结算款的依据,承包人应予以认可。

因承包人无正当理由在约定时间内未递交竣工结算书,造成工程结算价款延期支付的,责任由承包人承担。

(2)发包人应在收到承包人提交的竣工结算文件后的 28 天内核对。发包人经核实,认为承包人还应进一步补充资料和修改结算文件的,应在上述时限内向承包人提出核实意见,承包人在收到核实意见后的 28 天内应按照发包人提出的合理要求补充资料,修改竣工结算文件,并应再次提交给发包人复核后批准。

(3)发包人应在收到承包人再次提交的竣工结算文件后的 28 天内予以复核,将复核结果通知承包人,并应遵守下列规定:

1)发包人、承包人对复核结果无异议的,应在 7 天内在竣工结算文件上签字确认,竣工结算办理完毕;

2)发包人或承包人对复核结果认为有误的,无异议部分按照本条第 1)款规定办理不完全竣工结算;有异议部分由发承包双方协商解决;协商不成的,应按照合同约定的争议解决方式处理。

(4)《最高人民法院关于审理建设工程施工合同纠纷案件适用法律问题的解释》(法释[2004]14 号)第二十条规定:"当事人约定,发包人收到竣工结算文件后,在约定期限内不予答复,视为认可竣工结算文件的,按照约定处理。承包人请求按照竣工结算文件结算工程价款的,应予支持"。根据这一规定,要求发承包双方不仅应在合同中约定竣工结算的核对时间,并应约定发包人在约定时间内对竣工结算不予答复,视为认可承包人递交的竣工结算。《建设工程工程量清单计价规范》(GB 50500—2013)对发包人未在竣工结算中履行核对责任的后果进行了规定,即:发包人在收到承包人竣工结算文件后的 28 天内,不核对竣工结算或未提出核对意见的,应视为承包人提交的竣工结算文件已被发包人认可,竣工结算办理完毕。

(5)承包人在收到发包人提出的核实意见后的 28 天内,不确认也未提出异议的,应视为发包人提出的核实意见已被承包人认可,竣工结算办理完毕。

(6)发包人委托工程造价咨询人核对竣工结算的,工程造价咨询人应在 28 天内核对完毕,核对结论与承包人竣工结算文件不一致的,应提交给承包人复核,承包人应在 14 天内将同意核对结论或不同意见的说明提交工程造价咨询人。工程造价咨询人收到承包人提出的异议后,应再次复核,复核无异议的,应在 7 天内在竣工结算文件上签字确认,竣工结算办理完毕;复核后仍有异议的,对于无异议部分按照规定办理不完全竣工结算;有异议部分由发承包双方协商解决;协商不成的,应按照合同约定的争议解决方式处理。

承包人逾期未提出书面异议的,应视为工程造价咨询人核对的竣工结算文件已经承包人认可。

(7)对发包人或发包人委托的工程造价咨询人指派的专业人员与承包人指派的专业人员经核对后无异议并签名确认的竣工结算文件,除非发承包人能提出具体、详细的不同意见,否则发承包人都应在竣工结算文件上签名确认,如其中一方拒不签认的,按下列规定办理:

1)若发包人拒不签认的,承包人可不提供竣工验收备案资料,并有权拒绝与发包人或其上级部门委托的工程造价咨询人重新核对竣工结算文件。

2)若承包人拒不签认,发包人要求办理竣工验收备案的,承包人不得拒绝提供竣工验收资料,否则,由此造成的损失,承包人承担相应责任。

(8)合同工程竣工结算核对完成,发承包双方签字确认后,发包人不得要求承包人与另一个或多个工程造价咨询人重复核对竣工结算。这可以有效地解决工程竣工结算中存在的一审再审、以审代拖、久审不结的现象。

(9)发包人对工程质量有异议,拒绝办理工程竣工结算的,已竣工验收或已竣工未验收但实际投入使用的工程,其质量争议应按该工程保修合同执行,竣工结算应按合同约定办理;已竣工未验收且未实际投入使用的工程以及停工、停建工程的质量争议,双方应就有争议的部分委托有资质的检测鉴定机构进行检测,并应根据检测结果确定解决方案,或按工程质量监督机构的处理决定执行后办理竣工结算,无争议部分的竣工结算应按合同约定办理。

五、竣工结算文件质量鉴定

当发承包双方或一方对工程造价咨询人出具的竣工结算文件有异议时,可向工程造价管理机构投诉,申请对其进行执业质量鉴定。工程造价管理机构对投诉的竣工结算文件进行质量鉴定,应按"第七章工程造价鉴定"的相关规定进行。

根据《中华人民共和国建筑法》第六十一条规定:"交付竣工验收的建筑工程,必须符合规定的建筑工程质量标准,有完整的工程技术经济资料和经签署的工程保修书,并具备国家规定的其他竣工条件",由于竣工结算是反映工程造价计价规定执行情况的最终文件,竣工结算办理完毕,发包人应将竣工结算文件报送工程所在地或有该工程管辖权的行业管理部门的工程造价管理机构备案。竣工结算文件应作为工程竣工验收备案、交付使用的必备文件。

第六章　合同价款管理及支付

第一节　合同形式及工程计量

一、合同形式

工程建设合同的形式主要有单价合同和总价合同两种。

(1)单价合同。发承包双方约定以工程量清单及其综合单价进行合同价款计算、调整和确认的建设工程施工合同。

(2)总价合同。发承包双方约定以施工图及其预算和有关条件进行合同价款计算、调整和确认的建设工程施工合同。

合同的形式对工程量清单计价的适用性不构成影响,无论是单价合同还是总价合同均可以采用工程量清单计价。区别仅在于工程量清单中所填写的工程量的合同约束力。采用单价合同形式时,工程量清单是合同文件必不可少的组成内容,其中的工程量一般具备合同约束力(量可调),工程款结算时按照合同中约定应予计量并按实际完成的工程量计算进行调整,由招标人提供统一的工程量清单则彰显了工程量清单计价的主要优点。而对总价合同形式,工程量清单中的工程量不具备合同的约束力(量不可调),工程量以合同图纸的标示内容为准,工程量以外的其他内容一般均赋予合同约束力,以方便合同变更的计量和计价。

二、单价合同的计量

(1)招标工程量清单标明的工程量是招标人根据拟建工程设计文件预计的工程量,不能作为承包人在实际工作中应予完成的实际和准确的工程量。招标工程量清单所列的工程量一方面是各投标人进行投标报价的共同基础;另一方面也是对各投标人的投标报价进行评审的共同平台,是招投标活动应当遵循公开、公平、公正和诚实、信用原则的具体体现。

发承包双方竣工结算的工程量应以承包人按照现行国家计量规范规定的工程量计算规则计算的实际完成应予计量的工程量确定,而非招标工程量清单所列的工程量。

(2)施工中进行工程计量,当发现招标工程量清单中出现缺项、工程量偏差,或因工程变更引起工程量增减时,应按承包人在履行合同义务中完成的工程量计算。

（3）承包人应当按照合同约定的计量周期和时间向发包人提交当期已完工程量报告。发包人应在收到报告后7天内核实，并将核实计量结果通知承包人。发包人未在约定时间内进行核实的，承包人提交的计量报告中所列的工程量应视为承包人实际完成的工程量。

（4）发包人认为需要进行现场计量核实时，应在计量前24小时通知承包人，承包人应为计量提供便利条件并派人参加。当双方均同意核实结果时，双方应在上述记录上签字确认。承包人收到通知后不派人参加计量，视为认可发包人的计量核实结果。发包人不按照约定时间通知承包人，致使承包人未能派人参加计量，计量核实结果无效。

（5）当承包人认为发包人核实后的计量结果有误时，应在收到计量结果通知后的7天内向发包人提出书面意见，并应附上其认为正确的计量结果和详细的计算资料。发包人收到书面意见后，应在7天内对承包人的计量结果进行复核后通知承包人。承包人对复核计量结果仍有异议的，按照合同约定的争议解决办法处理。

（6）承包人完成已标价工程量清单中每个项目的工程量并经发包人核实无误后，发承包双方应对每个项目的历次计量报表进行汇总，以核实最终结算工程量，并应在汇总表上签字确认。

三、总价合同的计量

（1）由于工程量是招标人提供的，招标人必须对其准确性和完整性负责，且工程量必须按照相关工程现行国家计量规范规定的工程量计算规则计算，因此，对于采用工程量清单方式形成的总价合同，若招标工程量清单中的工程量与合同实施过程中的工程量存在差异时，都应按上述"二、单价合同的计量"中的相关规定进行调整。

（2）采用经审定批准的施工图纸及其预算方式发包形成的总价合同，由于承包人自行对施工图纸进行计量，因此，除按照工程变更规定引起的工程量增减外，总价合同各项目的工程量是承包人用于结算的最终工程量。

（3）总价合同约定的项目计量应以合同工程经审定批准的施工图纸为依据，发承包双方应在合同中约定工程计量的形象目标或时间节点进行计量。

（4）承包人应在合同约定的每个计量周期内对已完成的工程进行计量，并向发包人提交达到工程形象目标完成的工程量和有关计量资料的报告。

（5）发包人应在收到报告后7天内对承包人提交的上述资料进行复核，以确定实际完成的工程量和工程形象目标。对其有异议的，应通知承包人进行共同复核。

第二节　合同价款的约定与调整

合同价款是按有关规定和协议条款约定的各种取费标准计算、用以支付承包人按照合同要求完成工程内容时的价款。

一、合同价款的约定

1. 合同价款约定要求

(1)工程合同价款的约定是建设工程合同的主要内容。根据有关法律条款的规定,实行招标的工程合同价款应在中标通知书发出之日起 30 天内,由发承包双方依据招标文件和中标人的投标文件在书面合同中约定。

工程合同价款的约定应满足以下几个方面的要求:

1)约定的依据要求:招标人向中标的投标人发出的中标通知书;

2)约定的时间要求:自招标人发出中标通知书之日起 30 天内;

3)约定的内容要求:招标文件和中标人的投标文件;

4)合同的形式要求:书面合同。

在工程招投标及建设工程合同签订过程中,招标文件应视为要约邀请,投标文件为要约,中标通知书为承诺。因此,在签订建设工程合同时,若招标文件与中标人的投标文件有不一致的地方,应以投标文件为准。

(2)实行招标的工程,合同约定不得违背招标文件中关于工期、造价、资质等方面的实质性内容。所谓合同实质性内容,按照《中华人民共和国合同法》第三十条规定:"有关合同标的、数量、质量、价款或者报酬、履行期限、履行地点和方式、违约责任和解决争议方法等的变更,是对要约内容的实质性变更"。

(3)不实行招标的工程合同价款,应在发承包双方认可的工程价款基础上,由发承包双方在合同中约定。

(4)实行工程量清单计价的工程,应采用单价合同;建设规模较小,技术难度较低,工期较短,且施工图设计已审查批准的建设工程可采用总价合同;紧急抢险、救灾以及施工技术特别复杂的建设工程可采用成本加酬金合同。

2. 合同价款约定内容

(1)发承包双方应在合同条款中对下列事项进行约定:

1)预付工程款的数额、支付时间及抵扣方式。预付款是发包人为解决承包人在施工准备阶段资金周转问题提供的协助。如使用大宗材料,可根据工程具体情况设置工程材料预付款;

2)安全文明施工措施的支付计划,使用要求等;

3)工程计量与支付工程进度款的方式、数额及时间;

4)工程价款的调整因素、方法、程序、支付及时间;

5)施工索赔与现场签证的程序、金额确认与支付时间;

6)承担计价风险的内容、范围以及超出约定内容、范围的调整办法;

7)工程竣工价款结算编制与核对、支付及时间;

8)工程质量保证金的数额、预留方式及时间;

9)违约责任以及发生合同价款争议的解决方法及时间;

10)与履行合同、支付价款有关的其他事项。

由于合同中涉及工程价款的事项较多,能够详细约定的事项应尽可能具体的约定,约定的用词应尽可能唯一,如有几种解释,最好对用词进行定义,尽量避免因理解上的歧义造成合同纠纷。

(2)合同中没有按照上述第(1)条的要求约定或约定不明的,若发承包双方在合同履行中发生争议,由双方协商确定;当协商不能达成一致时,应按《建设工程工程量清单计价规范》(GB 50500—2013)的规定执行。

二、合同价款调整

1. 合同价款的调整范围及调整方式

(1)按综合单价的包干形式结算,在合同约定的承包范围内的承包项目的单价是按综合单价包死,不论市场涨跌均不能调整。

(2)工程量按照竣工图调整是合同中约定的,而且是按照实际竣工图所示的工程量给予调整。

(3)属于措施项目费的,按照该部分合同包干形式结算,无论实际情况如何,结算时均不能调整。

2. 合同价款调整一般规定

(1)下列事项(但不限于)发生,承发包双方应当按照合同约定调整合同价款:

1)法律法规变化;

2)工程变更;

3)项目特征不符;

4)工程量清单缺项;

5)工程量偏差;

6)计日工;

7)物价变化;

8)暂估价;

9)不可抗力;

10)提前竣工(赶工补偿);

11)误期赔偿;

12)索赔;

13)现场签证;

14)暂列金额;

15)发承包双方约定的其他调整事项。

(2)出现合同价款调增事项(不含工程量偏差、计日工、现场签证、索赔)后的 14 天内,承包人应向发包人提交合同价款调增报告并附上相关资料;承包人在 14 天内未提交合同价款调增报告的,应视为承包人对该事项不存在调整价款请求。

(3)出现合同价款调减事项(不含工程量偏差、索赔)后的 14 天内,发包人应向承包人提交合同价款调减报告并附相关资料;发包人在 14 天内未提交合同价款调减报告的,应视为发包人对该事项不存在调整价款请求。

(4)发(承)包人应在收到承(发)包人合同价款调增(减)报告及相关资料之日起 14 天内对其核实,予以确认的应书面通知承(发)包人。当有疑问时,应向承(发)包人提出协商意见。发(承)包人在收到合同价款调增(减)报告之日起 14 天内未确认也未提出协商意见的,应视为承(发)包人提交的合同价款调增(减)报告已被发(承)包人认可。发(承)包人提出协商意见的,承(发)包人应在收到协商意见后的 14 天内对其核实,予以确认的应书面通知发(承)包人。承(发)包人在收到发(承)包人的协商意见后 14 天内既不确认也未提出不同意见的,应视为发(承)包人提出的意见已被承(发)包人认可。

(5)发包人与承包人对合同价款调整的不同意见不能达成一致的,只要对发承包双方履约不产生实质影响,双方应继续履行合同义务,直到其按照合同约定的争议解决方式得到处理。

(6)经发承包双方确认调整的合同价款,作为追加(减)合同价款,应与工程进度款或结算款同期支付。

3. 法律变化与合同价款调整

建设工程中,发承包双方都是国家法律、法规、规章及政策的执行者。因此,在履行合同的过程中,当国家的法律、法规、规章及政策发生变化时,发承包双方应当按照国家或省级、行业建设主管部门或其授权的工程造价管理机构据此发布的工程造价调整文件,对合同价款进行调整。

法律法规变化导致的合同价款调整应符合下列规定:

(1)招标工程以投标截止日前 28 天、非招标工程以合同签订前 28 天为基准日,其后因国家的法律、法规、规章和政策发生变化引起工程造价增减变化的,发承包双方应按照省级或行业建设主管部门或其授权的工程造价管理机构据此发布的规定调整合同价款。

(2)因承包人原因导致工期延误的,按上述(1)规定的调整时间,在合同工程原定竣工时间之后,合同价款调增的不予调整,合同价款调减的予以调整。

4. 工程变更与合同价款调整

所谓工程变更指的是针对已经正式投入生产的产品所构成的零件进行的变更,是在工程项目实施过程中,按照合同约定的程序对部分或全部工程在材料、工艺、功能、构造、尺寸、技术指标、工程数量及施工方法等方面做出的改变。变更是指承包人根据监理签发设计文件及监理变更指令进行的、在合同工作范围内的各种类型变更,包括合同工作内容的增减,合同工程量的变化,因地质原因引起的设计更改,根据实际情况引起的结构物尺寸、标高的更改,合同外的任何工作等。

因工程变更造成的合同价款调整应符合下列规定:

(1)因工程变更引起已标价工程量清单项目或其工程数量发生变化时,应按照下列规定调整:

1)已标价工程量清单中有适用于变更工程项目的,应采用该项目的单价,但当工程变更导致该清单项目的工程数量发生变化,且工程量偏差超过 15% 时,该项目单价应按照规定进行调整,即当工程量增加 15% 以上时,增加部分的工程量的综合单价应予调低;当工程量减少 15% 以上时,减少后剩余部分的工程量的综合单价应予调高。采用此条进行调整的前提条件是其采用的材料、施工工艺和方法相同,亦不因此增加关键线路上工程的施工时间。

2)已标价工程量清单中没有适用但有类似于变更工程项目的,可在合理范围内参照类似项目的单价。采用此条进行调整的前提条件是其采用的材料、施工工艺和方法基本相似,不增加关键线路上工程的施工时间,则可仅就其变更后的差异部分,参考类似的项目单价由发承包双方协商新的项目单价。

3)已标价工程量清单中没有适用也没有类似于变更工程项目的,应由承包人根据变更工程资料、计量规则和计价办法、工程造价管理机构发布的信息价格和承包人报价浮动率提出变更工程项目的单价,并应报发包人确认后调整。承包人报价浮动率可按下列公式计算:

招标工程:

$$承包人报价浮动率 L = (1 - 中标价/招标控制价) \times 100\% \qquad (6\text{-}1)$$

非招标工程:

$$承包人报价浮动率 L = (1 - 报价/施工图预算) \times 100\% \qquad (6\text{-}2)$$

4)已标价工程量清单中没有适用也没有类似于变更工程项目,且工程造价管理机构发布的信息价格缺价的,应由承包人根据变更工程资料、计量规则、计价办法和通过市场调查等取得有合法依据的市场价格提出变更工程项目的单价,并应报发包人确认后调整。

(2)工程变更引起施工方案改变并使措施项目发生变化时,承包人提出调整措施项目费的,应事先将拟实施的方案提交发包人确认,并应详细说明与原方案措施项目相比的变化情况。拟实施的方案经发承包双方确认后执行,并应按照下列规定调整措施项目费:

1)安全文明施工费应按照实际发生变化的措施项目依据国家或省级、行业建设主管部门的规定计算。

2)采用单价计算的措施项目费,应按照实际发生变化的措施项目,按上述第(1)条的规定确定单价。

3)按总价(或系数)计算的措施项目费,按照实际发生变化的措施项目调整,但应考虑承包人报价浮动因素,即按照实际调整金额乘以上述第(1)条规定的承包人报价浮动率计算。

如果承包人未事先将拟实施的方案提交给发包人确认,则应视为工程变更不引起措施项目费的调整或承包人放弃调整措施项目费的权利。

(3)当发包人提出的工程变更因非承包人原因删减了合同中的某项原定工作或工程,致使承包人发生的费用或(和)得到的收益不能被包括在其他已支付或应支付的项目中,也未被包含在任何替代的工作或工程中时,承包人有权提出并应得到合理的费用及利润补偿。这主要是为了维护合同的公平,防止发包人在签约后擅自取消合同中的工作,转而由发包人自己或其他承包人实施而使本合同工程承包人蒙受损失。

5. 项目特征不符与合同价款调整

发包人在招标工程量清单中对项目特征的描述,应被认为是准确的和全面的,并且与实际施工要求相符合。承包人应按照发包人提供的招标工程量清单,根据项目特征描述的内容及有关要求实施合同工程,直到项目被改变为止。

承包人应按照发包人提供的设计图纸实施合同工程,若在合同履行期间出现设计图纸(含设计变更)与招标工程量清单任一项目的特征描述不符,且该变化引起该项目工程造价增减变化的,应按照实际施工的项目特征,按前述“工程计量”中的有关规定重新确定相应工程量清单项目的综合单价,并调整合同价款。

6. 工程量清单缺项与合同价款调整

导致工程量清单缺项的原因主要包括:设计变更;施工条件改变;工程量清单编制错误。

工程量清单的增减变化必然会使合同价款发生增减变化:

(1)合同履行期间,由于招标工程量清单中缺项,新增分部分项工程清单项目的,应按照前述“4. 工程变更与合同价款调整”中第(1)条的有关规定确定单价,并调整合同价款。

(2)新增分部分项工程清单项目后,引起措施项目发生变化的,应按照前述“4. 工程变更与合同价款调整”中第(2)条的有关规定,在承包人提交的实施方案被发包人批准后调整合同价款。

(3)由于招标工程量清单中措施项目缺项,承包人应将新增措施项目实施方案提交发包人批准后,按照前述“4. 工程变更与合同价款调整”中的第(1)、(2)条的有关规定调整合同价款。

7. 工程量偏差与合同价款调整

施工过程中,由于施工条件、地质水文、工程变更等变化以及招标工程量清单编制人专业水平的差异,往往在合同履行期间应予计算的工程量与招标工程量清单出现偏差,工程量偏差过大,对综合成本的分摊带来影响,如突然增加太多,仍按原综合单价计价,对发包人不公平;而突然减少太多,仍按原综合单价计价,对承包人不公平。因此,为维护合同的公平,应进行合同价款的调整。

工程量偏差导致的合同价款调整应符合下列规定:

(1)合同履行期间,当应予计算的实际工程量与招标工程量清单出现偏差,且符合下述第(2)、(3)条规定时,发承包双方应调整合同价款。

(2)对于任一招标工程量清单项目,当因工程量偏差和前述“4. 工程变更与合同价款调整"中规定的工程变更等原因导致工程量偏差超过15%时,可进行调整。当工程量增加15%以上时,增加部分的工程量的综合单价应予调低;当工程量减少15%以上时,减少后剩余部分的工程量的综合单价应予调高。调整后的某一分部分项工程费结算价可参照以下公式计算:

1)当 $Q_1 > 1.15 Q_0$ 时:

$$S = 1.15 Q_0 \times P_0 + (Q_1 - 1.15 Q_0) \times P_1 \tag{6-3}$$

2)当 $Q_1 < 0.85 Q_0$ 时:

$$S = Q_1 \times P_1 \tag{6-4}$$

式中　S——调整后的某一分部分项工程费结算价;

　　　Q_1——最终完成的工程量;

　　　Q_0——招标工程量清单中列出的工程量;

　　　P_1——按照最终完成工程量重新调整后的综合单价;

　　　P_0——承包人在工程量清单中填报的综合单价。

由上述两式可以看出,计算调整后的某一分部分项工程费结算价的关键是确定新的综合单价 P_1。确定的方法,一是发承包双方协商确定;二是与招标控制价相联系,当工程量偏差项目出现承包人在工程量清单中填报的综合单价与发包人招标控制价相应清单项目的综合单价偏差超过15%时,工程量偏差项目综合单价的调整可参考以下公式确定:

1)当 $P_0 < P_2 \times (1-L) \times (1-15\%)$ 时,该类项目的综合单价 P_1 按 $P_2 \times (1-L) \times (1-15\%)$ 进行调整;

2)当 $P_0 > P_2 \times (1+15\%)$ 时,该类项目的综合单价 P_1 按 $P_2 \times (1+15\%)$ 进行调整;

3)当 $P_0 > P_2 \times (1-L) \times (1-15\%)$ 或 $P_0 < P_2 \times (1+15\%)$ 时,可不进行调整。

式中　P_0——承包人在工程量清单中填报的综合单价;

　　　P_2——发包人招标控制价相应项目的综合单价;

　　　L——承包人报价浮动率。

(3)如果工程量出现变化引起相关措施项目相应发生变化时,按系数或单一总价方式计价的,工程量增加的措施项目费调增,工程量减少的措施项目费调减。反之,如未引起相关措施项目发生变化,则不予调整。

8. 计日工与合同价款调整

(1)合同工程范围以外出现零星工程或工作是施工过程中比较常见的现象,采用计日工形式,对合同价款的确定较为方便。发包人通知承包人以计日工方式实施的零星工作,承包人应予以执行。采用计日工计价的任何一项变更工作,在该项变更的实施过程中,承包人应按合同约定提交下列报表和有关凭证送发包人复核:

1)工作名称、内容和数量;

2)投入该工作的所有人员的姓名、工种、级别和耗用工时;

3)投入该工作的材料名称、类别和数量;

4)投入该工作的施工设备型号、台数和耗用台时;

5)发包人要求提交的其他资料和凭证。

(2)任一计日工项目持续进行时,承包人应在该项工作实施结束后的 24 小时内向发包人提交有计日工记录汇总的现场签证报告一式三份。发包人应在收到承包人提交现场签证报告后的 2 天内予以确认并将其中一份返还给承包人,作为计日工计价和支付的依据。发包人逾期未确认也未提出修改意见的,应视为承包人提交的现场签证报告已被发包人认可。

(3)任一计日工项目实施结束后,承包人应按照确认的计日工现场签证报告核实该类项目的工程数量,并应根据核实的工程数量和承包人已标价工程量清单中的计日工单价计算,提出应付价款;已标价工程量清单中没有该类计日工单价的,由发承包双方按前述"4. 工程变更与合同价款调整"中的相关规定商定计日工单价计算。

(4)每个支付期末,承包人应按规定向发包人提交本期间所有计日工记录的签证汇总表,并应说明本期间自己认为有权得到的计日工金额,调整合同价款,列入进度款支付。

9. 物价变化与合同价款调整

物价变化是指商品或劳务的价格不同于它们以前在同一市场上的价格。物价变化可分为物价上涨和物价下跌两类。

物价变化导致的合同价款调整应符合下列要求:

(1)合同履行期间,因人工、材料、工程设备、机械台班价格波动影响合同价款时,应根据合同约定,按《建设工程工程量清单计价规范》(GB 50500—2013)附录 A 中介绍的方法之一调整合同价款。

(2)承包人采购材料和工程设备的,应在合同中约定主要材料、工程设备价格变化的范围或幅度;当没有约定,且材料、工程设备单价变化超过 5% 时,超过部分的价格应按《建设工程工程量清单计价规范》(GB 50500—2013)附录 A 中介绍的方法计算调整材料、工程设备费。

(3)发生合同工程工期延误的,应按照下列规定确定合同履行期的价格调整:

1)因非承包人原因导致工期延误的,计划进度日期后续工程的价格,应采用计划进度日期与实际进度日期两者的较高者。

2)因承包人原因导致工期延误的,计划进度日期后续工程的价格,应采用计划进度日期与实际进度日期两者的较低者。

(4)发包人供应材料和工程设备的,不适用上述第(1)和第(2)条规定,应由发包人按照实际变化调整,列入合同工程的工程造价内。

10. 暂估价与合同价款调整

暂估价的主动权和决定权在发包人,发包人可以利用有关暂估价的规定,在合同中将必然发生但暂时不能确定价格的材料、工程设备和专业工程以暂估价的形式确定下来,并在实际履行合同过程中及时根据合同中所约定的程序和方式确定适用暂估价的实际价格,如此可以避免出现一些不必要的争议和纠纷。

暂估价下的合同价款调整应符合下列规定:

(1)按照《工程建设项目货物招标投标办法》(国家发改委、建设部等七部委 27 号令)第五条规定:"以暂估价形式包括在总承包范围内的货物达到国家规定规模标准的,应当由总承包中标人和工程建设项目招标人共同依法组织招标"。若发包人在招标工程量清单中给定暂估价的材料、工程设备属于依法必须招标的,应由发承包双方以招标的方式选择供应商,确定价格,并应以此为依据取代暂估价,调整合同价款。

所谓共同招标,不能简单理解为发承包双方共同作为招标人,最后共同与招标人签订合同。恰当的做法应当是仍由总承包中标人作为招标人,采购合同应当由总承包人签订。建设项目招标人参与的所谓共同招标可以通过恰当的途径体现建设项目招标人对这类招标组织的参与、决策和控制。建设项目招标人约束总承包人的最佳途径就是通过合同约定相关的程序。建设项目招标人的参与主要体现在对相关项目招标文件、评标标准和方法等能够体现招标目的和招标要求的文件进行审批,未经审批不得发出招标文件;评标时建设项目招标人也可以派代表进入评标委员会参与评标,否则,中标结果对建设项目招标人没有约束力,并且,建设项目招标人有权拒绝对相应项目拨付工程款,对相关工程拒绝验收。

(2)发包人在招标工程量清单中给定暂估价的材料、工程设备不属于依法必须招标的,应由承包人按照合同约定采购,经发包人确认单价后取代暂估价,调整合同价款。暂估材料或工程设备的单价确定后,在综合单价中只应取代暂估单价,不应再在综合单价中涉及企业管理费或利润等其他费用的变动。

(3)发包人在工程量清单中给定暂估价的专业工程不属于依法必须招标的,应按照前述"4. 工程变更与合同价款调整"中的相关规定确定专业工程价款,并应以此为依据取代专业工程暂估价,调整合同价款。

(4)发包人在招标工程量清单中给定暂估价的专业工程,依法必须招标的,应当由发承包双方依法组织招标选择专业分包人,并接受有管辖权的建设工程招标投标管理机构的监督,还应符合下列要求:

1)除合同另有约定外,承包人不参加投标的专业工程发包招标,应由承包人作为招标人,但拟定的招标文件、评标工作、评标结果应报送发包人批准。与组织招标工作有关的费用应当被认为已经包括在承包人的签约合同价(投标总报价)中。

2)承包人参加投标的专业工程发包招标,应由发包人作为招标人,与组织招标工作有关的费用由发包人承担。同等条件下,应优先选择承包人中标。

3)应以专业工程发包中标价为依据取代专业工程暂估价,调整合同价款。

11. 不可抗力与合同价款调整

不可抗力是指合同签订后,发生了合同当事人无法预见、无法避免、无法控制、无法克服的意外事件或自然灾害,以致合同当事人不能依约履行职责或不能如期履行职责。

(1)因不可抗力事件导致的人员伤亡、财产损失及其费用增加,发承包双方应按下列原则分别承担并调整合同价款和工期：

1)合同工程本身的损害、因工程损害导致第三方人员伤亡和财产损失以及运至施工场地用于施工的材料和待安装的设备的损害，应由发包人承担；

2)发包人、承包人人员伤亡应由其所在单位负责，并应承担相应费用；

3)承包人的施工机械设备损坏及停工损失，应由承包人承担；

4)停工期间，承包人应发包人要求留在施工场地的必要的管理人员及保卫人员的费用应由发包人承担；

5)工程所需清理、修复费用，应由发包人承担。

(2)不可抗力解除后复工的，若不能按期竣工，应合理延长工期。发包人要求赶工的，赶工费用应由发包人承担。

12. 提前竣工(赶工补偿)与合同价款调整

为了保证工程质量，承包人除了根据标准规范、施工图纸进行施工外，还应当按照科学合理的施工组织设计，按部就班地进行施工作业。因为有些施工流程必须有一定的时间间隔(例如：刷油漆必须等上道工序所刮腻子干燥后方可进行)，所以，建设工程发包单位不得迫使承包方压缩合理工期，否则，应进行合同价款调整。

《建设工程质量管理条例》第十条规定："建设工程发包单位不得迫使承包方以低于成本的价格竞标，不得任意压缩合理工期"。因此为了保证工程质量，承包人除了根据标准规范、施工图纸进行施工外，还应当按照科学合理的施工组织设计，按部就班地进行施工作业。

(1)招标人应依据相关工程的工期定额合理计算工期，压缩的工期天数不得超过定额工期的20%，超过者，应在招标文件中明示增加的赶工费用。赶工费用主要包括：①人工费的增加，如新增加投入人工的报酬，不经济使用人工的补贴等；②材料费的增加，如可能造成不经济使用材料而损耗过大，导致材料运输费的增加等；③机械费的增加，例如可能增加机械设备投入，不经济地使用机械等。

(2)发包人要求合同工程提前竣工的，应征得承包人同意后与承包人商定采取加快工程进度的措施，并应修订合同工程进度计划。发包人应承担承包人由此增加的提前竣工(赶工补偿)费用，除合同另有约定外，提前竣工补偿的金额可为合同价款的5%。

(3)发承包双方应在合同中约定提前竣工每日历天应补偿额度，此项费用应作为增加合同价款列入竣工结算文件中，并与结算款一并支付。

13. 误期赔偿与合同价款调整

因误期赔偿导致的合同价款调整应符合下列规定：

(1)因承包人未按照合同约定施工，导致实际进度迟于计划进度的，承包人应加快进度，实现合同工期。即使承包人采取了赶工措施，赶工费用仍应由承包人承担。如合同工程仍然误期，承包人应赔偿发包人由此造成的损失，并按照合同约定向发包人支付误期赔偿费，除合同另有约定外，误期赔偿可为合同价款的5%。即使承包人支付误期赔偿费,也不能免除承包人按照合同约定应承担的任何责任和应履行的任何义务。

(2)发承包双方应在合同中约定误期赔偿费,并应明确每日历天应赔额度。误期赔偿费应列入竣工结算文件中,并应在结算款中扣除。

(3)在工程竣工之前,合同工程内的某单项(位)工程已通过了竣工验收,且该单项(位)工程接收证书中表明的竣工日期并未延误,而是合同工程的其他部分产生了工期延误时,误期赔偿费应按照已颁发工程接收证书的单项(位)工程造价占合同价款的比例幅度予以扣减。

14. 索赔与合同价款调整

索赔是当事人在合同实施过程中,根据法律、合同规定及惯例,对不应由自己承担责任的情况造成的损失,向合同的另一方当事人提出给予赔偿或补偿要求的行为。

建设工程的索赔通常是指在工程合同履行过程中,合同当事人一方因非自身因素或对方不履行或未能正确履行合同而受到经济损失或权利损害时,通过一定的合法程序向对方提出经济或时间补偿的要求。索赔是一种正当的权利要求,它是发包方、监理工程师和承包方之间一项正常的、大量发生的而且普遍存在的合同管理业务,是一种以法律和合同为依据的、合情合理的行为。

(1)承包人的索赔。

1)若承包人认为因非承包人原因发生的事件造成了承包人的损失,承包人应在确认该事件发生后,持证明索赔事件发生的有效证据和依据正当的索赔理由,按合同约定的时间向发包人发出索赔通知。发包人应按合同约定的时间对承包人提出的索赔进行答复和确认。发包人在收到最终索赔报告后并在合同约定时间内,未向承包人做出答复,视为该项索赔已经认可。

这种索赔方式称之为单项索赔,即在每一件索赔事项发生后递交索赔通知书、编报索赔报告书、要求单项解决支付,不与其他的索赔事项混在一起。单项索赔是施工索赔通常采用的方式。它避免了多项索赔的相互影响制约,所以解决起来比较容易。

当施工过程中受到非常严重的干扰,以致承包人的全部施工活动与原来的计划不大相同,原合同规定的工作与变更后的工作相互混淆,承包人无法为索赔保持准确而详细的成本记录资料,无法采用单项索赔的方式,则只能采用综合索赔。综合索赔俗称一揽子索赔,即对整个工程(或某项工程)中所发生的数起索赔事项,综合在一起进行索赔。采取这种方式进行索赔,是在特定的情况下被迫采用的一种索赔方法。

采取综合索赔时,承包人必须提出以下证明:①承包商的投标报价是合理的;②实际发生的总成本是合理的;③承包商对成本增加没有任何责任;④不可能采用其他方法准确地计算出实际发生的损失数额。

根据合同约定,承包人应按下列程序向发包人提出索赔:

①承包人应在知道或应当知道索赔事件发生后 28 天内,向发包人提交索赔意向通知书,说明发生索赔事件的事由。承包人逾期未发出索赔意向通知书的,丧失索赔的权利。

②承包人应在发出索赔意向通知书后 28 天内,向发包人正式提交索赔通知书。索赔通知书应详细说明索赔理由和要求,并应附必要的记录和证明材料。

③索赔事件具有连续影响的,承包人应继续提交延续索赔通知,说明连续影响的实际情况和记录。

④在索赔事件影响结束后的 28 天内,承包人应向发包人提交最终索赔通知书,说明最终索赔要求,并应附必要的记录和证明材料。

2)承包人索赔应按下列程序处理:

①发包人收到承包人的索赔通知书后,应及时查验承包人的记录和证明材料。

②发包人应在收到索赔通知书或有关索赔的进一步证明材料后的 28 天内,将索赔处理结果答复承包人,如果发包人逾期未做出答复,视为承包人索赔要求已被发包人认可。

③承包人接受索赔处理结果的,索赔款项应作为增加合同价款,在当期进度款中进行支付;承包人不接受索赔处理结果的,应按合同约定的争议解决方式办理。

3)承包人要求赔偿时,可以选择下列一项或几项方式获得赔偿:

①延长工期;

②要求发包人支付实际发生的额外费用;

③要求发包人支付合理的预期利润;

④要求发包人按合同的约定支付违约金。

4)索赔事件发生后,在造成费用损失时,往往会造成工期的变动。当索赔事件造成的费用损失与工期相关联时,承包人应根据发生的索赔事件向发包人提出费用索赔要求的同时,提出工期延长的要求。发包人在批准承包人的索赔报告时,应将索赔事件造成的费用损失和工期延长联系起来,综合做出批准费用索赔和工期延长的决定。

5)发承包双方在按合同约定办理了竣工结算后,应被认为承包人已无权再提出竣工结算前所发生的任何索赔。承包人在提交的最终结清申请中,只限于提出竣工结算后的索赔,提出索赔的期限应自发承包双方最终结清时终止。

(2)发包人的索赔。

1)根据合同约定,发包人认为由于承包人的原因造成发包人的损失的,应按承包人索赔的程序进行索赔。当合同中未就发包人的索赔事项作具体约定时,按以下规定处理。

①发包人应在确认引起索赔的事件发生后的 28 天内向承包人发出索赔通知,否则,承包人免除该索赔的全部责任。

②承包人应在收到发包人索赔报告后的 28 天内做出回应,表示同意或不同意并附具体意见,如在收到索赔报告后的 28 天内,未向发包人做出答复,视为该项索赔报告已经认可。

2)发包人要求赔偿时,可以选择下列一项或几项方式获得赔偿:

①延长质量缺陷修复期限;

②要求承包人支付实际发生的额外费用;

③要求承包人按合同的约定支付违约金。

3)承包人应付给发包人的索赔金额可从拟支付给承包人的合同价款中扣除,或由承包人以其他方式支付给发包人。

15. 现场签证与合同价款调整

由于施工生产的特殊性,施工过程中往往会出现一些与合同工程或合同约定不一致或未约定的事项,这时就需要发承包双方用书面形式记录下来,这就是现场签证。

(1)承包人应发包人要求完成合同以外的零星项目、非承包人责任事件等工作的,发包人应及时以书面形式向承包人发出指令,并应提供所需的相关资料;承包人在收到指令后,应及时向发包人提出现场签证要求。

(2)承包人应在收到发包人指令后的 7 天内向发包人提交现场签证报告,发包人应在收到现场签证报告后的 48 小时内对报告内容进行核实,予以确认或提出修改意见。发包人在收到承包人现场签证报告后的 48 小时内未确认也未提出修改意见的,应视为承包人提交的现场签证报告已被发包人认可。

(3)现场签证的工作如已有相应的计日工单价,现场签证中应列明完成该类项目所需的人工、材料、工程设备和施工机械台班的数量。

如现场签证的工作没有相应的计日工单价,应在现场签证报告中列明完成该签证工作所需的人工、材料设备和施工机械台班的数量及单价。

(4)合同工程发生现场签证事项,未经发包人签证确认,承包人便擅自施工的,除非征得发包人书面同意,否则发生的费用应由承包人承担。

(5)现场签证工作完成后的 7 天内,承包人应按照现场签证内容计算价款,报送发包人确认后,作为增加合同价款,与进度款同期支付。

(6)在施工过程中,当发现合同工程内容因场地条件、地质水文、发包人要求等不一致时,承包人应提供所需的相关资料,并提交发包人签证认可,作为合同价款调整的依据。

16. 暂列金额与合同价款调整

(1)已签约合同价中的暂列金额应由发包人掌握使用。

(2)暂列金额虽然列入合同价款,但并不属于承包人所有,也并不必然发生。只有按照合同约定实际发生后,才能成为承包人的应得金额,纳入工程合同结算价款中,发包人按照前述相关规定与要求进行支付后,暂列金额余额仍归发包人所有。

第三节 合同价款支付

一、中期支付

1. 预付款

预付款指的是在开工前,发包人按照合同约定预先支付给承包人用于购买合同工程施工所需的材料、工程设备以及组织施工机械和人员进场等的款项。

预付款的目的是：解决合同一方周转资金短缺；作为合同履行的诚意。

预付款支付要求如下：

(1)预付款是发包人为解决承包人在施工准备阶段资金周转问题提供的协助，预付款用于承包人为合同工程施工购置材料、工程设备，购置或租赁施工设备以及组织施工人员进场。预付款应专用于合同工程。

(2)按照财政部、原建设部印发的《建设工程价款结算暂行办法》的相关规定，《建设工程工程量清单计价规范》(GB 50500—2013)中对预付款的支付比例进行了约定：包工包料工程的预付款的支付比例不得低于签约合同价(扣除暂列金额)的10％，不宜高于签约合同价(扣除暂列金额)的30％。预付款的总金额、分期拨付次数、每次付款金额、付款时间等应根据工程规模、工期长短等具体情况，在合同中约定。

(3)承包人应在签订合同或向发包人提供与预付款等额的预付款保函(如有)后向发包人提交预付款支付申请。

(4)发包人应在收到支付申请的7天内进行核实，向承包人发出预付款支付证书，并在签发支付证书后的7天内向承包人支付预付款。

(5)发包人没有按合同约定按时支付预付款的，承包人可催告发包人支付；发包人在预付款期满后的7天内仍未支付的，承包人可在付款期满后的第8天起暂停施工。发包人应承担由此增加的费用和延误的工期，并应向承包人支付合理利润。

(6)当承包人取得相应的合同价款时，预付款应从每一个支付期应支付给承包人的工程进度款中扣回，直到扣回的金额达到合同约定的预付款金额为止。通常约定承包人完成签约合同价款的比例在20％～30％时，开始从进度款中按一定比例扣还。

(7)承包人的预付款保函(如有)的担保金额根据预付款扣回的数额相应递减，但在预付款全部扣回之前一直保持有效。发包人应在预付款扣完后的14天内将预付款保函退还给承包人。

2. 安全文明施工费

安全文明施工费是指在合同履行过程中，承包人按照国家法律、法规、标准等规定，为保证安全施工、文明施工，保护现场内外环境和搭拆临时设施等所采用的措施而发生的费用。

(1)财政部、国家安全生产监督管理总局印发的《企业安全生产费用提取和使用管理办法》(财企[2012]16号)第十九条规定："建设工程施工企业安全费用应当按照以下内容使用：

1)完善、改造和维护安全防护设施设备支出(不含'三同时'要求初期投入的安全设施)，包括施工现场临时用电系统、洞口、临边、机械设备、高处作业防护、交叉作业防护、防火、防爆、防尘、防毒、防雷、防台风、防地质灾害、地下工程有害气体监测、通风、临时安全防护等设施设备支出；

2)配备、维护、保养应急救援器材、设备支出和应急演练支出；

3)开展重大危险源和事故隐患评估、监控和整改支出；

4)安全生产检查、评价(不包括新建、改建、扩建项目安全评价)、咨询和标准化建设支出；

5)配备和更新现场作业人员安全防护用品支出；

6)安全生产宣传、教育、培训支出；

7)安全生产适用的新技术、新标准、新工艺、新装备的推广应用支出；

8)安全设施及特种设备检测检验支出；

9)其他与安全生产直接相关的支出。"

由于工程建设项目因专业及施工阶段的不同,对安全文明施工措施的要求也不一致,因此,《建设工程工程量清单计价规范》(GB 50500—2013)针对不同的专业工程特点,规定了安全文明施工的内容和包含的范围。在实际执行过程中,安全文明施工费包括的内容及使用范围,既应符合国家现行有关文件的规定,也应符合《建设工程工程量清单计价规范》(GB 50500—2013)中的规定。

(2)发包人应在工程开工后的 28 天内预付不低于当年施工进度计划的安全文明施工费总额的 60%,其余部分应按照提前安排的原则进行分解,并应与进度款同期支付。

(3)发包人没有按时支付安全文明施工费的,承包人可催告发包人支付;发包人在付款期满后的 7 天内仍未支付的,若发生安全事故,发包人应承担相应责任。

(4)承包人对安全文明施工费应专款专用,在财务账目中应单独列项备查,不得挪作他用,否则发包人有权要求其限期改正;逾期未改正的,造成的损失和延误的工期应由承包人承担。

3. 进度款

进度款是指在合同工程施工过程中,发包人按照合同约定对付款周期内承包人完成的合同价款给予支付的款项,也是合同价款期中结算支付。

(1)发承包双方应按照合同约定的时间、程序和方法,根据工程计量结果办理期中价款结算,支付进度款。

(2)发包人支付工程进度款,其支付周期应与合同约定的工程计量周期一致。工程量的正确计量是发包人向承包人支付工程进度款的前提和依据。计量和付款周期可采用分段或按月结算的方式。

1)按月结算与支付。即实行按月支付进度款,竣工后结算的办法。合同工期在两个年度以上的工程,在年终进行工程盘点,办理年度结算。

2)分段结算与支付。即当年开工、当年不能竣工的工程按照工程形象进度,划分不同阶段,支付工程进度款。

当采用分段结算方式时,应在合同中约定具体的工程分段划分,付款周期应与计量周期一致。

(3)已标价工程量清单中的单价项目,承包人应按工程计量确认的工程量与综合单价计算;综合单价发生调整的,以发承包双方确认调整的综合单价计算进度款。

(4)已标价工程量清单中的总价项目和采用经审定批准的施工图纸及其预算方式发包形成的总价合同应由承包人根据施工进度计划和总价构成、费用性质、计划发生时间和相应的工程量等因素按计量周期进行分解,分别列入进度款支付申请中的安全文明施工费和本周期应支付的总价项目的金额中,并形成进度款支付分解表,在投标时提交,非招标工程在合同洽商时提交。在施工过程中,由于进度计划的调整,发承包双方应对支付分解进行调整。

1)已标价工程量清单中的总价项目进度款支付分解方法可选择以下之一(但不限于):

①将照各个总价项目的总金额按合同约定的计量周期平均支付;

②按照各个总价项目的总金额占签约合同价的百分比,以及各个计量支付周期内所完成的单价项目的总金额,以百分比方式均摊支付;

③按照各个总价项目组成的性质(如时间、与单价项目的关联性等)分解到形象进度计划或计量周期中,与单价项目一起支付。

2)采用经审定批准的施工图纸及其预算方式发包形成的总价合同,除由于工程变更形成的工程量增减予以调整外,其工程量不予调整。因此,总价合同的进度款支付应按照计量周期进行支付分解,以便进度款有序支付。

(5)发包人提供的甲供材料金额,应按照发包人签约提供的单价和数量从进度款支付中扣除,列入本周期应扣减的金额中。

(6)承包人现场签证和得到发包人确认的索赔金额应列入本周期应增加的金额中。

(7)进度款的支付比例按照合同约定,按期中结算价款总额计,不低于60%,不高于90%。

(8)承包人应在每个计量周期到期后的7天内向发包人提交已完工程进度款支付申请一式四份,详细说明此周期认为有权得到的款额,包括分包人已完工程的价款。支付申请应包括下列内容:

1)累计已完成的合同价款;

2)累计已实际支付的合同价款;

3)本周期合计完成的合同价款:

①本周期已完成单价项目的金额;

②本周期应支付的总价项目的金额;

③本周期已完成的计日工价款;

④本周期应支付的安全文明施工费;

⑤本周期应增加的金额。

4)本周期合计应扣减的金额:

①本周期应扣回的预付款;

②本周期应扣减的金额。

5)本周期实际应支付的合同价款。

上述"本周期应增加的金额"中包括除单价项目、总价项目、计日工、安全文明施工费外的全部应增金额,如索赔、现场签证金额,"本周期应扣减的金额"包括除预付款外的全部应减金额。

由于进度款的支付比例最高不超过 90％，而且根据原建设部、财政部印发的《建设工程质量保证金管理暂行办法》第七条规定："全部或者部分使用政府投资的建设项目，按工程价款结算总额 5％左右的比例预留保证金"，因此，《建设工程工程量清单计价规范》(GB 50500—2013)未在进度款支付中要求扣减质量保证金，而是在竣工结算价款中预留保证金。

(9)发包人应在收到承包人进度款支付申请后的 14 天内，根据计量结果和合同约定对申请内容予以核实，确认后向承包人出具进度款支付证书。若发承包双方对部分清单项目的计量结果出现争议，发包人应对无争议部分的工程计量结果向承包人出具进度款支付证书。

(10)发包人应在签发进度款支付证书后的 14 天内，按照支付证书列明的金额向承包人支付进度款。

(11)若发包人逾期未签发进度款支付证书，则视为承包人提交的进度款支付申请已被发包人认可，承包人可向发包人发出催告付款的通知。发包人应在收到通知后的 14 天内，按照承包人支付申请的金额向承包人支付进度款。

(12)发包人未按照规定支付进度款的，承包人可催告发包人支付，并有权获得延迟支付的利息；发包人在付款期满后的 7 天内仍未支付的，承包人可在付款期满后的第 8 天起暂停施工。发包人应承担由此增加的费用和延误的工期，向承包人支付合理利润，并应承担违约责任。

(13)发现已签发的任何支付证书有错、漏或重复的数额，发包人有权予以修正，承包人也有权提出修正申请。经发承包双方复核同意修正的，应在本次到期的进度款中支付或扣除。

二、结算款支付

(一)工程价款主要结算方式

我国现行工程价款结算根据不同情况，可采取多种方式。

1. 按月结算

实行旬末或月中预支，月终结算，竣工后清算的方法。跨年度竣工的工程，在年终进行工程盘点，办理年度结算。我国现行建筑安装工程价款结算中，相当一部分是实行这种按月结算。

2. 竣工后一次结算

建设项目或单项工程全部建筑安装工程建设期在 12 个月以内，或者工程承包合同价值在 100 万元以下的，可以实行工程价款每月月中预支，竣工后一次结算。

3. 分段结算

即当年开工，当年不能竣工的单项工程或单位工程按照工程形象进度，划分不同阶段进行结算。分段结算可以按月预支工程款。分段的划分标准，由各部门、自治区、直辖市、计划单列市规定。

实行旬末或月中预支,月终结算,竣工后清算办法的工程合同,应分期确认合同价款收入的实现,即:各月份终了,与发包单位进行已完工程价款结算时,确认为承包合同已完工部分的工程收入实现,本期收入额为月终结算的已完工程价款金额。

实行合同完成后一次结算工程价款办法的工程合同,应于合同完成,施工企业与发包单位进行工程合同价款结算时,确认为收入实现,实现的收入额为承发包双方结算的合同价款总额。

实行按工程形象进度划分不同阶段、分段结算工程价款办法的工程合同,应按合同规定的形象进度分次确认已完阶段工程收益实现。即:应于完成合同规定的工程形象进度或工程阶段,与发包单位进行工程价款结算时,确认为工程收入的实现。

4. 目标结款方式

即在工程合同中,将承包工程的内容分解成不同的控制界面,以业主验收控制界面作为支付工程价款的前提条件。也就是说,将合同中的工程内容分解成不同的验收单元,当承包商完成单元工程内容并经业主(或其委托人)验收后,业主支付构成单元工程内容的工程价款。

目标结款方式下,承包商要想获得工程价款,必须按照合同约定的质量标准完成界面内的工程内容;要想尽早获得工程价款,承包商必须充分发挥自己的组织实施能力,在保证质量前提下,加快施工进度。这意味着承包商拖延工期时,则业主推迟付款,增加承包商的财务费用、运营成本,降低承包商的收益,客观上使承包商因延迟工期而遭受损失。同样,当承包商积极组织施工,提前完成控制界面内的工程内容,则承包商可提前获得工程价款,增加承包收益,客观上使承包商因提前工期而增加了有效利润。同时,因承包商在界面内质量达不到合同约定的标准而业主不预验收,承包商也会因此而遭受损失。可见,目标结款方式实质上是运用合同手段、财务手段对工程的完成进行主动控制。

目标结款方式中,对控制界面的设定应明确描述,便于量化和质量控制,同时,要适应项目资金的供应周期和支付频率。

5. 结算双方约定的其他结算方式

施工企业在采用按月结算工程价款方式时,要先取得各月实际完成的工程数量,并按照工程预算定额中的相关费用定额和合同中的采用利税率,计算出已完工程造价。实际完成的工程数量,由施工单位根据有关资料计算,并编制"已完工程月报表",然后按照发包单位编制"已完工程月报表",将各个发包单位的本月已完工程造价汇总反映。再根据"已完工程月报表"编制"工程价款结算账单",与"已完工程月报表"一起,分送发包单位和经办银行,据以办理结算。

施工企业在采用分段结算工程价款方式时,要在合同中规定工程部位完工的月份,根据已完工程部位的工程数量计算已完工程造价,按发包单位编制"已完工程月报表"和"工程价款结算账单"。

对于工期较短、能在年度内竣工的单项工程或小型建设项目,可在工程竣工后编制"工程价款结算账单"，按合同中工程造价一次结算。

"工程价款结算账单"是办理工程价款结算的依据。工程价款结算账单中所列应收工程款应与随同附送的"已完工程月报表"中的工程造价相符，"工程价款结算账单"除了列明应收工程款外，还应列明应扣预收工程款、预收备料款、发包单位供给材料价款等应扣款项，算出本月实收工程款。

为了保证工程按期收尾竣工，工程在施工期间，不论工程长短，其结算工程款一般不得超过承包工程价值的95%，结算双方可以在5%的幅度内协商确定尾款比例，并在工程承包合同中订明。施工企业如已向发包单位出具履约保函或有其他保证的，可以不留工程尾款。

"已完工程月报表"和"工程价款结算账单"的格式见表6-1和表6-2。

表 6-1　　　　　　　　　　　　　已完工程月报表

发包单位名称：　　　　　　　　　　　年　月　日

单项工程和单位工程名称	合同造价	建筑面积	开竣工日期		实际完成数		备　注
			开工日期	竣工日期	至上月(期)止已完工程累计	本月(期)已完工程	

施工企业：　　　　　　　　　　　　　　　　　　　　编制日期：年　月　日

表 6-2　　　　　　　　　　　　　工程价款结算账单

发包单位名称：　　　　　　　　　　　年　月　日

单项工程和单位工程名称	合同造价	本月(期)应收工程款	应扣款项			本月(期)实收工程款	尚未归还	累计已收工程款	备注
			合计	预收工程款	预收备料款				

施工企业：　　　　　　　　　　　　　　　　　　　　编制日期：年　月　日

(二)结算款支付程序及要求

(1)承包人应根据办理的竣工结算文件向发包人提交竣工结算款支付申请。申请应包括下列内容：

1)竣工结算合同价款总额；

2)累计已实际支付的合同价款；

3)应预留的质量保证金；

4)实际应支付的竣工结算款金额。

(2)发包人应在收到承包人提交竣工结算款支付申请后 7 天内予以核实，向承包人签发竣工结算支付证书。

(3)发包人签发竣工结算支付证书后的 14 天内，应按照竣工结算支付证书列明的金额向承包人支付结算款。

(4)发包人在收到承包人提交的竣工结算款支付申请后 7 天内不予核实，不向承包人签发竣工结算支付证书的，视为承包人的竣工结算款支付申请已被发包人认可；发包人应在收到承包人提交的竣工结算款支付申请 7 天后的 14 天内，按照承包人提交的竣工结算款支付申请列明的金额向承包人支付结算款。

(5)工程竣工结算办理完毕后，发包人应按合同约定向承包人支付工程价款。发包人按合同约定应向承包人支付，而未支付的工程款视为拖欠工程款。根据《最高人民法院关于审理建设工程施工合同纠纷案件适用法律问题的解释》(法释[2004]14号)第十七条："当事人对欠付工程价款利息计付标准有约定的，按照约定处理；没有约定的，按照中国人民银行发布的同期同类贷款利率信息。发包人应向承包人支付拖欠工程款的利息，并承担违约责任。"和《中华人民共和国合同法》第二百八十六条："发包人未按照合同约定支付价款的，承包人可以催告发包人在合理期限内支付价款。发包人逾期不支付的，除按照建设工程的性质不宜折价、拍卖的以外，承包人可以与发包人协议将该工程折价，也可以申请人民法院将该工程依法拍卖。建设工程的价款就该工程折价或者拍卖的价款优先受偿。"等规定，《建设工程工程量清单计价规范》(GB 50500—2013)中指出："发包人未按照上述第(3)条和第(4)条规定支付竣工结算款的，承包人可催告发包人支付，并有权获得延迟支付的利息。发包人在竣工结算支付证书签发后或者在收到承包人提交的竣工结算款支付申请 7 天后的 56 天内仍未支付的，除法律另有规定外，承包人可与发包人协商将该工程折价，也可直接向人民法院申请将该工程依法拍卖。承包人应就该工程折价或拍卖的价款优先受偿"。

所谓优先受偿，最高人民法院在《关于建设工程价款优先受偿权的批复》(法释[2002]16号)中规定如下：

1)人民法院在审理房地产纠纷案件和办理执行案件中，应当依照《中华人民共和国合同法》第二百八十六条的规定，认定建筑工程的承包人的优先受偿权优于抵押权和其他债权。

2)消费者交付购买商品房的全部或者大部分款项后，承包人就该商品房享有的工程价款优先受偿权不得对抗买受人。

3）建筑工程价款包括承包人为建设工程应当支付的工作人员报酬、材料款等实际支出的费用，不包括承包人因发包人违约所造成的损失。

4）建设工程承包人行使优先权的期限为6个月，自建设工程竣工之日或者建设工程合同约定的竣工之日起计算。

三、质量保证金

1. 质量保证金的定义

在实践中，建设工程承包合同中约定的质量保证金有两种不同的含义，一是指质量保修金；二是指质量保证金。

所谓质量保修金是指建设单位与施工单位在建设工程承包合同中约定或施工单位在工程保修书中承诺，在建筑工程竣工验收交付使用后，从应付的建设工程款中预留的用以维修建筑工程在保修期限和保修范围内出现的质量缺陷的资金。

所谓质量保证金，或称建筑工程信誉保证金，是指施工单位根据建设单位的要求，在建设工程承包合同签订之前，预先交付给建设单位，用以保证施工质量的资金。

2. 质量保证金支付与返还

（1）发包人应按照合同约定的质量保证金比例从结算款中预留质量保证金。质量保证金是用于承包人按照合同约定履行属于自身责任的工程缺陷修复义务的，为发包人有效监督承包人完成缺陷修复提供资金保证。原建设部、财政部印发的《建设工程质量保证金管理暂行办法》（建质［2005］7号）第七条规定："全部或者部分使用政府投资的建设项目，按工程价款结算总额5%左右的比例预留保证金。社会投资项目采用预留保证金方式的，预留保证金的比例可参照执行"。

（2）承包人未按照合同约定履行属于自身责任的工程缺陷修复义务的，发包人有权从质量保证金中扣除用于缺陷修复的各项支出。经查验，工程缺陷属于发包人原因造成的，应由发包人承担查验和缺陷修复的费用。

（3）在合同约定的缺陷责任期终止后，发包人应按照规定，将剩余的质量保证金返还给承包人。原建设部、财政部印发的《建设工程质量保证金管理暂行办法》（建质［2005］7号）第九条规定："缺陷责任期内，承包人认真履行合同约定的责任，到期后，承包人向发包人申请返还保证金"。

四、最终结清

（1）缺陷责任期终止后，承包人已完成合同约定的全部承包工作，但合同工程的财务账目需要结清，因此，承包人应按照合同约定向发包人提交最终结清支付申请。发包人对最终结清支付申请有异议的，有权要求承包人进行修正和提供补充资料。承包人修正后，应再次向发包人提交修正后的最终结清支付申请。

（2）发包人应在收到最终结清支付申请后的14天内予以核实，并应向承包人签发最终结清支付证书。

（3）发包人应在签发最终结清支付证书后的 14 天内，按照最终结清支付证书列明的金额向承包人支付最终结清款。

（4）发包人未在约定的时间内核实，又未提出具体意见的，应视为承包人提交的最终结清支付申请已被发包人认可。

（5）发包人未按期最终结清支付的，承包人可催告发包人支付，并有权获得延迟支付的利息。

（6）最终结清时，承包人被预留的质量保证金不足以抵减发包人工程缺陷修复费用的，承包人应承担不足部分的补偿责任。

（7）承包人对发包人支付的最终结清款有异议的，应按照合同约定的争议解决方式处理。

第四节　合同解除及其价款结算与支付

一、合同解除

合同的解除是指合同有效成立后，在一定条件下通过当事人的单方行为或者双方合意终止合同效力或者溯及地消灭合同关系的行为。

在适用情事变更原则时，合同解除是指履行合同实在困难，若履行即显失公平，法院裁决合同消灭的现象。这种解除与一般意义上的解除相比，有一个重要的特点，就是法院直接基于情事变更原则加以认定，而不是通过当事人的解除行为。

1. 合同解除分类

（1）单方解除和协议解除。

1）单方解除，是指解除权人行使解除权将合同解除的行为。它不必经过对方当事人的同意，只要解除权人将解除合同的意思表示直接通知对方，或经过人民法院或仲裁机构向对方主张，即可发生合同解除的效果。

2）协议解除，是指当事人双方通过协商同意将合同解除的行为（《合同法》第 93 条第 1 款）。它不以解除权的存在为必要，解除行为也不是解除权的行使。中国法律把协议解除作为合同解除的一种类型加以规定，理论解释也不认为协议解除与合同解除全异的性质，而是认为仍具有与一般解除相同的属性，但也有其特点，如解除的条件为双方当事人协商同意，并不因此损害国家利益和社会公共利益，解除行为是当事人的合意行为等。

（2）法定解除与约定解除。

1）合同解除的条件由法律直接加以规定者，其解除为法定解除。在法定解除中，有的以适用于所有合同的条件为解除条件，有的则仅以适用于特定合同的条件为解除条件。前者为一般法定解除,后者称为特别法定解除。中国法律普遍承认法定解除,不但有关于一般法定解除的规定,而且有关于特别法定解除的规定。

2)约定解除,是指当事人以合同形式,约定为一方或双方保留解除权的解除。其中,保留解除权的合意,称之为解约条款。解除权可以保留给当事人一方,也可以保留给当事人双方。保留解除权,可以在当事人订立合同时约定,也可以在以后另订立保留解除权的合同。

2. 合同解除条件

《中华人民共和国合同法》第 94 条规定,有下列情形之一的,当事人可以解除合同:

(1)因不可抗力致使不能实现合同目的。不可抗力致使合同目的不能实现,该合同失去意义,应归于消灭。在此情况下,我国合同法允许当事人通过行使解除权的方式消灭合同关系。

(2)在履行期限届满之前,当事人一方明确表示或者以自己的行为表明不履行主要债务。此即债务人拒绝履行,也称毁约,包括明示毁约和默示毁约。作为合同解除条件,它一是要求债务人有过错;二是拒绝行为违法(无合法理由);三是有履行能力。

(3)当事人一方迟延履行主要债务,经催告后在合理期限内仍未履行。此即债务人迟延履行。根据合同的性质和当事人的意思表示,履行期限在合同的内容中非属特别重要时,即使债务人在履行期届满后履行,也不致使合同目的落空。在此情况下,原则上不允许当事人立即解除合同,而应由债权人向债务人发出履行催告,给予一定的履行宽限期。债务人在该履行宽限期届满时仍未履行的,债权人有权解除合同。

(4)当事人一方迟延履行债务或者有其他违约行为致使不能实现合同目的。对某些合同而言,履行期限至为重要,如债务人不按期履行,合同目的即不能实现,于此情形,债权人有权解除合同。其他违约行为致使合同目的不能实现时,也应如此。

(5)法律规定的其他情形。法律针对某些具体合同规定了特别法定解除条件的,从其规定。

(6)合同协议解除的条件。

1)合同协议解除的条件,是双方当事人协商一致解除原合同关系。其实质是在原合同当事人之间重新成立了一个合同,主要内容为废弃双方原合同关系,使双方基于原合同发生的债权债务归于消灭。

2)协议解除采取合同(即解除协议)方式,因此,应具备合同的有效要件,即:当事人具有相应的行为能力;意思表示真实;内容不违反强行法规和社会公共利益;采取适当的形式。

二、合同解除的价款结算与支付

合同解除是合同非常态的终止,为了限制合同的解除,法律规定了合同解除制度。根据解除权来源划分,可分为协议解除和法定解除。鉴于建设工程施工合同的特性,为了防止社会资源浪费,法律不赋予发承包人享有任意单方解除权,因此,除了协议解除,按照《最高人民法院关于审理建设工程施工合同纠纷案件适用法律问题的解释》第八条、第九条的规定,施工合同的解除有承包人根本违约的解除和发包人根本违约的解除两种。

(1)发承包双方协商一致解除合同的,应按照达成的协议办理结算和支付合同价款。

(2)由于不可抗力致使合同无法履行解除合同的,发包人应向承包人支付合同解除之日前已完成工程但尚未支付的合同价款,此外,还应支付下列金额:

1)招标文件中明示应由发包人承担的赶工费用;

2)已实施或部分实施的措施项目应付价款;

3)承包人为合同工程合理订购且已交付的材料和工程设备货款;

4)承包人撤离现场所需的合理费用,包括员工遣送费和临时工程拆除、施工设备运离现场的费用;

5)承包人为完成合同工程而预期开支的任何合理费用,且该项费用未包括在本款其他各项支付之内。

发承包双方办理结算合同价款时,应扣除合同解除之日前发包人应向承包人收回的价款。当发包人应扣除的金额超过了应支付的金额,承包人应在合同解除后的 86 天内将其差额退还给发包人。

(3)由于承包人违约解除合同的,对于价款结算与支付应按以下规定处理:

1)发包人应暂停向承包人支付任何价款。

2)发包人应在合同解除后 28 天内核实合同解除时承包人已完成的全部合同价款以及按施工进度计划已运至现场的材料和工程设备货款,按合同约定核算承包人应支付的违约金以及造成损失的索赔金额,并将结果通知承包人。发承包双方应在 28 天内予以确认或提出意见,并办理结算合同价款。如果发包人应扣除的金额超过了应支付的金额,则承包人应在合同解除后的 56 天内将其差额退还给发包人。

3)发承包双方不能就解除合同后的结算达成一致的,按照合同约定的争议解决方式处理。

(4)由于发包人违约解除合同的,对于价款结算与支付应按以下规定处理:

1)发包人除应按照上述第(2)条的有关规定向承包人支付各项价款外,还应按合同约定核算发包人应支付的违约金以及给承包人造成损失或损害的索赔金额费用。该笔费用由承包人提出,发包人核实后与承包人协商确定后的 7 天内向承包人签发支付证书。

2)发承包双方协商不能达成一致的,按照合同约定的争议解决方式处理。

第五节　合同价款争议的解决

施工合同履行过程中出现争议是在所难免的,解决合同履行过程中争议的主要方法包括协商、调解、仲裁和诉讼四种。当发承包双方发生争议后,可以先进行协商和解从而达到消除争议的目的,也可以请第三方进行调解;若争议继续存在,发承包双方可以继续通过仲裁或诉讼的途径解决,当然,也可以直接进入仲裁或诉讼程序解决争议。不论采用何种方式解决发承包双方的争议,只有及时并有效地解决施工过程中的合同价款争议,才是工程建设顺利进行的必要保证。

一、监理或造价工程师暂定

从我国现行施工合同示范文本、监理合同示范文本、造价咨询合同示范文本的内容可以看出,合同中一般均会对总监理工程师或造价工程师在合同履行过程中发承包双方的争议如何处理有所约定。为使合同争议在施工过程中就能够由总监理工程师或造价工程师予以解决,《建设工程工程量清单计价规范》(GB 50500—2013)对总监理工程师或造价工程师的合同价款争议处理流程及职责权限进行了如下约定:

(1)若发包人和承包人之间就工程质量、进度、价款支付与扣除、工期延期、索赔、价款调整等发生任何法律上、经济上或技术上的争议,首先应根据已签约合同的规定,提交合同约定职责范围内的总监理工程师或造价工程师解决,并应抄送另一方。总监理工程师或造价工程师在收到此提交件后14天内应将暂定结果通知发包人和承包人。发承包双方对暂定结果认可的,应以书面形式予以确认,暂定结果成为最终决定。

(2)发承包双方在收到总监理工程师或造价工程师的暂定结果通知之后的14天内未对暂定结果予以确认也未提出不同意见的,应视为发承包双方已认可该暂定结果。

(3)发承包双方或一方不同意暂定结果的,应以书面形式向总监理工程师或造价工程师提出,说明自己认为正确的结果,同时抄送另一方,此时该暂定结果成为争议。在暂定结果对发承包双方当事人履约不产生实质影响的前提下,发承包双方应实施该结果,直到按照发承包双方认可的争议解决办法处理为止。

二、管理机构的解释和认定

在我国现行建筑管理体制下,各级工程造价管理机构在处理有关工程计价争议甚至合同价款纠纷中,仍然发挥着相当有效的作用,对及时化解工程合同价款纠纷具有重大意义。工程造价管理机构对发承包双方提出的书面解释或认定处理程序、效力应符合下列规定:

（1）合同价款争议发生后，发承包双方可就工程计价依据的争议以书面形式提请工程造价管理机构对争议以书面文件进行解释或认定。工程造价管理机构是工程造价计价依据、办法以及相关政策的制定和管理机构。在发包人、承包人或工程造价咨询人在工程计价中，对计价依据、办法以及相关政策规定发生的争议进行解释是工程造价管理机构的职责。

（2）工程造价管理机构应在收到申请的 10 个工作日内就发承包双方提请的争议问题进行解释或认定。

（3）发承包双方或一方在收到工程造价管理机构书面解释或认定后仍可按照合同约定的争议解决方式提请仲裁或诉讼。除工程造价管理机构的上级管理部门做出了不同的解释或认定，或在仲裁裁决或法院判决中不予采信的外，工程造价管理机构做出的书面解释或认定应为最终结果，并应对发承包双方均有约束力。

三、协商和解

协商和解是指合同双方在发生争议后，就与争议有关的问题进行协商，在自愿、互谅的基础上，通过直接对话摆事实、讲道理，分清责任，达成和解协议，使纠纷得以解决的活动。协商和解是一种快速、简便的争议解决方式。

计价争议发生后，合同双方的协商和解应符合下列规定：

（1）合同价款争议发生后，发承包双方任何时候都可以进行协商。协商达成一致的，双方应签订书面和解协议，并明确和解协议对发承包双方均有约束力。

（2）如果协商不能达成一致协议，发包人或承包人都可以按合同约定的其他方式解决争议。

四、调解

调解是指双方或多方当事人就争议的实体权利、义务，在人民法院、人民调解委员会及有关组织主持下，自愿进行协商，通过教育疏导，促成各方达成协议、解决纠纷的办法。

按照《中华人民共和国合同法》的规定，当事人可以通过调解解决合同争议，但在工程建设领域，目前的调解主要出现在仲裁或诉讼中，即所谓司法调解；有的通过建设行政主管部门或工程造价管理机构处理，双方认可，即所谓行政调解。司法调解耗时较长，且增加了诉讼成本；行政调解受行政管理人员专业水平、处理能力等的影响，其效果也受到限制。因此，《建设工程工程量清单计价规范》（GB 50500—2013）提出了由发承包双方约定相关工程专家作为合同工程争议调解人的思路，类似于国外的争议评审或争端裁决，可定义为专业调解，这在我国合同法的框架内有法可依，使争议尽可能在合同履行过程中得到解决，确保工程建设顺利进行。

（1）发承包双方应在合同中约定或在合同签订后共同约定争议调解人，负责双方在合同履行过程中发生争议的调解。

（2）合同履行期间，发承包双方可协议调换或终止任何调解人，但发包人或承包人都不能单独采取行动。除非双方另有协议，在最终结清支付证书生效后，调解人的任期应即终止。

（3）如果发承包双方发生了争议，任何一方可将该争议以书面形式提交调解人，并将副本抄送另一方，委托调解人调解。

（4）发承包双方应按照调解人提出的要求，给调解人提供所需要的资料、现场进入权及相应设施。调解人不应被视为是在进行仲裁人的工作。

（5）调解人应在收到调解委托后28天内或由调解人建议并经发承包双方认可的其他期限内提出调解书，发承包双方接受调解书的，经双方签字后作为合同的补充文件，对发承包双方均具有约束力，双方都应立即遵照执行。

（6）当发承包双方中任一方对调解人的调解书有异议时，应在收到调解书后28天内向另一方发出异议通知，并应说明争议的事项和理由。但除非并直到调解书在协商和解或仲裁裁决、诉讼判决中做出修改，或合同已经解除，承包人应继续按照合同实施工程。

（7）当调解人已就争议事项向发承包双方提交了调解书，而任一方在收到调解书后28天内均未发出表示异议的通知时，调解书对发承包双方应均具有约束力。

五、仲裁、诉讼

仲裁是指买卖双方在纠纷发生之前或发生之后签订书面协议，自愿将纠纷提交双方所同意的第三者予以裁决，以解决纠纷的一种方式。仲裁协议有两种形式：一种是在争议发生之前订立的，它通常作为合同中的一项仲裁条款出现；另一种是在争议之后订立的，它是把已经发生的争议提交给仲裁的协议。这两种形式的仲裁协议，其法律效力是相同的。

诉讼指纠纷当事人通过向具有管辖权的法院起诉另一方当事人的形式解决纠纷。

发生工程合同价款纠纷时的仲裁或诉讼应符合下列规定：

（1）发承包双方的协商和解或调解均未达成一致意见，其中的一方已就此争议事项根据合同约定的仲裁协议申请仲裁的，应同时通知另一方。进行协议仲裁时，应遵守《中华人民共和国仲裁法》的有关规定，如第四条："当事人采用仲裁方式解决纠纷，应当双方自愿，达成仲裁协议。没有仲裁协议，一方申请仲裁的，仲裁委员会不予受理"；第五条："当事人达成仲裁协议，一方向人民法院起诉的，人民法院不予受理，但仲裁协议无效的除外"；第六条："仲裁委员会应当由当事人协议选定。仲裁不实行级别管辖和地域管辖"。

（2）仲裁可在竣工之前或之后进行，但发包人、承包人、调解人各自的义务不得因在工程实施期间进行仲裁而有所改变。当仲裁是在仲裁机构要求停止施工的情况下进行时，承包人应对合同工程采取保护措施，由此增加的费用应由败诉方承担。

（3）在前述"一、监理或造价工程师暂定"至"四、调解"中规定的期限之内，暂定或和解协议或调解书已经有约束力的情况下，当发承包中一方未能遵守暂定或和解协议或调解书时，另一方可在不损害他可能具有的任何其他权利的情况下，将未能遵守暂定或不执行和解协议或调解书达成的事项提交仲裁。

（4）发包人、承包人在履行合同时发生争议，双方不愿和解、调解或者和解、调解不成，又没有达成仲裁协议的，可依法向人民法院提起诉讼。

第七章　工程造价鉴定

在社会主义市场经济条件下,发承包双方在履行施工合同过程中,由于不同的利益诉求,有一些施工合同纠纷需要采用仲裁、诉讼的方式解决。

实践中,工程造价往往是工程价款纠纷争议的焦点问题,它直接影响甚至决定着工程价款的最终认定。工程造价鉴定是一些施工合同纠纷案件处理中判断、裁决的主要依据。

第一节　工程造价鉴定的范围及效力

所谓工程造价鉴定在业界也称为工程审价,是指在发包方、承包方或其他利害关系人对工程造价存在争议的情况下,由具有资质的鉴定机构运用专业技术和专业规范对鉴定对象的造价进行计算最终得出鉴定结论的活动。该活动既可能发生在发包方、承包方或其他利害关系人的自行协商、谈判过程中,也可能是在诉讼或仲裁中因当事人的申请或法院依职权而启动。

一、需要进行工程造价鉴定的情况及范围

当事人或者法院委托鉴定机构去判断的仅仅只是关于造价方面的专业问题,对哪些情况需要鉴定及如何确定工程造价的鉴定范围,是参照当事人之间的合同还是以定额为依据进行鉴定等诸如此类的法律问题应由法院在诉讼程序中依法解决,鉴定机构不得越俎代庖,法院也不应推卸责任。

研究需要进行工程造价鉴定的情形,首先应当明确以下情形不需要进行工程造价鉴定:

(1)如果双方当事人或者一方当事人已经委托鉴定机构进行了工程造价鉴定,并已经双方当事人认可的,工程价款就已经确定。这种情况下法院在审判过程中就不需要再进行工程造价鉴定。

(2)当事人通过内部审核,即承包人向发包人提交结算书,发包人审核后签章认可的这种情况下,一般说来,工程款也已经确定,不需要再进行工程造价鉴定。

(3)逾期不结算视为认可结算。最高院《审理建设工程施工合同纠纷司法解释》第20条规定:"当事人约定,发包人收到竣工结算文件后,在约定的期限内不予答复,视为认可竣工结算文件的,按照约定处理。承包人请求按照竣工结算文件结算工程价款的,应予支持"。

工程价款已经确定,就不需要通过工程造价鉴定来确定造价。但在这种情况下,

建设单位会以存在虚增工程量、定额套用错误等情况,而向法院提出工程造价鉴定的申请。施工单位往往不知道工程造价鉴定的后果,或者在法官的劝说之下同意工程造价鉴定。施工单位一旦同意工程造价鉴定,不利的工程造价鉴定结果出来以后再试图推翻,往往就比较困难,法院往往会直接按照工程造价鉴定结果确定工程造价。所以,在工程造价已经确定的情况下,如果一方当事人提出鉴定申请以达到拖延时间或者增减价款的目的,相对方应当据理力争,提出异议以防止不利的鉴定结论的出现。

在以上三种情况之外,当事人对工程价款是否已经确定确实存在争议,这时就需要进行工程造价鉴定。最高院《审理建设工程施工合同纠纷司法解释》第 23 条规定:"当事人对部分案件事实有争议的,仅对有争议的事实进行鉴定但争议的事实范围不能确定,或者双方当事人请求对全部事实鉴定的除外"。该规定表明,对没有争议的事实,就不需要工程造价鉴定。比如,基础完工,双方对基础工程做了结算;结构完工,对结构进行了结算,并且双方都在结算文件上签章。这种情况下发生纠纷的话,对基础工程、主体结构工程而言,因价款都已经确定,就不需要工程造价鉴定,对于设计变更所导致的工程量变化和价款的增加存在争议,则需要进行工程造价鉴定。

另一种情况是固定价格是否需要工程造价鉴定。固定价格分为固定总价与固定单价,固定总价部分不需要工程造价鉴定。对此,最高院《审理建设工程施工合同纠纷司法解释》第 22 条有规定:"当事人约定按照固定价格结算工程价款,一方当事人请求对建设工程造价进行鉴定的,不予支持"。对于固定总价而言,承包的范围不变,内容不变,自然价格也不变。但是变更、签证、索赔还是需要进行鉴定。因为在履行建设工程合同的过程中,会发生设计变更,会产生签证,施工单位会提出索赔,而这些变更、签证、索赔的价款往往没有确定下来,在当事人无法协商一致的情况下,只能通过工程造价鉴定的方法确定。也就是说,即使是固定总价,变更、签证、索赔也是需要工程造价鉴定的。但是固定单价只是单价不变,工程量还是要按实结算,若双方对工程量存在争议而又无法协商一致,需要对工程量进行鉴定。所以,《审理建设工程施工合同纠纷司法解释》第 22 条不适用于双方约定固定单价的情况。

二、工程造价鉴定结论的质证及证明力

从诉讼角度看,工程造价鉴定只不过是民事诉讼中的一个环节,其目的在于获取认定事实所需的证据。工程造价鉴定结论是否能证明当事人所主张的法律事实,能否被法院采信还得经过当事人的质证和法院的依法认定。根据最高人民法律法释[2001]33 号《关于民事诉讼证据的若干规定》(以下简称《证据若干规定》)中第 47 条:证据应当在法庭上出示,由当事人质证。未经质证的证据,不能作为认定案件事实的依据。工程造价鉴定所采用的全部证据,均应该由当事人质证。并非鉴定机构做出的鉴定结论所认定的工程造价就必须在判决中得到直接体现,鉴定机构所依据的鉴定材料、鉴定依据以及鉴定范围、鉴定方法等各个环节都必须在证据规则的指导下接受当事人的质证。

司法实践中,在进行工程造价鉴定前,主审法官一般会组织双方当事人谈话或者进行证据交换。在证据交换时,当事人工作的重点应着重对提交鉴定的材料的真实性、合法性及关联性进行质证,以防止因对己方不利的材料作为鉴定依据,而出现对己方不利的鉴定结论。对鉴定的依据要提示法官,合同有约定的按照约定,无约定的才能参照定额计价。

根据《证据若干规定》第 59、60 条的规定,质证过程中鉴定人应当出庭接受当事人质询。鉴定人确因特殊原因无法出庭的,经人民法院准许,可以书面答复当事人的质询。当事人可以向证人、鉴定人、勘验人发问。在许多案件中,最终的鉴定结论并不是一次形成的,鉴定机构在接受质询后可能会依据当事人的意见做出补充的或者修正的鉴定结论。

《证据若干规定》第 71 条规定:"人民法院委托鉴定部门做出的鉴定结论,当事人没有足以反驳的相反证据和理由,可以认定其证明力"。根据该规定,对工程造价司法鉴定结论经过质证及证据的审核认定后,应当作为定案的根据,当事人否认其效力,要求重新鉴定的,法院不应支持。但是根据《证据若干规定》第 27 条的规定,当工程造价司法鉴定结论存在下列情形之一的,则该造价鉴定结论就不能作为定案的依据,当事人有权申请重新鉴定:(一)鉴定机构或者鉴定人员不具备相关的鉴定资格的;(二)鉴定程序严重违法的;(三)鉴定结论明显依据不足的;(四)经过质证认定不能作为证据使用的其他情形。但是如果对上述有缺陷的鉴定结论可以通过补充鉴定、重新质证或者补充质证等方法解决的,则不予重新鉴定。

三、工程造价鉴定的费用承担

根据国务院《诉讼费用缴纳办法》(以下简称《办法》)第 12 条规定:"诉讼过程中因鉴定、勘验、翻译、评估等发生的费用应当由当事人负担的费用,人民法院根据谁主张、谁负担的原则,决定由当事人直接支付给有关单位或者个人"。

根据该《办法》第 29 条规定:"诉讼费用由败诉方负担,胜诉方自愿负担的除外。部分胜诉、部分败诉的,人民法院根据案件的具体情况决定当事人各自负担的诉讼费用数额。鉴定费用作为诉讼费用的组成部分,最终应当由败诉方承担"。

该《办法》规定谁主张谁负担的原则,决定由举证方支付的鉴定费用,其中要求当事人直接支付给有关单位和个人,仅仅指在诉讼过程中由举证方先垫付,如果最后确定责任在于哪方则人民法院在案件审结后在裁判书中确定由哪方最后支付。在诉讼过程中的垫付仅仅是承担诉讼风险的体现,也是防止当事人在诉讼过程中滥用权利,给对方和法院增加不必要的开支。其次,谁败诉、谁承担是诉讼费用承担的一般原则,是对败诉方消耗司法资源的一种制裁,是体现法律公平、公正的一个方面。

综上所述,工程造价鉴定所涉及的并非单纯的造价专业技术问题,也并非单纯的法律适用问题,而是包含上述两类问题于一体。这种情形要求当事人从上述两方面做好应对,即造价专业技术人员应与法律工作人员分工合作,既保证专业人员解决专业问题,又能相互配合协作成有机整体,才能在工程造价鉴定的环节中形成对己方有利的鉴定结论,从而在最终的工程结算中产生满意的结果。

第二节　工程造价鉴定程序及内容

一、工程造价鉴定程序

1. 委托

(1)委托人。

1)在工程合同价款纠纷案件处理中,需做工程造价司法鉴定的,应根据《工程造价咨询企业管理办法》(建设部令第 149 号)第二十条的规定,委托具有相应资质的工程造价咨询人进行。

2)工程造价咨询人接受委托时提供工程造价司法鉴定服务,不仅应符合建设工程造价方面的规定,还应按仲裁、诉讼程序和要求进行,并应符合国家关于司法鉴定的规定。

3)按照《注册造价工程师管理办法》(建设部令第 150 号)的规定,工程计价活动应由造价工程师担任。《建设部关于对工程造价司法鉴定有关问题的复函》(建办标函[2005]155 号)第二条:"从事工程造价司法鉴定的人员,必须具备注册造价工程师执业资格,并只得在其注册的机构从事工程造价司法鉴定工作,否则不具有在该机构的工程造价成果文件上签字的权力"。

(2)委托书。委托方是人民法院或当事人及其他诉讼参与人。根据待鉴定工程的具体情况,委托方以书面形式委托具有一定资质等级及有良好的社会信誉的造价咨询机构。委托书中应详细注明以下内容:

1)受委托单位;

2)鉴定要求;

3)提供的材料;

4)案情简介、委托单位及委托时间。

(3)造价咨询机构接受委托及鉴定的前期准备。造价咨询机构应根据自己的实际情况决定是否接受委托。如接受委托,则在委托书底联或委托回执上签字盖章,并根据待鉴定的工程选择合适的主鉴定人及其他鉴定人员。工程造价咨询人应在收到工程造价司法鉴定资料后 10 天内,根据自身专业能力和证据资料判断能否胜任该项委托,如不能,应辞去该项委托。工程造价咨询人不得在鉴定期满后以自身专业能力不足或证据资料不足等理由不做出鉴定结论,影响案件处理。

2. 回避

为保证工程造价司法鉴定公正进行,接受工程造价司法鉴定委托的工程造价咨询人或造价工程师如是鉴定项目一方当事人的近亲属或代理人、咨询人以及其他关系可能影响鉴定公正的,应当自行回避。未自行回避,鉴定项目委托人以该理由要求其回避的,必须回避。

最高人民法院法发[2001]23号《人民法院司法鉴定工作暂行规定》中第二章第九条指出,有下列情形之一鉴定人应当回避:

(1)鉴定人是案件的当事人,或者当事人的近亲属;

(2)鉴定人的近亲属与案件有利害的关系;

(3)鉴定人担任过本案的证人、辩护人、诉讼代理人;

(4)其他可能影响准确鉴定的情形。

3. 取证

(1)工程造价的确定与当时的法律法规、标准定额以及各种要素价格具有密切关系,为做好一些基础资料不完备的工程鉴定,工程造价咨询人进行工程造价鉴定工作时,应自行收集以下(但不限于)鉴定资料:

1)适用于鉴定项目的法律、法规、规章、规范性文件以及规范、标准、定额;

2)鉴定项目同时期同类型工程的技术经济指标及其各类要素价格等。

(2)真实、完整、合法的鉴定依据是做好鉴定项目工程造价司法工作鉴定的前提。工程造价咨询人收集鉴定项目的鉴定依据时,应向鉴定项目委托人提出具体书面要求,其内容包括:

1)与鉴定项目相关的合同、协议及其附件;

2)相应的施工图纸等技术经济文件;

3)施工过程中的施工组织、质量、工期和造价等工程资料;

4)存在争议的事实及各方当事人的理由;

5)其他有关资料。

(3)根据最高人民法院规定"证据应当在法庭上出示,由当事人质证。未经质证的证据,不能作为认定案件事实的依据(法释[2001] 33号)",工程造价咨询人在鉴定过程中要求鉴定项目当事人对缺陷资料进行补充的,应征得鉴定项目委托人同意,或者协调鉴定项目各方当事人共同签认。

(4)鉴定工作需要现场勘验的,工程造价咨询人应提请鉴定项目委托人组织各方当事人对被鉴定项目所涉及的实物标的进行现场勘验。

(5)勘验现场应制作勘验记录、笔录或勘验图表,记录勘验的时间、地点、勘验人、在场人、勘验经过、结果,由勘验人、在场人签名或者盖章确认。绘制的现场图应注明绘制的时间、测绘人姓名、身份等内容。必要时应采取拍照或摄像取证,留下影像资料。

(6)鉴定项目当事人未对现场勘验图表或勘验笔录等签字确认的,工程造价咨询人应提请鉴定项目委托人决定处理意见,并在鉴定意见书中做出表述。

4. 质询

工程造价咨询人应当依法出庭接受鉴定项目当事人对工程造价司法鉴定意见书

的质询。如确因特殊原因无法出庭的,经审理该鉴定项目的仲裁机关或人民法院准许,可以书面形式答复当事人的质询。

根据《关于证据若干规定》中第 47 条规定:"证据应当在法庭上出示,由当事人质证。未经质证的证据,不能作为认定案件实施的依据"。工程造价鉴定所采用的全部证据,均应该由当事人质证。询问笔录一般应包括下列内容:

(1)是否有补充合同或协议?

(2)施工中采用混凝土是商品混凝土还是现场搅拌混凝土? 如采用商品混凝土,是否有商品混凝土供货合同?

(3)是否需要基础回填土(从外运入),运距是多少? 硬骨料采用砾石还是碎石?

(4)基础土方工程是否单独外委? 土方运输距离是多少?

(5)脚手架采用钢管脚手架还是木杆脚手架? 本工程是否有甲供材和设备? 若有请提供材料清单。

(6)模板采用钢模板还是木模板?

(7)挖土的方式? 采用什么机械?

(8)外围的装饰工程是否与土建主体工程同期施工? 其合同额是多少(计取配合费)?

(9)给排水、电气工程与室外工程的分界线在什么地方?

(10)施工用水、电是否单表计量?

(11)其他工程造价鉴定有关的情况。

最高人民法院发出[2001]23 号《人民法院司法鉴定工作暂行规定》中第二章第四款规定:"依法出庭宣读鉴定结论并回答与鉴定有关的提问"。

代表中介机构出庭的鉴定人应注意:言语要得体,表述的要准确清晰,不与当事人争吵。由于在法庭上很多当事人情绪比较激动,因而常常语言过激。而诉讼代理人由于其职业习惯,其说话的方式、方法也异于常人。出庭的鉴定人要清醒冷静,控制自己的情绪。保持司法鉴定人的尊严与形象。

5. 鉴定

(1)鉴定期限。进入仲裁或诉讼的施工合同纠纷案件,一般都有明确的结案时限,为避免影响案件的处理,工程造价咨询人应在委托鉴定项目的鉴定期限内完成鉴定工作,如确因特殊原因不能在原定期限内完成鉴定工作时,应按照相应法规提前向鉴定项目委托人申请延长鉴定期限,并应在此期限内完成鉴定工作。

经鉴定项目委托人同意等待鉴定项目当事人提交、补充证据的,质证所用的时间不应计入鉴定期限。

(2)鉴定人要求。鉴于进入司法程序的工程造价鉴定的难度一般较大,因此,工程造价咨询人进行工程造价司法鉴定时,应指派专业对口、经验丰富的注册造价工程师承担鉴定工作。

1)鉴定人员应具备的条件。合格的鉴定人员应满足以下素质要求:

①较高的职业道德水准;

②较强的专业技术实力；

③一定的组织才能；

④相关的法律知识；

⑤一定的文字表达能力及与接受委托的鉴定项目无应回避的关系。

其中主鉴定人的确定至关重要，因为其将负责选择其他鉴定人员，协调内、外关系，编制鉴定计划；组织现场勘测，撰写鉴定报告等工作。

2)鉴定人的权利。鉴定人的权利包括了解案情，要求委托人提供鉴定所需的资料；勘验现场，进行有关的检验，询问与鉴定有关的当事人。必要时，可申请人民法院依据职权采集鉴定材料，决定鉴定方法和处理检材；自主阐述鉴定观点，与其他鉴定意见不同时，可不在鉴定文件上署名；拒绝受理违反法律规定的委托。

3)鉴定人的义务。鉴定人义务包括尊重科学，恪守职业道德；保守案件秘密；及时出具鉴定结论；依法出庭宣读鉴定结论并回答与鉴定人相关的提问。

(3)工程造价鉴定所需主要资料包括如下内容：

1)当事人的起诉和答辩状、法庭庭审调查笔录；

2)当事人双方认定的各相关专业工程设计图纸、设计变更、现场签证、技术联系单、图纸会审记录；

3)当事人双方签订的施工合同、各种补充协议；

4)当事人双方认定的主要材料、设备采购发票、加工订货合同及甲供材料的清单；

5)工程预(结)算书；

6)招投标项目要提供中标通知书，及有关的招投标文件；

7)鉴定调查会议笔录(询问笔录)、现场勘察记录；

8)经建设单位批准的施工组织设计、年度形象进度记录；

9)当事人双方认定的其他与工程造价鉴定有关的资料。

(4)工程造价鉴定计划。主鉴定人应尽快了解案情，以书面形式向委托方提出鉴定所需的有关材料，同时编制鉴定计划。工程造价鉴定一般应当在30个工作日内完成，疑难的造价鉴定应当在60个工作日内完成。主鉴定人应根据委托人的鉴定期限，安排好鉴定的具体时间：

1)阅卷、熟悉图纸、设计变更、现场签证、了解合同、协议等所需的时间；

2)现场实地勘测所需的时间(较复杂的工程可能多次勘测)；

3)计算工程量、套取定额及计取材料价差所需要的时间；

4)鉴定过程中对遇到的问题进行集中研究所需的时间；

5)做好现场勘测记录及询问笔录(一般应对标的物摄影记录)；

6)当事人查阅记录并签字。

(5)鉴定资料需要验证和补充时应注意以下问题：

1)搜集鉴定资料及现场调查等过程，都必须要求在委托人的组织下进行，这样可使委托人了解资料的取得过程，增强了取证过程的合法性、严肃性和权威性。

2)对无竣工图或鉴定部位图纸不符的，应根据建筑工程的特点，实地勘测并应以绘制勘测图、现场拍照、现场录像及有关的文字记录为主。由于工程造价鉴定所需的资料很多，多数不能一次搜集全。在对当事人双方询问时，最好先将询问内容列好，以免遗漏。

(6)鉴定规定。

1)《最高人民法院关于审理建设工程施工合同纠纷案件适用法律问题的解释》(法释[2004]14号)第十六条一款规定:"当事人对建设工程的计价标准或者计价方法有约定的,按照约定结算工程价款",因此,如鉴定项目委托人明确告之合同有效,工程造价咨询人就必须依据合同约定进行鉴定,不得随意改变发承包双方合法的合意,不能以专业技术方面的惯例来否定合同的约定。

2)工程造价咨询人在鉴定项目合同无效或合同条款约定不明确的情况下应根据法律法规、相关国家标准和《建设工程工程量清单计价规范》(GB 50500—2013)的规定,选择相应专业工程的计价依据和方法进行鉴定。

3)为保证工程造价鉴定的质量,尽可能将当事人之间的分歧缩小直至化解,为司法调解、裁决或判决提供科学合理的依据,工程造价咨询人出具正式鉴定意见书之前,可报请鉴定项目委托人向鉴定项目各方当事人发出鉴定意见书征求意见稿,并指明应书面答复的期限及其不答复的相应法律责任。

(7)鉴定结论。由于工程的复杂性与工程造价鉴定准确、公正、公开的原则,在初步鉴定结论形成之后应向原、被告出示。如有遗漏与误差应根据实际情况修正鉴定结论。

工程造价咨询人在收到鉴定项目各方当事人对鉴定意见书征求意见稿的书面复函后,应对不同意见认真复核,修改完善后再出具正式鉴定意见书。工程造价咨询人出具的工程造价鉴定书应包括下列内容:

1)鉴定项目委托人名称、委托鉴定的内容;

2)委托鉴定的证据材料;

3)鉴定的依据及使用的专业技术手段;

4)对鉴定过程的说明;

5)明确的鉴定结论;

6)其他需说明的事宜;

7)工程造价咨询人盖章及注册造价工程师签名盖执业专用章。

(8)对于已经出具的正式鉴定意见书中有部分缺陷的鉴定结论,工程造价咨询人应通过补充鉴定做出补充结论。

6. 其他相关问题

(1)鉴定的中止。最高人民法院法发[2001]23号《人民法院司法鉴定工作暂行规定》中第五章第二十二条指出,具有下列情形之一,影响鉴定时间的,应当中止鉴定:

1)受检人或者其他受检物处于不稳定状态,影响鉴定结论的;

2)受检人不能在指定的时间、地点接受检验的;

3)因特殊需预约时间或者等待检验结果的;

　　4)须补充材料的。

　　(2)鉴定的终结。最高人民法院法发[2001]23 号第二十二条指出,具有下列情况之一的,可终止鉴定:

　　1)无法获取必要的鉴定材料的;

　　2)被鉴定人或者受检人不配合检验,经做工作仍不配合的;

　　3)鉴定过程中撤诉或者调解结案的;

　　4)其他情况使鉴定无法进行的。

　　(3)如何确认当事人出具资料的真实性。需要当事人提供证据时,必须提供复印件,同时出具原件,对自己提供证据的真实性负法律责任,并要求当事人出具有效证明文件及承诺书。鉴定方不负责证据真伪的鉴别。

　　(4)鉴定过程中,需要当事人提供有关证据,但当事人认为出证据对自己不利,迟迟不予提供,或在鉴定初步结论出来后才拿出征据的,如何处理?

　　对在规定时间内不予提供证据资料又无任何书面文件申请延长提供时间的,根据《证据若干规定》中第 34 条:"当事人在举证期限内不提交的,视为放弃举证权利"。对在规定时间内没提供,初步鉴定结论出来后才提供的,而且影响鉴定结论确定结果的,可以由委托方接收,并按新委托立案处理,并向鉴定单位下补充鉴定委托书。

　　(5)工程造价鉴定的几种情况。

　　1)鉴定资料齐全条件较好的情况。这种情况为最理想,一切可按正常鉴定程序进行鉴定。

　　2)鉴定资料不齐全条件较差的情况。鉴定人应该以书面形式通知原被告双方在规定的时间内补齐鉴定所需的资料(根据《民事诉讼法》第三十三条的规定举证期限不得少于三十日)。

　　3)鉴定资料几乎没有,条件很差的情况。这种情况在工程造价鉴定中时有发生,具体以两种原因为主。第一种,由于建筑工程的建造周期较长,很多单位的档案管理较差,很难提供完整的竣工图及结算资料。第二种,原建筑物已改变使用用途,为新装修覆盖或正在使用中很难进行现场勘测。

　　4)设计图纸不全的情况。如是设计图纸不全,当事人双方又均无法提供的情况,可根据工程项目名称去设计单位查底图。如是无设计图纸或无设计单位的情况:

　　①可根据同类型同地点同时期的工程项目比较(最好当事人双方同意)。

　　②现场勘测:测建筑的外部尺寸,钻孔探测内部材料的厚度、标号等。

　　③对无法探测内部材料的厚度、标号的建筑物,可采用无损检测方法(此种方法费用较高应慎重)。

　　对当事人双方的举证相互矛盾时应如何处理? 理论上应当由人民法院来判定,但实际鉴定工作中,由于工程造价的专业性,基本上还是以鉴定人的判定为主。

二、工程造价鉴定文件内容

　　(1)工程造价鉴定使用的表格包括:工程造价鉴定意见书封面,工程造价鉴定意见书扉页,工程计价总说明,建设项目竣工结算汇总表,单项工程竣工计算汇总表,单位工程竣工结算汇总表,分部分项工程和单价措施项目清单与计价表,综合单价分析表,综合单价调整表,总价措施项目清单与计价表,其他项目清单与计价汇总表,暂列金额明细表,材料(工程设备)暂估单价及调整表,专业工程暂估价及结算价表,计日工表,总承包服务费计价表,索赔与现场签证计价汇总表,费用索赔申请(核准)表,现场签证表,规费、税金项目计价表,工程计量申请(核准)表,预付款支付申请(核准)表,总价项目进度款支付分解表,进度款支付申请(核准)表,竣工结算款支付申请(核准)表,最终结清支付申请(核准)表及发包人提供材料和工程设备一览表,承包人提供主要材料和工程设备一览表,表格格式参见《建设工程工程量清单计价规范》(GB 50500—2013)附录 B 至附录 L 相关内容。

(2)扉页应按规定的内容填写、签字、盖章,应有承担鉴定和负责审核的注册造价工程师签字、盖执业专用章。

(3)说明应按如下内容填写:

1)鉴定项目委托人名称、委托鉴定的内容;

2)委托鉴定的证据材料;

3)鉴定的依据及使用的专业技术手段;

4)对鉴定过程的说明;

5)明确的鉴定结论;

6)其他需说明的事宜。

参 考 文 献

[1] 国家标准.GB 50500—2013 建设工程工程量清单计价规范[S].北京:中国计划出版社,2013.

[2] 国家标准.GB 50854—2013 房屋建筑与装饰工程工程量计算规范[S].北京:中国计划出版社,2013.

[3] 国家标准.GB/T 50353—2005 建筑工程建筑面积计算规范[M].北京:中国计划出版社,2005.

[4] 朱艳,邱蓬,汤建华,等.建筑装饰工程概预算教程[M].北京:中国建材工业出版社,2004.

[5] 叶霏,张寅.装饰装修工程概预算[M].北京:中国水利水电出版社,2005.

[6] 袁建新.建筑工程预算[M].北京:中国建筑工业出版社,2005.

[7] 肖伦斌.建筑装饰工程计价[M].武汉:武汉理工大学出版社,2004.

[8] 《造价工程师实务手册》编写组.造价工程师实务手册[M].北京:机械工业出版社,2006.

[9] 尹贻林.建设工程造价[M].北京:中国建筑工业出版社,2004.

中国建材工业出版社
China Building Materials Press

我们提供

图书出版、图书广告宣传、企业/个人定向出版、设计业务、企业内刊等外包、代选代购图书、团体用书、会议、培训，其他深度合作等优质高效服务。

编 辑 部
010-68343948

图书广告
010-68361706

出版咨询
010-68343948

图书销售
010-68001605

设计业务
010-88376510转1008

邮箱：jccbs-zbs@163.com   网址：www.jccbs.com.cn

发展出版传媒   服务经济建设

传播科技进步   满足社会需求